China Engineering Cost Consulting Industry Development Report

中国工程造价咨询行业发展报告

（2020版）

主编◎中国建设工程造价管理协会

中国建筑工业出版社

图书在版编目（CIP）数据

中国工程造价咨询行业发展报告 = China Engineering Cost Consulting Industry Development Report：2020 版 / 中国建设工程造价管理协会主编．— 北京：中国建筑工业出版社，2020.12

ISBN 978-7-112-25582-5

Ⅰ．①中…　Ⅱ．①中…　Ⅲ．①工程造价—咨询业—研究报告—中国—2020　Ⅳ．①TU723.3

中国版本图书馆 CIP 数据核字（2020）第 224346 号

责任编辑：赵晓菲　朱晓瑜　张智芊
责任校对：芦欣甜

中国工程造价咨询行业发展报告
China Engineering Cost Consulting Industry Development Report
（2020 版）
主编　中国建设工程造价管理协会
*
中国建筑工业出版社出版、发行（北京海淀三里河路 9 号）
各地新华书店、建筑书店经销
逸品书装设计制版
北京京华铭诚工贸有限公司印刷
*
开本：787 毫米 ×1092 毫米　1/16　印张：23　字数：384 千字
2020 年 12 月第一版　2020 年 12 月第一次印刷
定价：**115.00** 元
ISBN 978-7-112-25582-5
（36691）

本书编委会

主　编：

杨丽坤

副主编：

谭　华　王中和　方　俊

编写人员：

李　萍　付建华　叶　炯　孙　璟　王丽娥　王诗悦

谢莎莎　叶紫桢　王玉珠　李仁友　田　莹　谢雅雯

李　莉　李金晶　梁祥玲　柳雨含　施小芹　沈春霞

丁　燕　洪　梅　余毅萍　刘　伟　李　磊　韩志刚

张其涛　关　艳　许锡雁　温丽梅　林　海　宋欣逾

潘　敏　王　蕊　魏　明　王　涛　赵　强　何　燕

周小溪　李木盛　蒋　炜　直鹏程　周　慧　李荣汉

PREFACE 序

2019年，在全行业的共同努力下，企业数量和营业收入持续上涨，特别是全过程工程造价咨询业务收入较上年大幅增长，占全部营业收入的近1/3。但是，我们也清醒地看到，随着国家供给侧结构性改革不断深化，建筑业高质量发展以及产业信息化、数字化快速发展的大背景下，工程造价咨询行业也面临营收增速放缓、业务结构有待转型升级等问题，行业践行新理念、孕育新动能、发掘新经济增长点迫在眉睫。

为坚持市场在资源配置中的决定性作用，进一步激发市场主体活力，住房和城乡建设部印发了《住房和城乡建设部关于修改〈工程造价咨询企业管理办法〉〈注册造价工程师管理办法〉的决定》（中华人民共和国住房和城乡建设部令第50号），取消“双60%”限制，压减专职专业人员数量要求，降低造价咨询企业资质标准。50号部令的发布，是住房和城乡建设部深入贯彻落实国务院“放管服”改革、优化营商环境要求的重大举措，加快和促进了企业融合发展的进程，为企业做强做优创造了条件。同时，今年发布的《住房和城乡建设部办公厅关于印发工程造价改革工作方案的通知》（建办标〔2020〕38号），引起行业的高度关注，方案明确了当前和今后一个时期工程造价改革和发展的方向。造价改革的目标就是要厘清政府和市场的边界，通过改进工程计量和计价规则、完善工程计价依据发布机制、加强工程造价数据积累、强化建设单位造价管控责任、严格施工合同履约管理等综合措施，逐步形成“市场化改革、国际化运行、信息化创新、法治化保障”的工程造价管理新体系。

年初，面对突如其来的新冠肺炎疫情，工程造价行业积极捐款捐物，主动作为，彰显了行业担当。2020年注定是不平凡的一年、艰辛的一年，但是工程造价行业的工作没有松懈，改革的步伐没有停止。当前，世界经济形势严峻复杂，党中央提出加快形成以国内大循环为主体、国内国际双循环相互促进的新发展格局，工程造价行业要准确把握新形势、紧紧围绕新任务，积极投身国家重点发展的"新基建"项目，在主动服务国家大局中推动自身发展，推进数字化、5G、BIM等新技术的应用，拓展全过程工程咨询、工程总承包业务，促进建设项目有效集成成本、工期、质量、安全和环保等要素信息，带动建设各方参与工程造价数字化管理，实现建设项目综合价值最大化。

工程造价改革任重道远，工程造价行业要坚持以习近平新时代中国特色社会主义思想为指导，抓住机遇、主动作为、服务大局、积极担当，取得工程造价改革新进展、新成效！

住房和城乡建设部标准定额司

中国建设工程造价管理协会

编写说明

为进一步提高《中国工程造价咨询行业发展报告（2020版）》（以下简称“报告”）的编写质量，充分展现各地区、各专业工程的实际情况，今年对报告首次改版，由中国建设工程造价管理协会牵头，组织各地方造价协会、专业工作委员会共同编写，得到了大家的大力支持。

报告由全国篇、地方及专业工程篇、附录三部分组成。全国篇和附录由中国建设工程造价管理协会、武汉理工大学共同编写，通过行业发展现状、行业发展环境、行业存在的主要问题及对策、行业发展展望等内容全面展现了行业的整体情况。地方及专业工程篇由各地方造价协会、专业工作委员会结合地方和专业特点编写，为本地区和本专业工程从事造价咨询工作的专业人士提供参考。个别地方造价协会、专业工作委员会由于疫情影响、机构改革等原因未能参与本次报告的编写，将积极参与明年的报告编制工作。希望报告的出版，能为行业的持续健康发展提供思路。

囿于时间仓促，本书不足之处，敬请批评指正。

编写委员会

CONTENTS 目录

第一部分　全国篇

第二部分　地方及专业工程篇

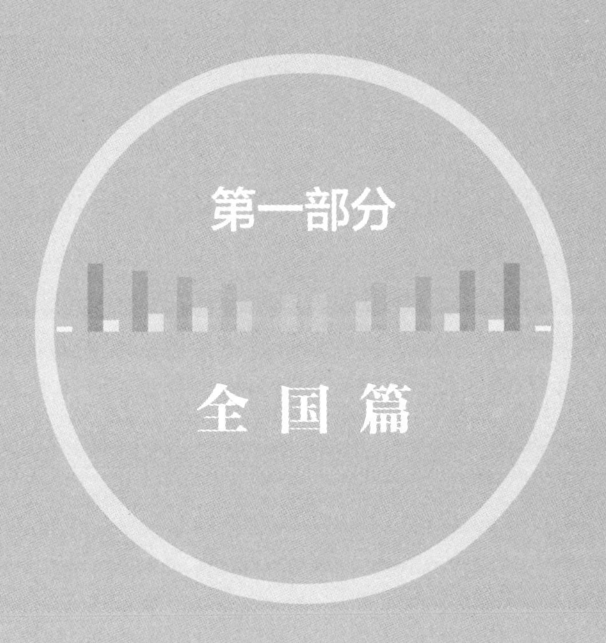

第一部分

全国篇

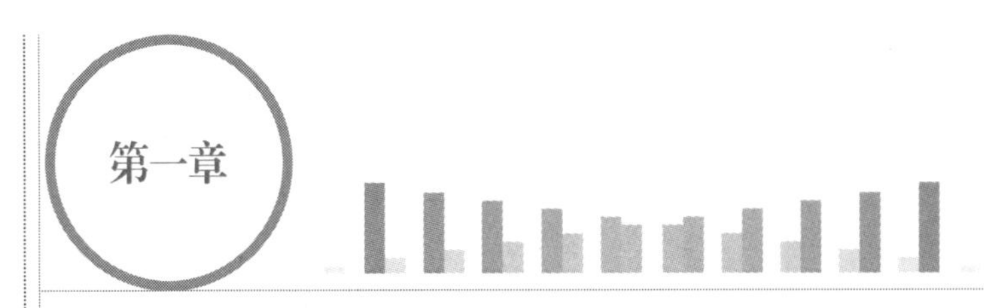

行业发展状况

2019 年是全面贯彻党的十九大和十九届二中、三中、四中全会精神的一年，是以习近平新时代中国特色社会主义思想为指导，持续深化供给侧结构性改革的一年。当前，我国发展的国际环境和国内条件都在发生深刻而复杂的变化，建筑业持续推动改革创新，工程造价咨询行业坚持稳中求进的工作基调，以发展质量和提高效率为目标，为推动建筑业高质量发展做出了不懈的努力，取得了显著成效。

第一节　整体发展水平

一、固定资产投资总体情况

2019 年，全社会固定资产投资 560874 亿元，比上年增长 5.1%。其中，固定资产投资（不含农户）551478 亿元，增长 5.4%。分区域看，东部地区投资比上年增长 4.1%，中部地区投资增长 9.5%，西部地区投资增长 5.6%，东北地区投资下降 3.0%。

在固定资产投资（不含农户）中，第一产业投资 12633 亿元，占全年固定资产投资（不含农户）23%，比上年增长 0.6%；第二产业投资 163070 亿元，占全年固定资产投资（不含农户）29.6%，增长 3.2%；第三产业投资 375775 亿元，占全年固定资产投资 68.1%，增长 6.5%。民间固定资产投资 311159 亿元，增长 4.7%。基础设施投资增长 3.8%。六大高耗能行业投资增长 4.7%。

二、建筑业发展情况

2019 年，全国有施工活动的建筑业企业共 103814 家；全国建筑业企业从业人数为 5427.37 万人，占全社会从业人员的 7.01%；全国建筑业总产值为 248445.77 亿元；全国具有资质等级的总承包和专业承包建筑业企业利润总额为 8381 亿元。全国建筑业发展情况具体分析如下：

1. 建筑业企业数量持续增加，增速先增后减

2019 年，全国建筑业企业共有 103814 家，比去年增长了 7.53%，但增速减少了 2.09 个百分点。2017～2019 年全国建筑业企业的数量变化情况如图 1-1-1 所示。

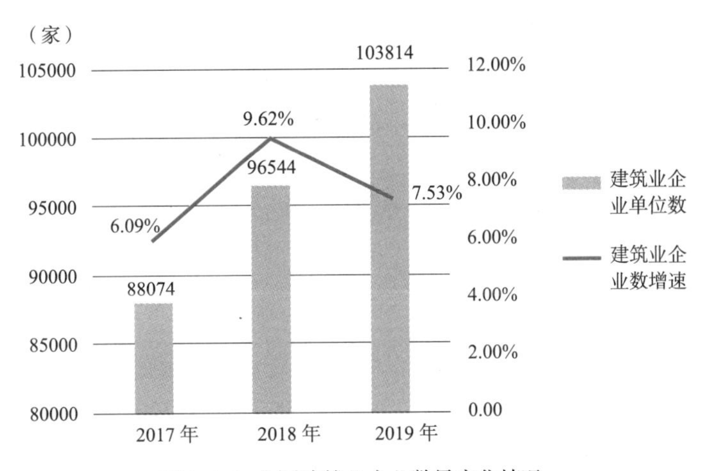

图 1-1-1　全国建筑业企业数量变化情况

由图 1-1-1 可知，2017～2019 年全国建筑业企业的数量分别为 88074 家、96544 家、103814 家，2018 年较上一年增长了 9.62%，增速增加了 3.53 个百分点，且为近三年增速的最高点，说明近三年来建筑业企业数量在逐年增加，但增速呈现先升后降的趋势。

2. 建筑业从业人数先减后增，增速变化明显

2019 年底，全社会就业人员总数为 77471 万人，其中建筑业从业人数为

5427.37万人，比去年年底增加了2.30%。建筑业从业人数占全社会就业人员总数的7.01%，比上一年增加了0.17个百分点。2017～2019年全社会就业人员总数、建筑业从业人员的数量变化情况如图1-1-2所示。

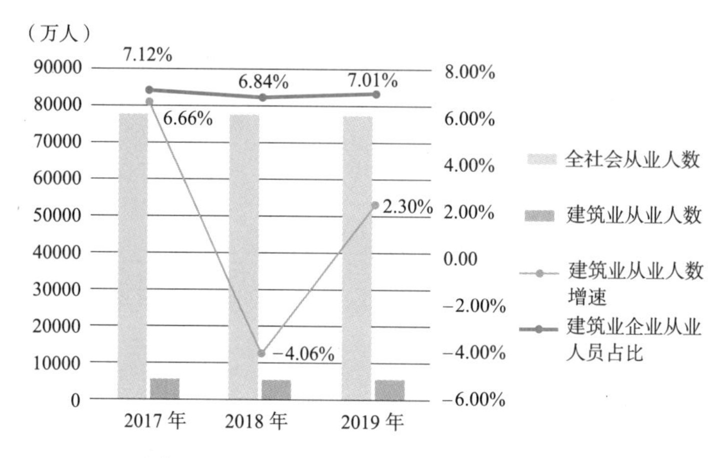

图1-1-2　全国建筑业从业人员数量变化情况

由图1-1-2可知，2017年建筑业从业人数比去年增加，增速为6.66%；而2018年从业人数则大幅减少，增速为−4.06%；2019年建筑业从业人数再次增加；2018年从业人数为近三年最低点。2017～2019年间，全社会从业人数在逐年减少，建筑业企业从业人员数量占全社会从业人员总数的比例一直保持在7%左右。

3. 建筑业经营规模扩大，总产值逐年增加

2019年，全国建筑业总产值为248445.77亿元，比上一年增长了5.68%。2017～2019年全国建筑业总产值的变化情况如图1-1-3所示。

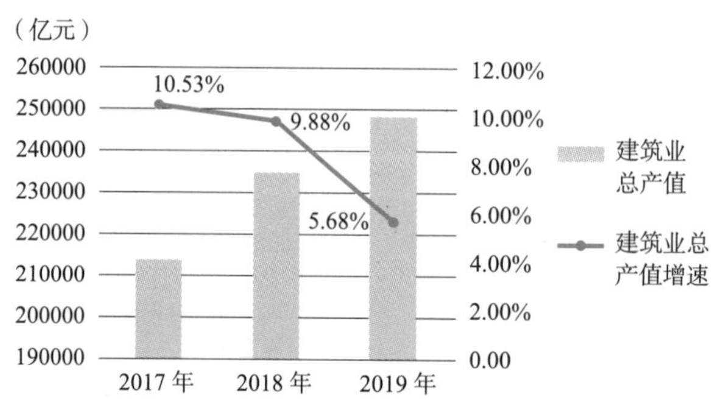

图1-1-3　全国建筑业总产值变化情况

由图 1-1-3 可知，2017～2019 年全国建筑业总产值逐年增加，2019 年总产值比上一年增加了 13359.77 亿元，但增速比上一年减少了 4.20 个百分比，2018 年增速比上一年减少了 0.65 个百分比，说明建筑业总产值的增速连续两年下降，且下降幅度在增加。

4. 建筑业利润逐年增加，增速逐年下降

2019 年，全国建筑业企业利润总额为 8381 亿元，比上一年利润总额增加了 406.18 亿元，增速比上一年减少了 1.36 个百分比。2017～2019 年全国建筑业企业利润变化情况如图 1-1-4 所示。

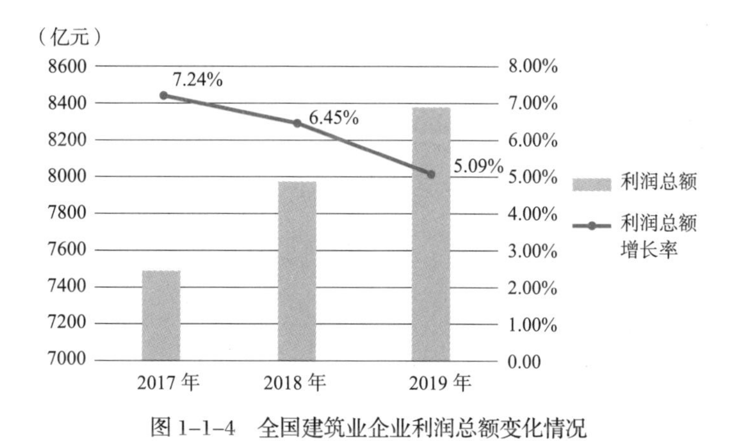

图 1-1-4　全国建筑业企业利润总额变化情况

由图 1-1-4 可知，2017～2019 年全国建筑业企业利润总额分别为 7491.78 亿元、7974.82 亿元、8381 亿元，分别比上一年增长了 7.24%、6.45%、5.09%，建筑业利润总额逐年增加，但增速逐年递减。

三、工程造价咨询行业发展情况

2019 年，全国工程造价咨询企业共 8194 家，含甲级工程造价咨询企业 4557 家，乙级工程造价咨询企业 3637 家；从业人员共 586617 人，含正式员工 541841 人，临时聘用人员 44776 人；营业收入共计 1836.66 亿元，其中，工程造价咨询业务收入 892.47 亿元，占工程造价咨询企业全部营业收入的 48.6%；利润总额共计 210.81 亿元，上缴所得税 44.13 亿元。行业发展情况具体分析如下：

1. 企业数量与去年基本持平，增速回落

根据住房和城乡建设部《2019 年工程造价咨询统计公报》，2019 年全国工程造价咨询企业共 8194 家，较上年增长 0.7%。其中，甲级资质企业 4557 家，较上年增长 7.6%；乙级资质企业 3637 家，减少 6.8%。专营工程造价咨询企业 3648 家，较上年增长 65.3%；兼营工程造价咨询企业 4546 家，减少 23.4%。2017～2019 年，全国各类工程造价咨询企业数量变化情况如图 1-1-5 所示。

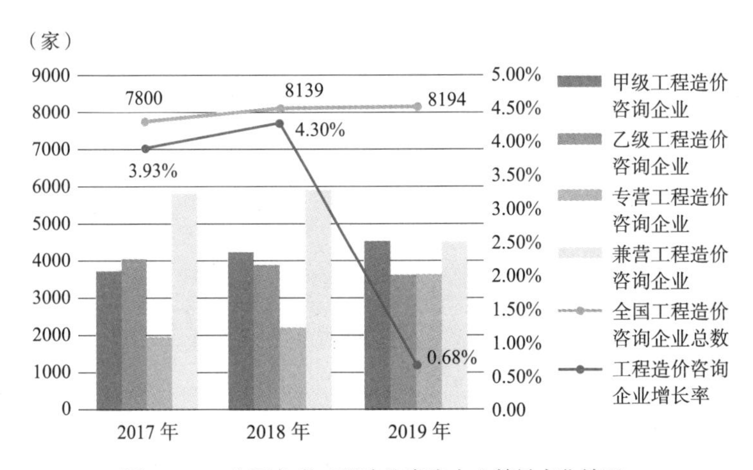

图 1-1-5　全国各类工程造价咨询企业数量变化情况

在 2017～2019 年间，我国工程造价咨询企业数量增长速度经历了小幅提升后又大幅回落的过程，2019 年工程造价咨询企业数量与 2018 年基本持平，不再呈现持续增长势头。其中，甲级工程造价咨询企业持续增加，乙级工程造价咨询企业持续减少，造价咨询企业总体实力不断提升。此外，我国专营工程造价咨询企业数量上涨明显，兼营工程造价咨询企业数量呈下降趋势，反映出我国工程造价咨询企业对工程造价咨询业务重视程度越来越高，专业化程度不断提升。

2. 从业人员队伍不断扩大，增速回升

2019 年末，全国工程造价咨询企业从业人员共计 586617 人，较上年增长 9.23%。其中，正式员工 541841 人，占 92.4%；临时聘用人员 44776，占 7.6%。2017 ～ 2019 年，全国工程造价咨询企业从业人员数量变化及聘用情况如图 1-1-6 所示。

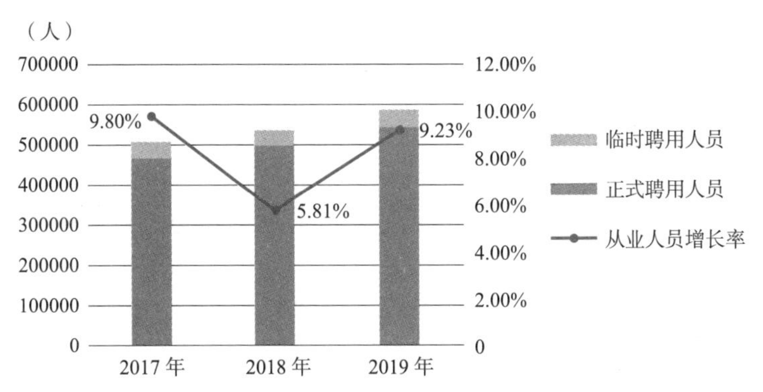

图 1-1-6　全国工程造价咨询企业从业人员数量变化及聘用情况

从近三年数据来看，我国工程造价咨询企业从业人员数量、正式聘用员工数量、临时聘用人员数量均逐年增长，2019 年企业人员数量增速也逐渐回升，从业人员队伍不断壮大。

3. 营业收入规模扩大，增速有所放缓

2019 年工程造价咨询企业营业收入为 1836.66 亿元，较上年增长 6.69%。其中，工程造价咨询业务收入 892.47 亿元，较上年增长 15.5%，占全部营业收入的 48.6%；招标代理业务收入 183.85 亿元，建设工程监理业务收入 423.29 亿元，项目管理业务收入 207.03 亿元，工程咨询业务收入 130.02 亿元，分别占全部营业收入的 10.0%、23.0%、11.3%、7.1%。2017～2019 年全国工程造价咨询企业营业收入变化情况如图 1-1-7 所示。

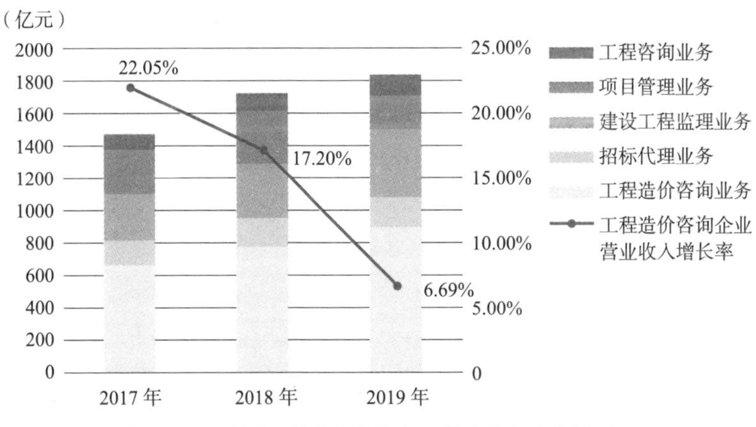

图 1-1-7　全国工程造价咨询企业营业收入变化情况

2017～2019 年全国工程造价咨询企业营业收入分别为 1469.14 亿元、1721.45 亿元、1836.66 亿元，较上年分别增长 22.05%、17.20%、6.69%，营业收入规模不断扩大，但增速有所放缓。其中工程造价咨询业务营业收入分别占全部营业收入的 45.0%、44.9%、48.6%，表明工程造价咨询业务市场有所扩大。此外，其他业务收入占比连续三年超过 50%，表明工程造价咨询企业逐渐寻求转型发展，积极开拓多元化业务。

4. 利润总额逐年提升，增速逐年递减

2019 年，全国工程造价咨询企业利润总额 210.81 亿元，上缴所得税 44.13 亿元，较上年利润总额增长 2.86%。2017～2019 年全国工程造价咨询企业利润总额变化情况如图 1-1-8 所示。

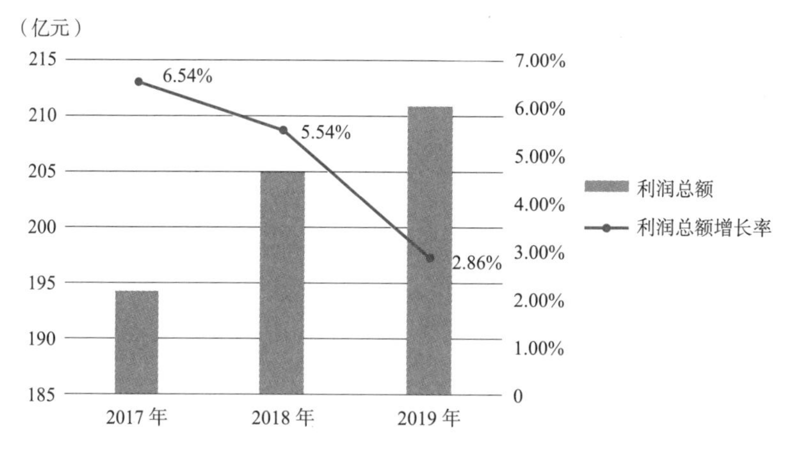

图 1-1-8 2017～2019 年全国工程造价咨询企业利润总额变化情况

2017～2019 年全国工程造价咨询企业利润总额为 194.19 亿元、204.94 亿元、210.81 亿元，分别较上年增长 6.54%、5.54%、2.86%，呈现出利润总额逐年提升，但增速逐年递减的趋势。

总体来看，工程造价咨询企业数量较去年基本持平，从业人员数量、营业规模、利润总额均呈增长态势，但企业数量、营业规模、利润总额增速均呈现出下降趋势，其主要原因包括：近三年来，我国建筑业呈现出总产值持续增长、增速持续下降的趋势，依赖于建筑业发展的工程造价咨询企业的发展必将受到影响；长期以来，工程造价咨询企业业务量多集中在房屋建筑和市政基础设施专

业中，存在同质化服务、低价竞争等问题，制约了行业利润的快速增长；此外，行业组织结构的变革，全过程咨询、BIM 咨询、PPP 咨询等新业态的出现对传统工程造价咨询企业产生冲击，给行业带来了机遇与挑战。

四、相关行业对比分析

为全面评价工程造价咨询行业发展现状，将其与工程监理行业、工程招标代理行业、勘察设计行业进行横向数据对比分析，涉及企业总体情况、从业人员基本情况、营业收入、利润四个基本方面。

工程造价咨询行业与其他行业 2019 年末企业总体情况对比分析如表 1-1-1 所示。

工程造价咨询行业与其他行业企业总体情况对比分析　　表 1-1-1

	工程造价咨询行业	工程监理行业	工程招标代理行业	勘察设计行业
企业 / 机构数（家）	8194	8469	8832	23739
增长率（%）	0.70	0.91	14.45	2. 40

由表 1-1-1 可知，工程造价咨询行业企业数稳中有进，与招标代理行业相比增速较缓。数据说明，工程造价咨询行业总体发展处于良性阶段，但仍需要新的增长点刺激行业快速发展。

工程造价咨询行业与其他行业 2019 年末从业人员基本情况对比分析如表 1-1-2 所示。

工程造价咨询行业与其他行业从业人员基本情况对比分析　　表 1-1-2

	工程造价咨询行业	工程监理行业	工程招标代理行业	勘察设计行业
期末从业人员（人）	586617	1295721	627733	4631000
期末注册执业人员（人）	171960	336959	177963	—
注册执业人员占比（%）	29.31	26.01	28.35	—
期末专业技术人员（人）	355768	969723	474562	2192000
专业技术人员占比（%）	60.65	74.84	75.60	47.33

由表 1-1-2 可知，工程造价咨询行业与工程监理行业、工程招标代理行业相比，注册执业人员占期末从业人员比重较高；与工程监理行业、工程招标代理行业、勘察设计行业相比，专业技术人员占期末从业人员比重处于中段。数据表

明，工程造价咨询行业正处于良性发展阶段，各企业注重人才培养，从业人员结构趋于稳定，人员数量稳步增加。我国工程造价咨询行业正加速改革进程，从而推动行业高质量发展。

工程造价咨询行业与其他行业 2019 年营业收入对比分析如表 1-1-3 所示。

工程造价咨询行业与其他行业营业收入对比分析　　表 1-1-3

	工程造价咨询行业	工程监理行业	工程招标代理行业	勘察设计行业
营业收入（亿元）	1836.66	5994.48	4110.44	64200.90
人均营业收入（万元/人）	31.31	46.26	65.48	138.63

由表 1-1-3 可知，工程造价咨询行业与工程监理行业、工程招标代理行业、勘察设计行业相比，营业收入差距较大；与工程监理行业相比，人均营业收入差距较小。因此，工程造价咨询企业应注重多元化战略，实施转型发展，不断拓宽业务范围，实现营业收入稳步增长。

工程造价咨询行业与其他行业 2019 年利润总额对比分析如表 1-1-4 所示。

工程造价咨询行业与其他行业利润总额对比分析　　表 1-1-4

	工程造价咨询行业	工程监理行业	工程招标代理行业	勘察设计行业
利润总额（亿元）	210.81	—	360.93	2721.60
人均利润（万元/人）	3.59	—	5.75	5.88

由表 1-1-4 可知，工程造价咨询行业与工程招标代理行业及勘察设计行业相比，利润总额与人均利润均较低。为此，行业应积极与国际接轨，加快转型步伐，向全过程工程咨询过渡，拓宽业务范围以获取相关行业利润。工程造价咨询企业也应注重自身人才队伍建设，提升从业人员业务能力，加强信息化建设，充分结合 BIM 等新技术手段，进行有效的组织结构变革，充分发掘现有业务的潜在利润空间。

第二节　人才队伍建设

2019 年，行业全面贯彻党和国家科技兴国与人才强国战略，联合各地协会积极开展人才队伍建设，从业人员数量逐年增加，从业人员综合素质不断提升，行业服务水平进一步得到了提升。

一、行业从业人员分布情况

2019 年底，工程造价咨询企业共有从业人员 586617 人，其中，注册造价工程师 94417 人，比上年增长 3.6%，占全部工程造价咨询企业从业人员 16.1%。专业技术人员 355768 人，比上年增长 2.6%，占全部工程造价咨询企业从业人员 60.6%。工程造价咨询企业专业技术人员中，高级职称人员 82123 人，比上年增长 2.6%，占专业技术人员 23.1%；中级职称人员 181137 人，比上年增长 1.5%，占专业技术人员 50.9%；初级职称人员 92508 人，比上年增加 4.8%，占专业技术人员 26.0%。

2017～2019 年，工程造价咨询企业从业人数、注册造价工程师人数、专业技术人数变化情况如图 1-1-9 所示。

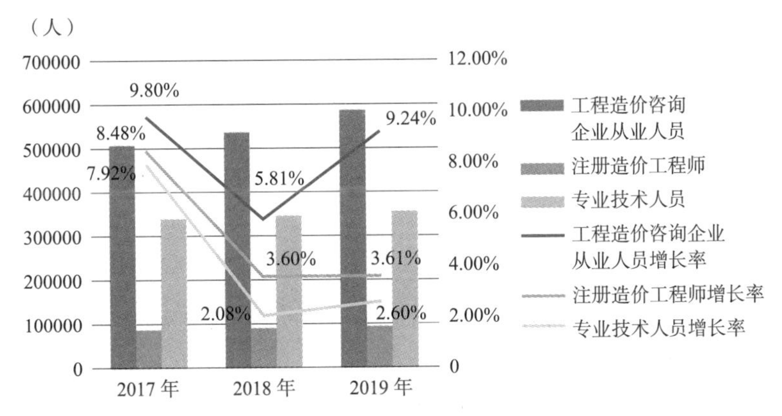

图 1-1-9　工程造价咨询企业从业人员、注册造价工程师、专业技术人数变化情况

由图 1-1-9 可知，2017～2019 年全国工程造价咨询企业从业人员、注册造价工程师以及专业技术人员的数量均持续增长，其中，2019 年工程造价咨询企业注册造价工程师增长率与 2018 年基本持平，从业人员和专业技术人员的增长率相较去年有所提升。

2017～2019 年全国工程造价咨询企业专业技术人员分布情况以及各类职称人数的变化情况如图 1-1-10 所示。

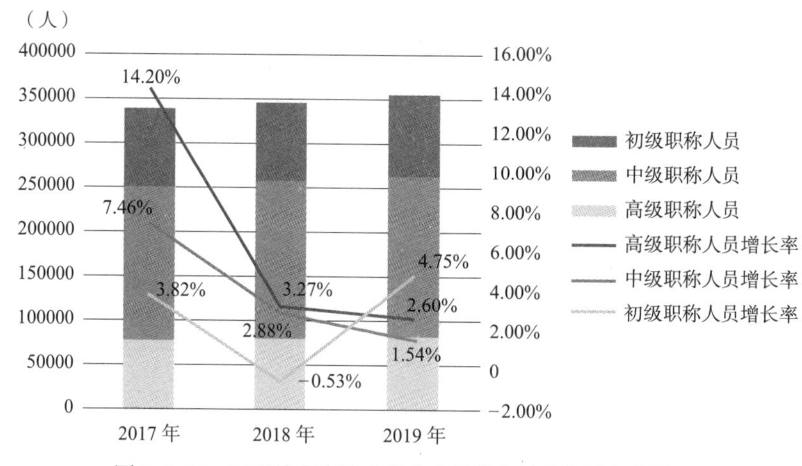

图 1-1-10　工程造价咨询企业专业技术人员分布及变化情况

由图 1-1-10 可知，2019 年我国工程造价咨询企业从业人员结构不断趋于优化，高级职称人员、中级职称人员、初级职称人员的数量均逐年增加，但高级职称人员、中级职称人员的增速逐渐降低，2019 年初级职称人员的增长率升高，且达到近三年最高。

二、人才培养体系建设工作开展情况

中国建设工程造价管理协会积极贯彻落实相关文件精神，联合各地协会推进工程造价咨询行业人才队伍培养体系建设工作，积极开展培训班（会）等教育活动。

为了鼓励工程造价咨询服务企业实施工程建设全过程咨询服务业务，提升造价咨询人员业务水平，2019 年 7 月 31 日在威海举办了造价咨询业务骨干培训会。为提高工程造价咨询企业项目经理综合素质和能力，2019 年 11 月 5 日～7 日在北京开办了工程造价咨询企业项目经理专题培训班，培训内容包括：工程造价咨询项目经理的基本能力及素质；新形势下如何做好工程造价咨询项目经理；项目经理如何做好项目策划和成本控制，以及应该掌握的全过程工程咨询业务方法和法律知识。

通过针对不同层次工程造价专业人员开展的不同类型培训教育活动，有效地提高了工程造价咨询企业专业人才的业务水平和综合素质能力。

第三节　行业自律和诚信体系建设

一、全国行业自律和诚信体系建设

为加强社会信用体系建设，深入推进“放管服”改革，国务院办公厅发布了《关于加快推进社会信用体系建设构建以信用为基础的新型监管机制的指导意见》（国办发〔2019〕35号）。意见指出，应创新事前环节信用监管、加强事中环节信用监管、完善事后环节信用监管、强化信用监管的支撑保证、加强信用监管的组织实施。

为建立“诚信规范、审批高效、监管完善”告知承诺审批新模式，推动资质管理形式转变，促进建筑业高质量发展，住房和城乡建设部发布了《关于实行建筑业企业资质审批告知承诺制的通知》（建办市〔2019〕20号），强化企业诚信监督机制，对弄虚作假取得资质的企业，撤销其资质并列入建筑市场主体“黑名单”。

为进一步完善工程建设组织模式，国家发展改革委、住房和城乡建设部联合印发了《关于推进全过程工程咨询服务发展的指导意见》（发改投资规〔2019〕515号）。意见指出，应加强政府监管与行业自律，建立全过程工程咨询监管制度，建立信用档案和公开不良行为信息，加强行业诚信自律体系建设，规范咨询单位及从业人员的市场行为。

中国建设工程造价管理协会为贯彻落实国务院、住房和城乡建设部关于社会信用体系建设的工作部署，推进工程造价咨询行业诚信体系建设，完善行业自律，促进行业健康有序发展，根据国家有关法律、法规和规范性文件，在《中国建设造价管理协会2019工作要点》中明确指出，加强行业自律，推动信用评价结果应用，具体内容包括建立信用评价信息共享与互认机制、开展《工程造价咨询行业自律相关问题研究》和《工程造价咨询行业信用信息管理及制度研究》等课题研究。此外，还在2019年5月发布了《中国建设工程造价管理协会信用评价委员会暂行管理办法》，8月印发了《工程造价咨询企业信用评价管理办法》，进一步规范中国建设工程造价管理协会信用评价委员会的组织管理工作及工程造价咨询企业的从业行为。2019 年 11 月，中国建设工程造价管理协会自律委员会工作会在广州召开，总结全年主要工作进展并对下一步工作进行安排。12 月，中国建设工程造价管理协会根据《工程造价咨询企业信用评价办法》《工程造价咨询行业信用评价标准》的有关规定，组织开展了 2019 年度全国工程造价咨询企业信用评价工作。

二、地方行业自律和诚信体系建设

北京市住房和城乡建设管理委员会召开了 2019 年北京市建设工程招标投标及造价管理工作会，对工程造价咨询企业和注册造价工程师市场行为信用评价等工作进行了部署。

上海市住房和城乡建设管理委员会依据《上海市社会信用条例》《上海市建筑市场管理条例》《上海市建筑市场信用信息管理办法》等相关规定，印发《上海市在沪建筑业企业信用评价管理办法》（沪住建规范〔2019〕3 号）。文件指出，应加强对建筑市场的事中事后监管，营造诚信守法的市场环境。

浙江省住房和城乡建设厅印发《关于促进建设行业民营经济发展的若干意见》（浙建〔2019〕1 号）。意见指出，要建立完善信用评价监管机制，以信用评价为核心，开展日常监管与服务。

重庆市人民政府发布《关于加快推进社会信用体系建设构建以信用为基础的新型监管机制的实施意见》（渝府办发〔2019〕118 号）。意见指出，要加强社会信用体系建设，不断推进“放管服”改革。

安徽省住房和城乡建设厅发布《关于进一步做好建筑市场信用评价有关工作的通知》（建市函〔2019〕1590 号）。文件指出，应按照《安徽省建筑市场信用管理暂行办法》（建市〔2019〕89 号）制定实施细则，推进建设管理系统建设、评价结果规范应用、信用信息高效报送。

湖北省住房和城乡建设厅发布《关于开展 2019 年建筑业企业监督检查的通知》，对企业在“湖北省建筑市场监督与诚信一体化工作平台”的信用档案信息登记情况等进行了检查。全省工程造价咨询企业专项检查情况表明，应进一步建立健全市场主体信用管理制度，努力营造规范有序的工程造价咨询市场环境。

湖南省建设工程造价管理总站发布《关于印发〈2019 年全省建设工程造价管

理工作要点〉的通知》(湘建价办〔2019〕13 号)。通知指出，要以行业诚信体系建设为重点，实施企业信用评价升降级动态管理，加强事中事后监管等具体措施。为推动工程造价咨询行业诚信服务精神文明建设工作的深入开展，还发布了《关于 2019 年湖南省造价咨询企业诚信服务精神文明示范企业建设工作的通报》(湘建价办〔2020〕12 号)。

加强行业自律，对实现行业自我管理、自我约束、自我规范，促进行业诚信经营、健康发展至关重要。推进诚信体系建设，对约束企业失信行为、保护相关利益方合法权益、保证行业有序发展具有重要意义。中国建设工程造价管理协会充分响应国家相关政策要求，积极开展对行业自律相关问题的研究，号召各地协会积极开展信用评价工作。各级地方政府和地方协会充分吸收各方意见，结合本地实际，通过建立信用档案、开展信用评价、加大监管力度、加强示范引领等措施，稳步推进行业自律与诚信体系建设，取得了显著的建设成效。

第四节　国际化发展

一、国际交流与合作

目前，我国工程造价咨询行业正朝着国际化、信息化、法治化、市场化方向发展，国内工程造价咨询企业需要汲取国外先进经验，拓展市场范围，提升咨询服务质量，提高全过程咨询服务能力。在深入推进“一带一路”建设背景下，我国工程造价咨询行业顺应全球化大潮流，积极与国外优秀企业及专家进行交流合作，实现信息共享，有力地提升了行业影响力和国际竞争力。

2019 年 6 月，应国际工程造价促进协会(AACE)邀请，中国建设工程造价管理协会组织国内工程造价咨询企业、高等院校、管理机构等相关代表赴美国参加“全寿命期工程造价管理”调研活动，目的是学习借鉴发达国家全过程工程造价咨询及项目管理的先进理念和成熟模式，促进国内工程造价咨询服务高质量发展。此次国际调研行程包括参加全面成本管理体系(TCM)培训以及赴洛杉矶交通局学习交流等。本次调研活动为我国工程造价咨询企业与发达国家行业专业人士进行面对面交流互动搭建了平台，充分了解了国内外在项目管理方式等方面的差异，增进了中美同行间的互信和友谊。

2019 年 6 月 16 日～19 日，2019 年度全球峰会由 AACE 主持，在美国路易斯安那州新奥尔良市召开。中国建设工程造价管理协会组织全国各地优秀工程造价咨询企业代表、地方协会代表等 10 人作为代表团出席本届峰会。峰会以“专业发展、全球视角、建立联系、体现价值、获得灵感”为主旨。由政府和企业中具有丰富实践经验的专业人士，以演讲方式，与参会者共同研讨工程造价相关技术问题、管理方法及未来发展。会议期间，除参加主题演讲和分论坛外，中国建设工程造价管理协会代表团还与 AACE 领导层举行了正式会谈，双方就如何开展交流进行讨论。此次峰会进一步巩固和增强了中国在国际工程造价行业的影响力，增进了与世界各地工程造价专业人士之间的友谊，为国内工程造价咨询行业国际化发展提供了新的沟通与交流平台。

2019 年 8 月 23 日～27 日，作为泛太平洋工料测量师协会（PAQS）会员国代表，中国建设工程造价管理协会组织代表团一行 16 人赴马来西亚沙捞越州首府古晋市参加第二十三届 PAQS 理事会及其国际专业峰会。PAQS 理事会会议主要包括 PAQS 2016～2020 年工作规划、有关中国事务的议题、“吉隆坡多边协议”议题以及PAQS青年组活动等。PAQS专业峰会于2019年8月25日上午举行，由马来西亚工料测量师学会（RISM）和马来西亚工料测量师管理局（BQSM）联合承办，以“新兴科技所体现的人类智慧”为主题，中国、澳大利亚、日本、新西兰、新加坡、斯里兰卡等 15 个国家和地区的 PAQS 会员组织代表参会，并特邀多个国际或地区性行业组织代表 400 多人参加了大会，涉及行业未来发展、与工程造价相关的新兴技术、人类智慧、工程造价可持续性发展四个方面的专业论文交流。中国代表团在交流行业情况及工作成绩的同时，进一步增进和加深了与世界各地专业组织及专业人士的了解和信任，增强了中国建设工程造价管理协会作为行业组织与国际相关专业组织的沟通与协作。在今后的行业国际化发展进程中，应继续充分利用国际专业组织这一有力平台，不断提升中国工程造价行业及其专业人士的国际地位和影响力。

二、国际工程造价咨询服务

中国建设工程造价管理协会作为我国工程造价咨询行业与国际交流合作的重

要桥梁，长期注重行业国际发展趋势，近年来结合“一带一路”倡议，深刻剖析沿线国家基础设施建设过程中的重大风险以及解决方案。着眼于国内工程建设企业在国际工程各阶段参与该工程项目整体或局部的造价管理工作，并通过对所运用的计价方法和管理经验进行梳理、分析和总结，为我国相关企业“走出去”提供可资参考的专业经验，实现国外优秀经验“引进来”，中国建设方案“走出去”的内外联动。

2019 年 7 月 16 日，中国建设工程造价管理协会发布《国际工程造价行业动态简报》2019 年第 1 期，内容包括行业动态、协会动态以及信息发布，详细介绍了国际工程造价管理委员会（ICEC）编制并发布的《最佳实践和标准清单》，以及新西兰工料测量师协会（NZIQS）与澳大利亚工料测量师协会（AIQS）发布的《BIM 最佳实践指南》等内容。同时，及时更新国际工程造价咨询行业最新动态，紧跟行业发展步伐，在收集和整理信息的基础上，总结出当前我国工程造价咨询行业存在的问题和未来的发展趋势，提出与国际接轨的可行方案，为今后开展国际工程造价咨询服务奠定良好的基础。

我国正加速工程造价咨询业务国际化发展步伐。在“一带一路”建设过程中，充分依靠中国与有关国家既有的双多边机制，借助既有的、行之有效的区域合作平台，对沿线国家基础设施建设和产业发展起到积极促进作用，为我国工程造价咨询行业的改革发展提供了更加广阔的平台。同时，我国积极参与国际工程造价行业会议与调研活动，中国建设工程造价管理协会作为 ICEC 和 PAQS 两大国际工程造价专业组织正式成员，积极与国外优秀造价咨询企业及专家进行经验交流与分享，大大提升了我国在该领域的国际影响力和国际话语权，促进了我国工程造价咨询行业的快速发展。

第五节　信息化建设

工程造价咨询行业经过几十年的发展，完成了由单一软件应用的电算化阶段到多部门、多岗位、多软件的协同化阶段的转变，向以 BIM 为支撑、以全过程管理为核心、以云计算和大数据等互联网技术为手段的平台化阶段进军。在住房和城乡建设部《关于印发 2016—2020 年建筑业信息化发展纲要的通知》（建质函〔2016〕183号）和《工程造价事业发展“十三五”规划》（建标〔2017〕164号）文件精神的指导下，2019年中国工程造价咨询行业积极夯实信息化发展基础，提升造价信息服务能力，构建了多元化信息服务体系，信息化得到长足发展。

一、信息化新要求

2019年3月15日，国家发展改革委、住房和城乡建设部联合印发《关于推进全过程工程咨询服务发展的指导意见》（发改投资规〔2019〕515号）。意见提出，要建立全过程工程咨询服务管理体系，大力开发和利用建筑信息模型（BIM）、大数据、物联网等现代信息技术和资源，努力提高信息化管理与应用水平，为开展全过程工程咨询业务提供保障。

2019年5月29日，中国建设工程造价管理协会发布《2019年工作要点》，提出重视信息化建设，探索新形势下信息服务模式的工作要求。首先，要开展工程造价信息服务体系研究，通过完善行业信息服务内容和标准，引导行业提升造价信息服务能力，提升工程造价咨询行业信息化建设水平。其次，要探索社会组织信息服务的内容。借鉴发达国家有关信息平台服务方式，坚持“共建、共享、共管”发展理念，调动各专业委员会、地方造价协会、专家及企业力量，开展市场有需求、行业有需要的信息服务。

二、信息化新活力

2019年初，全国首届工程计量人机对抗赛圆满落幕。本次人机大赛历时2个多月时间，吸引了全国近千名专业选手踊跃参赛。最终天职工程咨询股份有限公司的造价机器人“小青I号”不负众望以优异的成绩包揽前三名，实现了工程计量技术的更快、更准、更省，开辟了行业发展新局面。

三、信息化研讨与交流

2019年3月5日，中国建设工程造价管理协会组织召开“新形势下企业财务管理和税务筹划”研讨会。会议围绕企业财务管理、税务筹划以及行业发展等主题展开广泛研讨。会上形成“应注重企业信息化建设，提升工程造价信息化管理水平，进而降低人工成本占公司支出的比重”等意见。

2019年5月28日，2019中国国际大数据产业博览会“数字造价·引领未来——建设工程数字经济论坛”成功举办。本次论坛经中国国际大数据产业博览会执委会授权，由中国建设工程造价管理协会、贵州省住房和城乡建设厅联合承办，共吸引来自全国各地的450名行业内外嘉宾出席，是“数字造价”首次亮相于国家级博览会。论坛观点鲜明、内容丰富，对推动中国建设行业数字化的持续发展与进步，促进产业融合、助推造价行业创新升级有着重要的指导意义。论坛的成功举办也是中国建设工程造价管理协会联合社会各界力量，在“政产学研用”协同发展方面的一次深度实践，通过数字造价理念推动工程建设领域创新动力和高质量发展，助力“中国建造”走进新时代。

2019年9月25日～26日，以“守正出新，集智远行——共建良好的工程造价管理生态圈”为主题的第七届企业家高层论坛在武汉召开。本届论坛集结了工程造价咨询领域的政府领导、专家学者以及来自全国各地工程造价咨询行业的杰出企业代表共计500余人。论坛深入分析影响咨询行业的信息技术及新技术的应用将给咨询行业带来的变化，并对数字咨询时代理想情景进行展望。论坛认为数字技术将会催生“新模式、新机遇、新能力”的咨询企业，商业模式由简单的算量计价服务收入进化到高附加值咨询业务收入，运营模式由关系为主进化到“客户关系管理＋互联网商机获取”，管理模式从“本地自营＋异地挂靠”为主进化为无区域差别的高品质、强管理模式。

11月8日，中国建设工程造价管理协会新技术委员会工作会议在成都召开。会议期间开展了“BIM技术应用对工程造价咨询企业转型升级的支撑和影响研究”课题的中期审查。专家建议，要及时将BIM课题研究成果转化为生产力，推动BIM技术在造价咨询服务中的应用。此外，中国建设工程造价管理协会还开展了“工程造价行业信息化发展研究”课题研究工作，引起行业的广泛关注和重视。

中国建设工程造价管理协会通过统筹规划、政策导向和开展研讨交流，提升了工程造价咨询企业对信息化的认识，提高了行业信息技术应用水平，促进了工程造价行业技术进步和管理水平提升，缩小了工程造价咨询行业与其他先进行业信息化的差距，使企业切身感受到了信息化的作用和价值。

第六节　履行社会责任

2019年，工程造价咨询行业继续践行初心使命，积极参与社会公益活动、推动工程造价纠纷调解、开展工程造价咨询企业职业保险试点，在履行社会责任方面取得显著成效。

一、参与公益慈善事业

广大工程造价咨询企业在致力于工程造价咨询服务的同时，汇聚行业爱心，积极投身慈善公益事业，践行社会责任，组织公益讲座、资金支持及捐款捐物等公益活动，在教育、医疗、环保、文化、卫生等多个领域做出显著贡献，促进了社会经济发展、增强了民生保障。

为扎实开展好“不忘初心、牢记使命”主题教育，落实行业协会职责，更好地服务行业，2019年，中国建设工程造价管理协会组织党员走进北京交通大学、北京建筑大学校园，深入教学实地交流，为高校和学生及时了解行业趋势和需求提供了平台；由北京市建设工程造价管理协会和爱心会员单位共同捐建的爱心阳光成长室、爱心图书馆在贵州省六盘水市水城县顺利落成，助力水城县困境儿童的成长、教育、心理等方面发展；由四川省内23家工程造价咨询企业发起筹建的四川同心慈善基金会开展了“同心慈善·助力脱贫攻坚”慈善公益主题活动，在四川省高原藏区、大小凉山彝区和乌蒙山区、秦巴山区等贫困地区，开展了教育扶贫、产业扶贫、健康卫生扶贫和其他扶贫脱贫工作；浙江省建设工程造价管理协会积极响应党的十九大中关于“贯彻绿色发展理念，大力推进生态文明建设”的总体要求，开展了“绿色丝绸之路，浙江在行动”活动，倡导各市地、会员单位，积极加入公益活动，种植一片“浙江造价爱心林”，重建塔里木盆地的绿洲生态系统；为引导学校开展应用型人才的培养，促进工程造价实践教学，工程造价咨询企业积极与学校合作举办讲座，联合开展就业指导会、毕业设计，为学生提供技能培训和实习岗位。

二、调解工程造价纠纷

根据《国务院办公厅关于促进建筑业持续健康发展的意见》（国办发〔2017〕19号）和《工程造价事业发展“十三五”规划》等文件要求，中国建设工程造价管理协会积极推动建设工程造价纠纷调解工作，妥善化解社会矛盾。

工程造价纠纷调解开展的工作包括：一是完善调解制度。研究制定了《中国建设工程造价管理协会工程造价纠纷调解中心管理办法（试行）》和《中国建设工程造价管理协会工程造价纠纷调解中心调解规则》等调解办法，促进高效、规范、有序地解决工程造价纠纷。组织印制了《工程造价纠纷调解工作委员会调解手册》，起草了调解申请书示范文本和申请调解资料清单，进一步方便当事人提出申请。二是加强诉调对接。申请加入北京多元纠纷调解发展促进会，积极组织调解员参加北京多元纠纷调解发展促进会的业务培训。主动加强与相关法院、仲裁机构对接，努力争取调解对接渠道畅通。三是依法依规进行调解。2019年2月中国建设工程造价管理协会在郑州异地开庭调解了第一件造价纠纷案件。该案从受理申请到达成调解协议，仅用了一周时间，充分体现了调解程序灵活和高效便捷的优势。从2019年1月至今，受理了多起造价纠纷调解案件和争议评审案件，较好地化解了矛盾争议，受到当事人的高度肯定。

三、开展工程造价咨询企业职业保险试点

为进一步推进工程造价咨询行业市场化、国际化改革，促进工程造价咨询业持续健康发展，中国建设工程造价管理协会结合工程造价咨询业实际，开展了工程造价咨询企业职业责任保险试点工作。一是开展调查研究，科学合理设计保险产品。研究起草了《关于推动工程造价咨询企业职业责任保险的工作方案》，指导保险公司起草《工程造价咨询企业责任保险条款》。二是会同保险公司开展职业保险试点，共同推进工程造价咨询企业职业责任保险。印制了8000册《工程造价咨询企业职业责任保险服务手册》，发放至各试点地区造价协会和其他省级协会，并将服务手册有关内容在协会网站公开供各企业查阅。截至目前，已有近50家企业购买了职业责任保险，试点取得了初步效果，不仅推进了行业健康发

展，也减少了社会矛盾，促进了社会和谐。

当前，行业纠纷调解工作和职业责任保险的推行还存在一些问题，如配套政策不健全、社会认可度不高等。下一步工程造价纠纷调解工作委员会将继续深入推进工程造价纠纷调解工作，研究造价纠纷调解的具体方法、社会推广路径和渠道等，探索适合工程造价纠纷的调解模式；协同推进工程造价咨询企业职业责任保险，实现工程造价咨询企业职业责任保险与信用评价的实时联动，加强工程造价咨询企业职业责任保险与纠纷调解的联动；加强推广宣传，营造浓厚氛围，在行业中逐步树立“有争议先调解”“购买职业保险增强企业信用”的理念，保障各方当事人的合法利益。

第七节　新冠肺炎疫情防控

工程造价咨询行业面对新冠肺炎疫情，根据国家政策积极做好防控工作，有序复工复产，在实现工程造价咨询行业夺取疫情防控和咨询服务双胜利方面取得显著成效。

一、参与疫情防控工作

自新型冠状病毒疫情发生以来，全国工程造价行业认真贯彻习近平总书记重要讲话精神，各级造价协会认真落实民政部《关于全国性行业协会进一步做好新型冠状病毒肺炎防控工作的指导意见》，在打赢疫情防控阻击战中发挥积极作用的要求，主动担当，积极作为。各级造价协会在部署和做好有关疫情防控工作的基础上，通过各种渠道向疫情地区和防控一线的医护人员捐款捐物，行业上下主动积极研究对策，以减少疫情对行业发展的不利影响。

疫情发生后，中国建设工程造价管理协会快速响应，严格遵守防疫的有关规定，积极组织做好疫情防控工作，保护职工的安全与健康，及时掌握职工动态，建立跟踪报备机制，做到“底数清、情况明”，安全有序安排职工复岗，维护经济社会正常秩序，为共同抗击疫情贡献力量。地方各级造价协会都行动起来，积极响应国家防控疫情号召，严格落实当地关于疫情防控的要求，第一时间发布了共同抗击疫情的倡议书，对复工后应对病毒部署了防控预案，并及时了解疫情对企业的影响，反映企业的呼声。造价行业上下万众一心，勇担社会责任，以捐款、捐物、志愿服务等不同形式投入到这场疫情防控的阻击战中。

疫情面前有担当，行动之中见大爱。截至2020年3月，中国建设工程造价管理协会和部分地方造价协会及其员工为抗击疫情捐款合计近65万元；6292个企业及其从业人员为抗击疫情捐款合计近9000万元。在防疫物资紧缺的情况下，部分企业通过各种渠道获取物资，向慈善机构捐助50万余只医用口罩、15万余副医用橡胶手套、4万余套防护服，以及价值近400万元的抗疫物资。

二、坚持防控与复工复产同步

工程造价咨询企业在做好疫情防控的基础上，也积极有序复工复产，为建设项目提供优质的工程造价咨询服务。截至2020年3月，除湖北省外的1.1万个重点项目复工率达89%。全国19个省、市、自治区工程造价咨询企业复工率达到90%以上，其他11个省份企业复工率也高于50%。

中国建设工程造价管理协会为引导工程造价及相关专业人员正确理解和准确把握有关文件精神，做好工程造价咨询业务，陆续组织开展了《新冠肺炎疫情影响下的工期与费用索赔》讲解、《工程造价咨询企业服务清单》宣贯等网络直播活动。地方协会在引导工程造价咨询企业复工复产方面做了大量工作。上海协会及时调查复工复产和企业所面临的困难等情况，并形成分析报告；浙江、广东、安徽、重庆、新疆等地方协会开展了"工程造价和工期受疫情和防控措施的影响与应对建议"、"携手并肩，'疫'后同行——后疫情时代咨询企业转型之道"等线上直播讲座公益活动。工程造价咨询企业复工复产全面提速。有的企业充分发挥信息化程度高的优势，采取远程咨询的方式开展业务；有的企业深入建设项目工程，了解施工现场实际情况；有的企业与建设、设计、施工等单位紧密结合，做好咨询服务工作；有的企业深入研究疫情对工程造价的影响，把研究成果贡献给全行业。通过有序推进复工复产，共同努力为经济社会发展做出贡献。

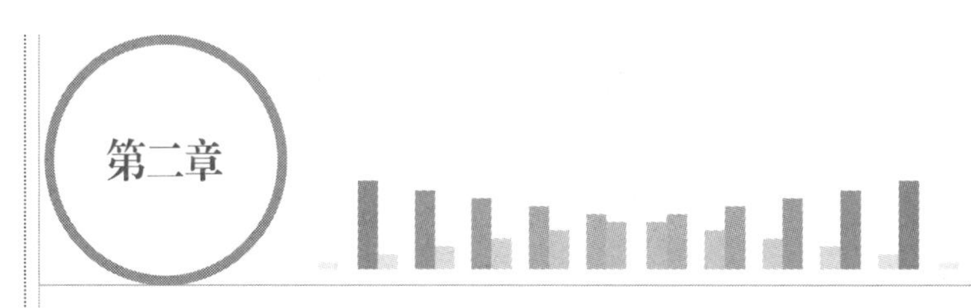

行业结构分析

第一节　企业结构分析

一、企业总量保持稳定，行业扩张进入平台期

2019 年，通过工程造价咨询统计报表制度系统上报的工程造价咨询企业共计 8194 家，比 2018 年增长 0.7%。2017 年和 2018 年全国工程造价咨询企业分别为 7800 家和 8139 家，分别比其上一年增长 3.9% 和 4.3%。统计显示，2019 年工程造价咨询企业总量与 2018 年基本持平，工程造价咨询企业数量未保持大幅增长势头，行业扩张进入平台期。

二、行业质量结构持续升级，甲级资质企业占比稳步提升

工程造价咨询行业信息化、国际化浪潮带来的行业竞争依然激烈，2019 年上报的 8194 家工程造价咨询企业中，甲级工程造价咨询企业 4557 家，增长 7.6%；乙级工程造价咨询企业 3637 家，减少 6.8%。其中，甲级资质企业相比乙级资质企业多 920 家，差额约占整体 11.23%。各省市共计 7972 家，各行业共计 222 家。

2019 年末，我国工程造价咨询企业中，甲级资质企业与乙级资质企业占比汇总统计信息如图 1-2-1 所示。

2017～2019 年，我国工程造价咨询企业中，甲级资质企业与乙级资质企业数量如表 1-2-1 所示。

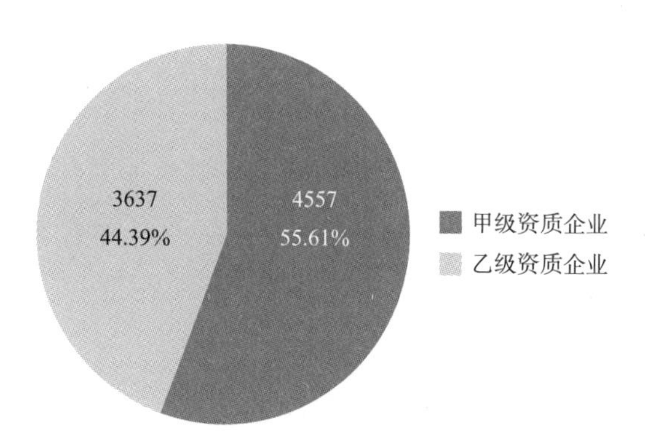

图 1-2-1　2019 年工程造价咨询企业按资质等级分类占比统计

2017～2019 年，甲级资质企业占比分别为 47.91%、52.05%、55.61%，分别比其上一年增长 10.53%、13.35%、7.58%；乙级资质企业占比分别为 52.09%、47.95%、44.39%，分别比其上一年减少 1.48%、3.94%、6.82%。

工程造价咨询企业按资质分类统计表（家）　　表 1-2-1

序号	年份	工程造价咨询企业数量		
		合计	甲级	乙级
1	2017 年	7800	3737	4063
2	2018 年	8139	4236	3903
3	2019 年	8194	4557	3637

以上数据表明，甲级工程造价咨询企业总数自 2018 年超过乙级工程造价咨询企业后继续保持增长势头，迫使乙级资质企业转型升级或被迫出局，形成工程造价咨询行业企业资质结构的良性升级。

三、专营企业占比大幅上升

8194 家工程造价咨询企业中，有 3648 家专营工程造价咨询企业，占 44.5%；具有多种资质的工程造价咨询企业有 4546 家，占 55.5%。专营企业相比具有多种资质企业少 898 家，差额约占整体 10.96%。统计数据表明，目前具有多种资质工程造价咨询企业数量依然占全部企业的大多数，多元化发展在行业仍然占据主要地位。但专营工程造价咨询企业数量比上年增加 65.3%，具有多种资质的工程造价咨询企业数量比上年减少 23.4%。产生这种变化的主要原因是国家"放管服"改革的强力推进，一些工程造价咨询企业持有的招标代理、工程咨询等资质相继取消，在统计口径上表现为专营工程造价咨询企业占比上升。

2019 年末，我国专营工程造价咨询企业与具有多种资质的工程造价咨询企业占比汇总统计信息如图 1-2-2 所示。

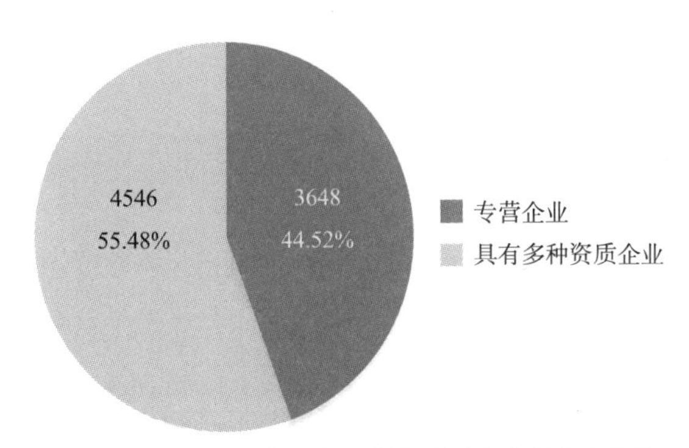

图 1-2-2　2019 年工程造价咨询企业按资质种类分类占比统计

2017～2019 年，我国工程造价咨询企业中，专营工程造价咨询企业与具有多种资质的工程造价咨询企业数量如表 1-2-2 所示。

结合 2017～2019 年数据，专营工程造价咨询企业分别占全部工程造价咨询企业的 25.14%、27.12%、44.52%；具有多种资质工程造价咨询业务所占比例分别为 74.86%、72.88%、55.48%。

工程造价咨询企业按资质分类统计（家）　　表 1-2-2

序号	年份	工程造价咨询企业数量		
		合计	专营工程造价咨询企业	具有多种资质工程造价咨询企业
1	2017 年	7800	1961	5839
2	2018 年	8139	2207	5932
3	2019 年	8194	3648	4546

通过上述数据可以看出，工程造价咨询企业发展进入平台期后，拥有单一工程造价咨询资质的企业数量保持加快增长势头，具有多种资质的工程造价咨询企业则锐减了近 1/4，出现小幅回落。

四、“放管服”政策影响持续，有限责任公司占据绝对主导地位

国家“放管服”政策的影响效力持续发挥，行业市场化进程继续推进，一些国有独资公司及国有控股公司向有限责任公司转型。8194 家工程造价咨询企业中，有限责任公司有 8016 家，约占企业总数的 97.83%，其他登记注册类型企业仅占企业总数的 2.17%，其中包括 116 家国有独资公司及国有控股公司，54 家合伙企业，8 家合资经营和合作经营企业。2019 年，我国工程造价咨询企业按登记注册类型分类占比统计信息如图 1-2-3 所示。

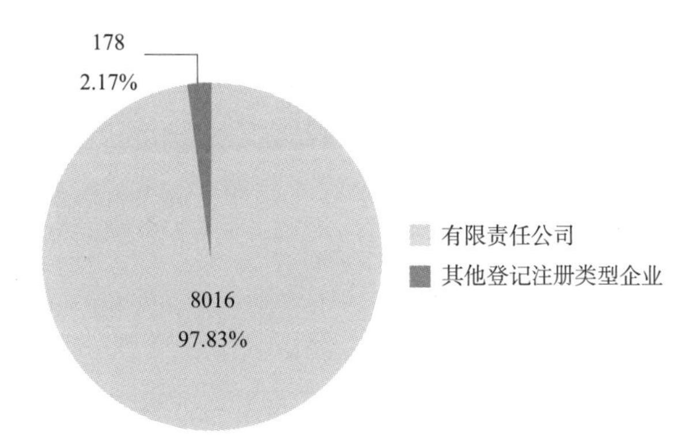

图 1-2-3　2019 年工程造价咨询企业按登记注册类型分类占比统计

2017～2019 年，我国工程造价咨询企业中，按登记注册类型分类企业数量如表 1-2-3 所示。

工程造价咨询企业按企业登记注册类型分类统计（家）　　表 1-2-3

序号	年份	企业数量	国有独资公司及国有控股公司	有限责任公司	合伙企业	合资经营和合作经营企业	其他企业
1	2017 年	7800	134	7575	63	5	23
2	2018 年	8139	128	7924	61	4	22
3	2019 年	8194	116	8016	54	8	0

通过上述数据可以看出，全国绝大多数工程造价咨询企业均登记注册为有限责任公司，在数量上占据主要地位。除有限责任公司外的余下企业中，大多数为

国有独资公司及国有控股公司和合伙企业，除有限责任公司外的各类企业数量均有所减少。

五、大部分省份企业数量增速放缓，企业结构趋于优化

2019 年，我国拥有工程造价咨询企业数量较高的 3 个省份分别是江苏、山东和安徽，分别为 721 家、645 家、453 家，其中江苏与山东依然保持行业领先地位，拥有工程造价咨询企业总量远超其他省份。

结合 2017～2019 年数据，在行业规模方面，2019 年大部分省份工程造价咨询企业数量增速与 2018 年相比明显放缓，企业数量呈上升态势的省份有 17 个。江苏省、安徽省、四川省、广东省、浙江省在企业数量领先的前提下依旧保持扩张态势。山东省虽然企业数量一直保持前列，但 2019 年的扩张趋势逐渐放缓。河北省、湖北省、河南省企业数量处于全部省份的中上游，且规模稳定，仅出现小幅波动。陕西省、江西省、吉林省虽然目前企业规模不大，但企业数量逐年持续增长。在结构方面，大部分省份甲级资质企业数量大幅增加，企业资质结构优化速度稳中有升。

2019 年末，我国工程造价咨询企业按资质分类汇总统计信息如表 1-2-4 所示。

2019 年工程造价咨询企业按资质汇总统计信息（家）　　表 1-2-4

序号	省份	工程造价咨询企业数量			专营工程造价咨询企业数量	具有多种资质的工程造价咨询企业数量
		小计	甲级	乙级		
合计		8194	4557	3637	3648	4546
1	北京	342	282	60	174	168
2	天津	76	54	22	41	35
3	河北	388	203	185	174	214
4	山西	234	111	123	148	86
5	内蒙古	292	135	157	155	137
6	辽宁	246	117	129	211	35
7	吉林	166	72	94	47	119
8	黑龙江	205	94	111	124	81
9	上海	167	128	39	59	108

续表

序号	省份	工程造价咨询企业数量			专营工程造价咨询企业数量	具有多种资质的工程造价咨询企业数量
		小计	甲级	乙级		
10	江苏	721	408	313	248	473
11	浙江	417	296	121	122	295
12	安徽	453	169	284	238	215
13	福建	184	106	78	46	138
14	江西	193	80	113	135	58
15	山东	645	277	368	191	454
16	河南	294	164	130	152	142
17	湖北	354	201	153	307	47
18	湖南	280	152	128	97	183
19	广东	420	254	166	131	289
20	广西	148	80	68	46	102
21	海南	64	33	31	26	38
22	重庆	229	148	81	116	113
23	四川	443	288	155	151	292
24	贵州	104	68	36	27	77
25	云南	165	88	77	71	94
26	西藏	1	1	0	0	1
27	陕西	253	136	117	84	169
28	甘肃	191	62	129	132	59
29	青海	54	9	45	14	40
30	宁夏	77	35	42	39	38
31	新疆	166	84	82	109	57
行业归口		222	222	0	33	189

2019 年各省份工程造价咨询企业按资质等级分类汇总统计数据如图 1-2-4 所示。2017～2019 年各省份工程造价咨询企业按资质分类统计如表 1-2-5 所示。

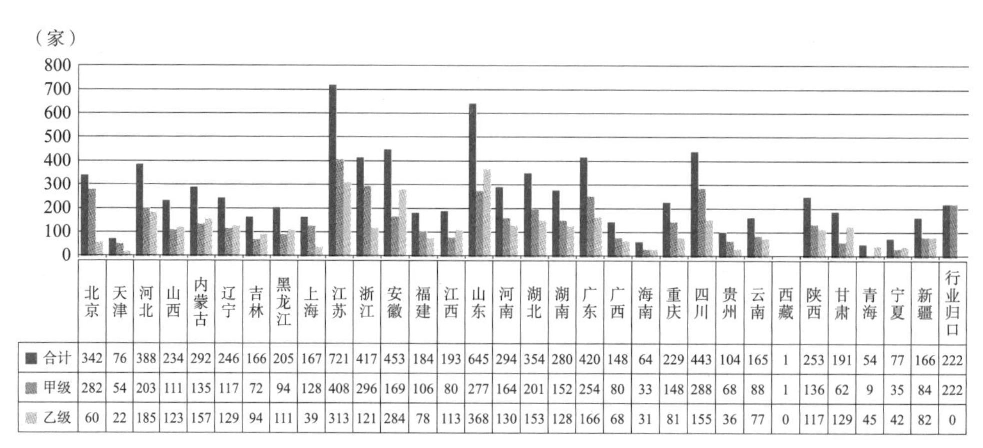

图 1-2-4　2019 年各省市工程造价咨询企业按资质等级分类数量变化

2017～2019 年各省份工程造价咨询企业按资质分类统计　　表 1-2-5

序号	省份	2017 年		2018 年				2019 年			
		合计（家）	甲级（家）	合计（家）	增长（%）	甲级（家）	增长（%）	合计（家）	增长（%）	甲级（家）	增长（%）
合计		7800	3737	8139	4.35	4236	13.35	8194	0.68	4557	7.58
1	北京	323	247	340	5.26	278	12.55	342	0.59	282	1.44
2	天津	44	34	74	68.18	52	52.94	76	2.70	54	3.85
3	河北	343	154	390	13.70	186	20.78	388	−0.51	203	9.14
4	山西	230	82	246	6.96	97	18.29	234	−4.88	111	14.43
5	内蒙古	279	99	305	9.32	130	31.31	292	−4.26	135	3.85
6	辽宁	269	104	267	−0.74	113	8.65	246	−7.87	117	3.54
7	吉林	148	53	161	8.78	67	26.42	166	3.11	72	7.46
8	黑龙江	204	66	148	−27.45	71	7.58	205	38.51	94	32.39
9	上海	152	119	152	—	123	3.36	167	9.87	128	4.07
10	江苏	640	338	703	9.84	390	15.38	721	2.56	408	4.62
11	浙江	399	257	406	1.75	278	8.17	417	2.71	296	6.47
12	安徽	378	126	433	14.55	155	23.02	453	4.62	169	9.03
13	福建	189	91	168	−11.11	93	2.20	184	9.52	106	13.98
14	江西	182	56	185	1.65	66	17.86	193	4.32	80	21.21
15	山东	641	216	639	−0.31	239	10.65	645	0.94	277	15.90
16	河南	310	113	313	0.97	138	22.12	294	−6.07	164	18.84
17	湖北	353	173	369	4.53	197	13.87	354	−4.07	201	2.03

续表

序号	省份	2017年		2018年				2019年			
		合计（家）	甲级（家）	合计（家）	增长（%）	甲级（家）	增长（%）	合计（家）	增长（%）	甲级（家）	增长（%）
18	湖南	298	122	304	2.01	140	14.75	280	−7.89	152	8.57
19	广东	402	225	415	3.23	244	8.44	420	1.20	254	4.10
20	广西	137	60	150	9.49	69	15.00	148	−1.33	80	15.94
21	海南	56	23	66	17.86	29	26.09	64	−3.03	33	13.79
22	重庆	242	132	245	1.24	143	8.33	229	−6.53	148	3.50
23	四川	415	245	441	6.27	273	11.43	443	0.45	288	5.49
24	贵州	108	49	122	12.96	64	30.61	104	−14.75	68	6.25
25	云南	154	69	163	5.84	81	17.39	165	1.23	88	8.64
26	西藏	—	—	3		2		1	−66.67	1	−50.00
27	陕西	192	113	206	7.29	122	7.96	253	22.82	136	11.48
28	甘肃	192	38	204	6.25	61	60.53	191	−6.37	62	1.64
29	青海	51	6	58	13.73	7	16.67	54	−6.90	9	28.57
30	宁夏	64	26	75	17.19	29	11.54	77	2.67	35	20.69
31	新疆	169	65	165	−2.37	77	18.46	166	0.61	84	9.09
行业归口		236	236	223	−5.51	222	−5.93	222	−0.45	222	0. 00

第二节　从业人员结构分析

一、企业正式员工持续增加

2019年，通过工程造价咨询统计报表制度系统上报的8194家工程造价咨询企业中，共有从业人员586617人，比上年增长9.2%。其中，正式聘用员工541841人，占92.4%，比上年增长8.8%；临时聘用人员44776人，占7.6%，比上年增长14.6%。2019年，在工程造价咨询企业数量基本不变的情况下，从业人员数量仍保持稳步增长，是行业发展稳定的结果。

2017～2019年，工程造价咨询企业从业人员分别为507521人、537015人、

586617 人，分别比其上一年增长 9.8%、5.8%、9.2%。其中，正式聘用员工分别为 466389 人、497933 人、541841 人，分别占年末从业人员总数的 91.9%、92.7%、92.4%；临时聘用人员分别为 41132 人、39082 人、44776 人，分别占年末从业人员总数的 8.1%、7.3%、7.6%。

工程造价咨询企业从业人员情况如表 1-2-6 所示。

工程造价咨询企业从业人员情况（人） 表 1-2-6

序号	年份	期末从业人员		
		合计	正式聘用人员	临时聘用人员
1	2017 年	507521	466389	41132
2	2018 年	537015	497933	39082
3	2019 年	586617	541841	44776

2017～2019 年，工程造价咨询企业从业人员数量统计变化如图 1-2-5 所示。

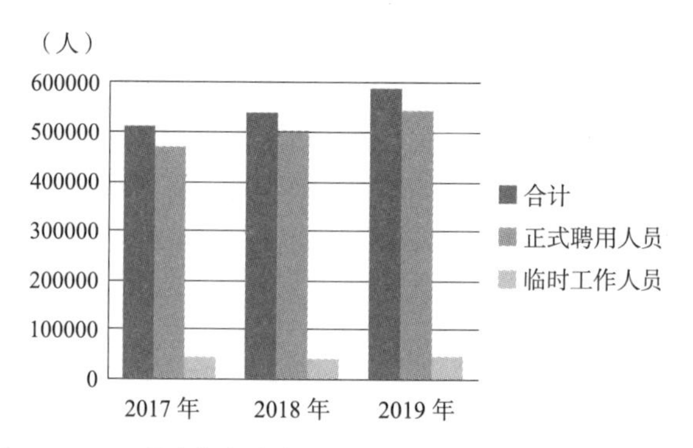

图 1-2-5 工程造价咨询企业从业人员聘用情况数量统计变化

从图 1-2-5 可见，近三年我国工程造价咨询企业从业人员总数逐年增加，但增长态势略有起伏，其中正式聘用员工数量持续增加，且占年末从业人员总数比例保持 90% 以上，说明工程造价咨询企业重视对企业员工的保障，该行业的从业人员结构合理，有利于保证企业业务开展的专业性。

二、注册造价工程师占比持续降低

2019 年末，工程造价咨询企业共有注册造价工程师 94417 人，比上年增长

3.6%，占全部造价咨询企业从业人员 16.1%。其中，一级注册造价工程师 89767 人，减少 1.5%，占比 95.1%；新增二级注册造价工程师 4650 人，占比 4.9%。其他专业注册执业人员 77543 人，增长 5.7%，占全部造价咨询企业从业人员的 13.2%。其分布如图 1-2-6 所示。

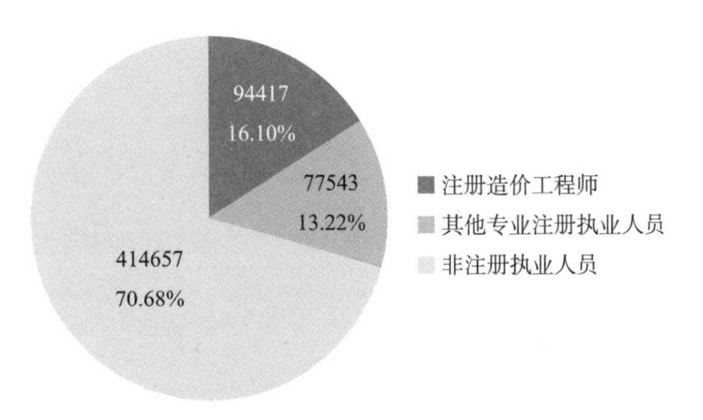

图 1–2–6　专业执业（从业）人员分布情况

2017～2019 年，工程造价咨询企业中，拥有注册造价工程师分别为 87963 人、91128 人、94417 人，占年末从业人员总数的 17.3%、17.0%、16.1%，分别比其上一年增长 8.5%、3.6%、3.6%。

注册（登记）执业（从业）人员情况如表 1-2-7 所示。

注册（登记）执业（从业）人员情况（人）　　表 1-2-7

序号	年份	注册（登记）执业（从业）人员情况	
		注册造价工程师	期末其他专业注册执业人员
1	2017 年	87963	65387
2	2018 年	91128	73360
3	2019 年	94417	77543

其中，2017～2019 年工程造价咨询企业从业人员注册情况如图 1-2-7 所示。

通过表 1-2-7 及图 1-2-7 可以看出，2017～2019 年，我国注册造价工程师人员总数较大，且我国工程造价咨询企业拥有注册造价工程师的数量逐年上升，同时拥有其他专业注册执业人员数量也在逐年增长，但注册造价工程师增速放缓，其占工程造价咨询企业从业人员的比例较少，呈逐年下降趋势，说明注册造价工程师仍然较为紧缺。

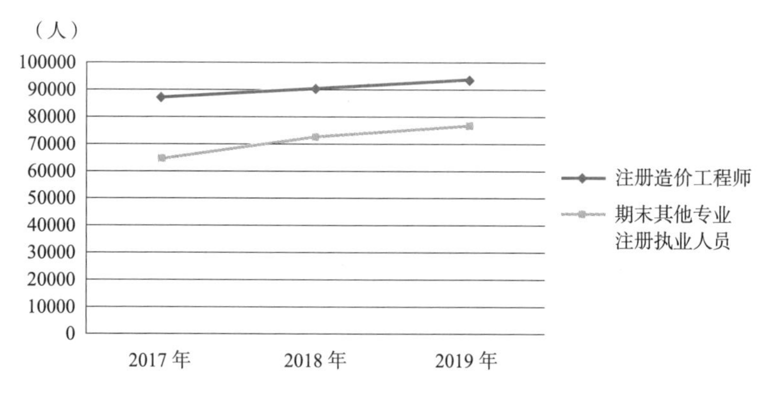

图 1-2-7　工程造价咨询企业从业人员注册情况数量统计变化

三、高端人才增速放缓

2019 年末，工程造价咨询企业共有专业技术人员 355768 人，比上年增长 2.6%，占全体从业人员比例为 60.6%。其中，高级职称人员 82123 人，中级职称人员 181137 人，初级职称人员 92508 人，各级别职称人员占专业技术人员比例分别为 23.1%、50.9%、26.0%，其分布如图 1-2-8 所示。

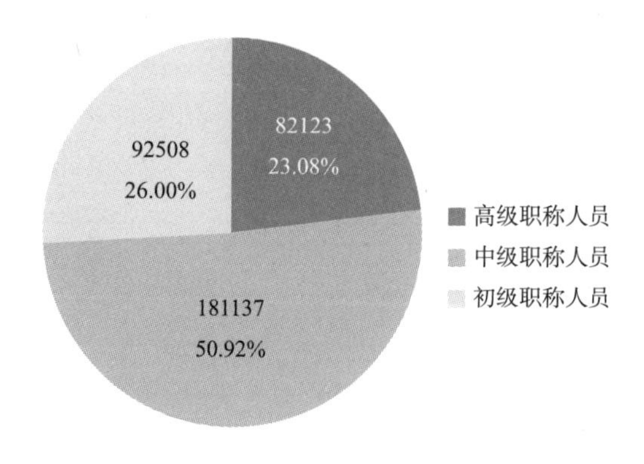

图 1-2-8　技术职称人员分布

2017～2019 年，工程造价咨询企业共有专业技术人员分别为 339692 人、346752 人、355768 人，占年末从业人员总数的 66.93%、64.57%、60.6%，分别比其上一年增长 7.92%、2.08%、2.60%。其中，高级职称人员分别为 77506 人、80041 人、82123 人，占全部专业技术人员的比例分别为 22.82%、23.08%、

23.08%，分别比其上一年增长 14.20%、3.27%、2.60%。专业技术人员职称情况如表 1-2-8 所示。

专业技术人员职称情况（人）　　表 1-2-8

序号	年份	期末专业技术人员			
		合计	高级职称人员	中级职称人员	初级职称人员
1	2017 年	339692	77506	173401	88785
2	2018 年	346752	80041	178398	88313
3	2019 年	355768	82123	181137	92508

其中，2017～2019 年工程造价咨询企业专业技术人员数量统计变化如图 1-2-9 所示。

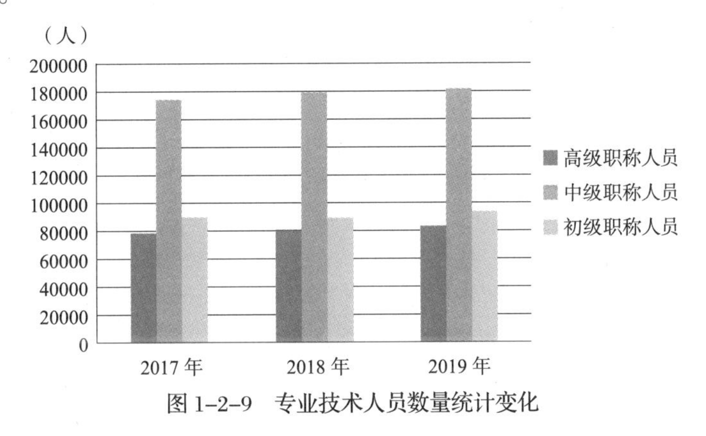

图 1–2–9　专业技术人员数量统计变化

以上统计数据表明，近三年来，专业技术人员占工程造价咨询企业从业人员的比例较高，我国工程造价咨询企业拥有专业技术人员规模呈平稳增长趋势，自 2017 年专业技术人员数量出现较大增长后，2018 年和 2019 年增速趋缓。其中，高级职称人员增速持续放缓，且近两年来其占全部专业技术人员的比例保持 23.08% 不变。而中级职称人员依然占比最高，初级职称人员次之。因此，为提升行业人才质量，未来要注重高端人才的培养，加快行业人才结构升级。

四、行业人员分布符合地区差异特点

由于地理环境、区域发展战略以及行业发展水平等原因，我国各省份工程造价咨询企业从业人员分布不均衡。广东、四川、北京等地从业人员总数排前三位，高达50813人；就专业技术人员总数而言，四川、广东、山东省位列前三位，高达27222人，其中拥有高级职称人员数量排前三位的省份为四川、江苏、北京，拥有中级职称人员总数排前三位的省份为四川、山东、广东，拥有初级职称人员总数排前三位的省份为广东、山东、浙江。就期末注册（登记）执业（从业）人员数量而言，江苏、浙江和山东等地的企业中注册造价工程师总数排前三位，分别为8886人、8788人、7067人；四川、安徽、山东等地其他专业注册执业人员总数排前三位，分别为10554人、7937人、5023人。而各省份中，海南、青海、西藏等地由于地域发展等一系列原因，工程造价咨询从业人员与专业技术人员总数较少，总体情况同往年一致。

2019年各省份工程造价咨询企业从业人员分类统计数量如表1-2-9所示。

2019年各省份工程造价咨询企业从业人员分类统计（人）　　表1-2-9

序号	省份	期末从业人员			期末专业技术人员				期末注册（登记）执业（从业）人员	
		合计	正式聘用人员	临时工作人员	合计	高级职称人员	中级职称人员	初级职称人员	注册造价工程师	期末其他专业注册执业人员
合计		586617	541841	44776	355768	82123	181137	92508	94417	77543
1	北京	39890	38208	1682	19365	4633	9916	4816	6942	3007
2	天津	6501	5297	1204	4329	997	1931	1401	864	433
3	河北	17802	16095	1707	10523	1884	6513	2126	3385	1762
4	山西	7438	6413	1025	4706	643	3371	692	2103	865
5	内蒙古	6846	6216	630	5011	1148	3120	743	2391	668
6	辽宁	6976	6577	399	4758	999	2853	906	2168	443
7	吉林	6804	6231	573	4896	1387	2323	1186	1113	739
8	黑龙江	5447	4621	826	3375	967	1888	520	1267	412
9	上海	12397	11573	824	7167	1313	3587	2267	3393	826
10	江苏	30878	29506	1372	20922	4789	10868	5265	8886	3669
11	浙江	36690	35208	1482	21358	3672	10464	7222	8788	4513
12	安徽	21025	18791	2234	13357	2731	7097	3529	3893	7937
13	福建	18591	17789	802	11000	1569	5619	3812	1784	2454
14	江西	7721	7177	544	4860	790	2788	1282	1654	901

续表

序号	省份	期末从业人员			期末专业技术人员				期末注册（登记）执业（从业）人员	
		合计	正式聘用人员	临时工作人员	合计	高级职称人员	中级职称人员	初级职称人员	注册造价工程师	期末其他专业注册执业人员
15	山东	38218	35243	2975	24200	3626	12343	8231	7067	5023
16	河南	21175	19487	1688	12955	1861	6888	4206	3241	1834
17	湖北	13381	12498	883	7732	1366	5039	1327	3294	1056
18	湖南	13089	11767	1322	7734	1166	5298	1270	2899	2051
19	广东	50813	43222	7591	24616	4202	11863	8551	4628	4340
20	广西	10156	9846	310	5734	1235	3141	1358	1529	2022
21	海南	2131	2006	125	1185	219	684	282	454	138
22	重庆	12200	11573	627	6914	1366	3790	1758	3150	2225
23	四川	46868	43449	3419	27222	5899	15324	5999	5368	10554
24	贵州	8201	7557	644	5149	1287	2557	1305	896	767
25	云南	8202	7341	861	5061	1033	2441	1587	1559	1112
26	西藏	50	47	3	13	5	1	7	10	8
27	陕西	17367	15142	2225	10349	1955	5541	2853	2960	2025
28	甘肃	10315	8997	1318	7029	1265	3588	2176	1284	1686
29	青海	1146	1064	82	806	185	369	252	329	108
30	宁夏	2640	2477	163	1838	335	1006	497	725	280
31	新疆	5524	5236	288	3023	733	1826	464	1531	445
行业归口		100135	95187	4948	68581	26863	27100	14618	4862	13240

近三年统计数据表明，我国工程造价咨询行业的发展仍然具有明显的区域差异性。在经济发展较好的地区，工程造价咨询行业的执业（专业）人员分布更多。就各地区从业人员的变化情况而言，2017～2019年，大部分地区行业从业人员规模保持增长趋势，但增长幅度逐渐变小，如天津等地增长幅度出现大幅下降；部分地区如浙江、江西和广东等，增长幅度依然越来越大；黑龙江、上海和福建等地在2018年经历了大幅度下降后，2019年呈增长趋势，说明这些省份发展潜力较大；而甘肃地区的从业人员规模出现连续几年的下降态势。2017～2019年，各省份从业人员数量增长情况如表1-2-10所示。受限于我国各

地经济发展状况以及对于工程造价专业人才需求的不同，经济发展较好地区注册造价工程师数量处于较高水平。2017～2019 年，大部分地区注册造价工程师的数量有所减少，但减小幅度较小，而浙江、重庆等地区呈持续增长趋势；部分地区如黑龙江和上海等地，在 2018 年经历了大幅下降趋势后，2019 年呈现增长态势。2017～2019 年，各省份期末注册（登记）执业（从业）人员情况如表 1-2-11 所示。

各省份期末从业人员情况 表 1-2-10

序号	省份	2017 年		2018 年				2019 年			
		合计（人）	其中正式聘用人员（人）	合计（人）	增长（%）	其中正式聘用人员（人）	增长（%）	合计（人）	增长（%）	其中正式聘用人员（人）	增长（%）
合计		507521	466389	537015	5.81	497933	6.76	586617	9.24	541841	8.82
1	北京	28428	26742	34123	20.03	32331	20.90	39890	16.90	38208	18.18
2	天津	4093	3638	5910	44.39	4963	36.42	6501	10.00	5297	6.73
3	河北	13860	12563	15353	10.77	13948	11.02	17802	15.95	16095	15.39
4	山西	7152	6003	7569	5.83	6310	5.11	7438	−1.73	6413	1.63
5	内蒙古	7046	6210	7571	7.45	6803	9.55	6846	−9.58	6216	−8.63
6	辽宁	7067	6759	7183	1.64	6897	2.04	6976	−2.88	6577	−4.64
7	吉林	6256	5538	6519	4.20	5819	5.07	6804	4.37	6231	7.08
8	黑龙江	5644	4705	3844	−31.89	3386	−28.03	5447	41.70	4621	36.47
9	上海	15831	13673	11609	−26.67	10544	−22.88	12397	6.79	11573	9.76
10	江苏	25197	24038	27126	7.66	25851	7.54	30878	13.83	29506	14.14
11	浙江	28030	26614	30689	9.49	29589	11.18	36690	19.55	35208	18.99
12	安徽	19550	16455	20577	5.25	17633	7.16	21025	2.18	18791	6.57
13	福建	17274	16478	15829	−8.37	15161	−7.99	18591	17.45	17789	17.33
14	江西	6589	6096	6835	3.73	6355	4.25	7721	12.96	7177	12.93
15	山东	32265	29625	34743	7.68	31978	7.94	38218	10.00	35243	10.21
16	河南	17753	16653	19348	8.98	17468	4.89	21175	9.44	19487	11.56
17	湖北	12059	11193	13760	14.11	12771	14.10	13381	−2.75	12498	−2.14
18	湖南	12716	11607	12758	0.33	11584	−0.20	13089	2.59	11767	1.58
19	广东	33300	32575	38465	15.51	37505	15.13	50813	32.10	43222	15.24
20	广西	9100	8811	9661	6.16	9346	6.07	10156	5.12	9846	5.35

续表

序号	省份	2017年		2018年				2019年			
		合计（人）	其中正式聘用人员（人）	合计（人）	增长（%）	其中正式聘用人员（人）	增长（%）	合计（人）	增长（%）	其中正式聘用人员（人）	增长（%）
21	海南	2133	2005	2322	8.86	2210	10.22	2131	−8.23	2006	−9.23
22	重庆	10512	9948	12126	15.35	11348	14.07	12200	0.61	11573	1.98
23	四川	39492	37974	42463	7.52	39587	4.25	46868	10.37	43449	9.76
24	贵州	9267	8555	10001	7.92	8898	4.01	8201	−18.00	7557	−15.07
25	云南	8232	7355	8284	0.63	7385	0.41	8202	−0.99	7341	−0.60
26	西藏	—	—	152	—	147	—	50	−67.11	47	−68.03
27	陕西	14363	12340	15339	6.80	13461	9.08	17367	13.22	15142	12.49
28	甘肃	11359	10406	10447	−8.03	8822	−15.22	10315	−1.26	8997	1.98
29	青海	1211	1132	1350	11.48	1260	11.31	1146	−15.11	1064	−15.56
30	宁夏	2795	2643	2663	−4.72	2503	−5.30	2640	−0.86	2477	−1.04
31	新疆	5204	4790	4843	−6.94	4459	−6.91	5524	14.06	5236	17.43
行业归口		93743	83265	97553	4.06	91611	10.02	100135	2.65	95187	3.90

各省份期末注册（登记）执业（从业）人员情况 表 1-2-11

序号	省份	2017年		2018年				2019年			
		注册造价工程师（人）	其他专业注册执业人员（人）	注册造价工程师（人）	增长（%）	其他专业注册执业人员（人）	增长（%）	注册造价工程师（人）	增长（%）	其他专业注册执业人员（人）	增长（%）
合计		87963	65387	91128	3.60	73360	12.19	94417	3.61	77543	5.70
1	北京	5783	2188	6599	14.11	2908	32.91	6942	5.20	3007	3.40
2	天津	659	606	907	37.63	666	9.90	864	−4.74	433	−34.98
3	河北	3409	1570	3587	5.22	1702	8.41	3385	−5.63	1762	3.53
4	山西	2119	585	2281	7.65	730	24.79	2103	−7.80	865	18.49
5	内蒙古	2331	485	2544	9.14	550	13.40	2391	−6.01	668	21.45
6	辽宁	2451	359	2358	−3.79	396	10.31	2168	−8.06	443	11.87
7	吉林	1291	871	1384	7.20	962	10.45	1113	−19.58	739	−23.18
8	黑龙江	1583	458	1198	−24.32	397	−13.32	1267	5.76	412	3.78
9	上海	3201	2189	3089	−3.50	991	−54.73	3393	9.84	826	−16.65

续表

序号	省份	2017年		2018年				2019年			
		注册造价工程师（人）	其他专业注册执业人员（人）	注册造价工程师（人）	增长（%）	其他专业注册执业人员（人）	增长（%）	注册造价工程师（人）	增长（%）	其他专业注册执业人员（人）	增长（%）
10	江苏	8128	2398	8522	4.85	2887	20.39	8886	4.27	3669	27.09
11	浙江	5095	3669	5337	4.75	4432	20.80	8788	64.66	4513	1.83
12	安徽	3498	2347	3932	12.41	2499	6.48	3893	−0.99	7937	217.61
13	福建	2199	3334	2016	−8.32	3274	−1.80	1784	−11.51	2454	−25.05
14	江西	1605	567	1700	5.92	633	11.64	1654	−2.71	901	42.34
15	山东	6613	4164	6682	1.04	4498	8.02	7067	5.76	5023	11.67
16	河南	3125	2364	3217	2.94	2560	8.29	3241	0.75	1834	−28.36
17	湖北	3519	1068	3676	4.46	1331	24.63	3294	−10.39	1056	−20.66
18	湖南	3001	1917	3025	0.80	1815	−5.32	2899	−4.17	2051	13.00
19	广东	4848	3567	4998	3.09	4521	26.75	4628	−7.40	4340	−4.00
20	广西	1426	1663	1518	6.45	1690	1.62	1529	0.72	2022	19.64
21	海南	491	236	593	20.77	277	17.37	454	−23.44	138	−50.18
22	重庆	2613	599	2657	1.68	1456	143.07	3150	18.55	2225	52.82
23	四川	5117	7316	5481	7.11	8223	12.40	5368	−2.06	10554	28.35
24	贵州	1141	1552	1244	9.03	2196	41.49	896	−27.97	767	−65.07
25	云南	1645	919	1561	−5.11	917	−0.22	1559	−0.13	1112	21.26
26	西藏	—	—	29	—	18	—	10	−65.52	8	−55.56
27	陕西	2390	1770	2429	1.63	2478	40.00	2960	21.86	2025	−18.28
28	甘肃	1570	2295	1589	1.21	1857	−19.08	1284	−19.19	1686	−9.21
29	青海	344	109	390	13.37	204	87.16	329	−15.64	108	−47.06
30	宁夏	647	261	696	7.57	258	−1.15	725	4.17	280	8.53
31	新疆	1653	505	1622	−1.88	463	−8.32	1531	−5.61	445	−3.89
行业归口		4468	13456	4267	−4.50	15571	15.72	4862	13.94	13240	−14.97

不同省份注册造价工程师数量变化的统计分析如图 1-2-10 所示。

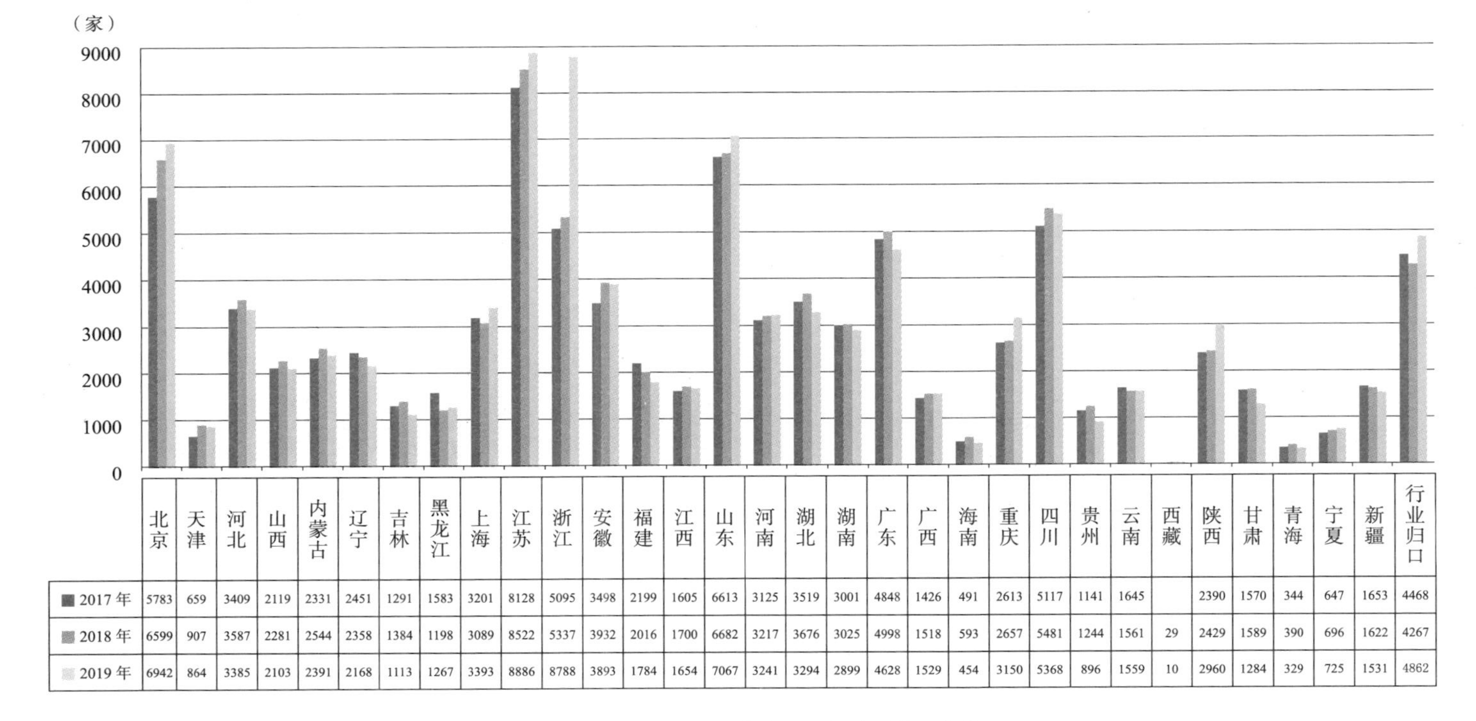

	北京	天津	河北	山西	内蒙古	辽宁	吉林	黑龙江	上海	江苏	浙江
2017年	5783	659	3409	2119	2331	2451	1291	1583	3201	8128	5095
2018年	6599	907	3587	2281	2544	2358	1384	1198	3089	8522	5337
2019年	6942	864	3385	2103	2391	2168	1113	1267	3393	8886	8788

	安徽	福建	江西	山东	河南	湖北	湖南	广东	广西	海南	重庆
2017年	3498	2199	1605	6613	3125	3519	3001	4848	1426	491	2613
2018年	3932	2016	1700	6682	3217	3676	3025	4998	1518	593	2657
2019年	3893	1784	1654	7067	3241	3294	2899	4628	1529	454	3150

	四川	贵州	云南	西藏	陕西	甘肃	青海	宁夏	新疆	行业归口
2017年	5117	1141	1645		2390	1570	344	647	1653	4468
2018年	5481	1244	1561	29	2429	1589	390	696	1622	4267
2019年	5368	896	1559	10	2960	1284	329	725	1531	4862

图 1-2-10　各省份注册造价工程师数量统计变化

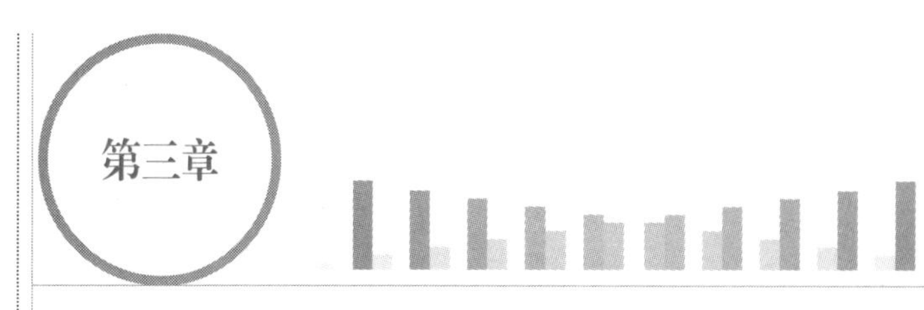

行业收入统计分析①

第一节　营业收入统计分析

一、行业营业收入平稳增长

2017～2019 年全国工程造价咨询行业整体营业收入汇总情况如表 1-3-1 所示，根据表 1-3-1 中 2019 年整体营业收入的相关数据绘制 2019 年整体营业收入基本情况，如图 1-3-1 所示。

2017～2019 年全国工程造价咨询行业整体营业收入区域汇总（亿元）　　表 1-3-1

省份	2017 年			2018 年			2019 年		
	工程造价咨询业务收入	其他业务收入	整体营业收入	工程造价咨询业务收入	其他业务收入	整体营业收入	工程造价咨询业务收入	其他业务收入	整体营业收入
合计	661.17	807.97	1469.14	772.49	948.96	1721.45	892.47	944.19	1836.66
北京	75.63	19.01	94.64	105.37	32.32	137.70	126.76	35.94	162.70
天津	6.98	7.07	14.05	10.57	9.58	20.14	11.15	8.40	19.55
河北	15.30	13.44	28.74	18.03	14.68	32.71	20.34	19.67	40.01
山西	9.51	4.23	13.74	10.78	4.85	15.64	12.17	6.28	18.45
内蒙古	11.18	3.59	14.77	12.89	4.09	16.99	13.18	4.75	17.93
辽宁	10.09	2.64	12.73	11.83	2.63	14.47	12.88	3.01	15.89

① 本章数据来源于 2019 年工程造价咨询统计资料汇编。

续表

省份	2017年			2018年			2019年		
	工程造价咨询业务收入	其他业务收入	整体营业收入	工程造价咨询业务收入	其他业务收入	整体营业收入	工程造价咨询业务收入	其他业务收入	整体营业收入
吉林	10.88	5.64	16.52	7.70	6.42	14.12	7.79	6.35	14.14
黑龙江	7.59	2.58	10.17	5.88	1.72	7.60	8.01	3.06	11.07
上海	42.56	30.61	73.17	48.36	33.88	82.24	54.57	38.78	93.35
江苏	62.17	45.01	107.18	74.28	73.74	148.01	82.12	90.05	172.17
浙江	48.56	32.14	80.70	59.18	40.69	99.86	74.04	55.19	129.23
安徽	19.09	21.20	40.29	22.30	23.85	46.15	24.58	29.00	53.58
福建	10.70	19.92	30.62	11.77	18.17	29.94	13.38	17.41	30.79
江西	7.32	8.93	16.25	9.54	9.32	18.87	11.60	7.64	19.24
山东	36.16	31.55	67.71	43.86	39.85	83.70	53.33	47.79	101.12
河南	17.05	14.73	31.78	19.99	36.66	56.65	23.10	24.16	47.26
湖北	21.80	7.53	29.33	25.05	41.47	66.52	28.79	9.49	38.28
湖南	19.62	22.49	42.11	21.83	15.82	37.65	23.94	15.97	39.91
广东	41.86	45.98	87.84	51.02	52.65	103.67	65.08	63.83	128.91
广西	7.13	11.06	18.19	8.66	12.62	21.28	9.59	15.90	25.49
海南	3.00	1.14	4.14	3.87	1.29	5.16	3.47	1.44	4.91
重庆	20.75	5.64	26.39	23.72	8.85	32.57	23.00	11.83	34.83
四川	45.25	61.35	106.60	51.79	45.44	97.23	62.47	61.16	123.63
贵州	8.68	17.75	26.43	9.56	20.26	29.82	9.04	9.06	18.10
云南	15.98	4.69	20.67	18.37	4.70	23.08	21.57	4.55	26.12
西藏				0.20	0.18	0.38	0.07	0.05	0.12
陕西	16.92	19.76	36.68	19.20	21.20	40.40	25.85	27.58	53.43
甘肃	5.65	12.74	18.39	6.13	10.60	16.73	6.17	10.68	16.85
青海	1.78	2.62	4.40	1.88	2.56	4.44	2.05	3.6	5.65
宁夏	3.73	1.60	5.33	3.91	1.25	5.16	3.99	1.66	5.65
新疆	8.50	4.37	12.87	8.89	4.45	13.34	9.54	3.57	13.11
行业归口	49.76	326.95	376.71	46.09	353.16	399.25	48.85	306.34	355.19

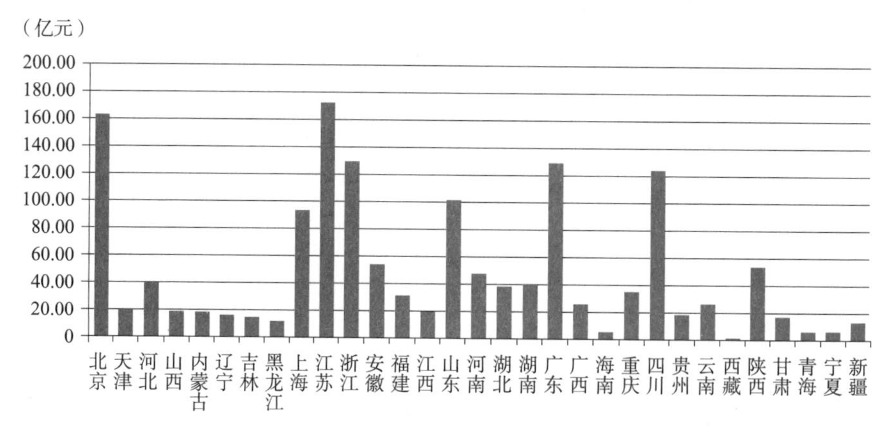

图 1-3-1　2019 年全国工程造价咨询行业整体营业收入基本情况

通过统计结果及图示信息可知：

1. 行业营业收入稳步增长

2019 年我国工程造价咨询行业营业收入稳中有升，全国工程造价咨询行业整体营业收入为 1836.66 亿元，较 2018 年增长 115.21 亿元，同比上升 6.69 个百分点，整体发展势头良好。

2. 江苏、北京、浙江行业收入位居三甲，地区间发展不均衡

2019 年整体营业收入排名前三的分别是江苏 172.17 亿元、北京 162.70 亿元、浙江 129.23 亿元。

工程造价咨询行业在各地区间发展不均衡。在华北地区，北京整体营业收入为 162.70 亿元，明显高于天津、山西等其他省份；在华东地区，江苏、浙江、山东、上海工程造价咨询企业整体营业收入均突破 80 亿元，是江西、福建的两倍多；在华南地区，广东省实现 128.91 亿元的营业收入；在西南地区，四川省整体营业收入独占鳌头，高达 123.63 亿元，显著高于重庆、贵州、云南、西藏。2019 年各省份全社会固定资产投资与工程造价咨询行业整体营业收入对比情况也正体现了地区发展的不均衡，具体如表 1-3-2 所示。

2019 年全社会固定资产投资与营业收入对比情况　　表 1-3-2

省份	全社会固定资产投资（亿元）	营业收入（亿元）	营业收入占比
北京	7868.74	162.70	2.07%
天津	12122.73	19.55	0.16%
河北	37359.02	40.01	0.11%
山西	7094.59	18.45	0.26%
内蒙古	11079.53	17.93	0.16%
辽宁	6716.57	15.89	0.24%
吉林	11285.40	14.14	0.13%
黑龙江	11224.17	11.07	0.10%
上海	8012.22	93.35	1.17%
江苏	58766.89	172.17	0.29%
浙江	36702.88	129.23	0.35%
安徽	35631.90	53.58	0.15%
福建	31164.02	30.79	0.10%
江西	26794.15	19.24	0.07%
山东	51717.06	101.12	0.20%
河南	51241.12	47.26	0.09%
湖北	39128.68	38.28	0.10%
湖南	37941.46	39.91	0.11%
广东	46093.28	128.91	0.28%
广西	24870.75	25.49	0.10%
海南	3277.63	4.91	0.15%
重庆	19725.11	34.83	0.18%
四川	30927.96	123.63	0.40%
贵州	18128.49	18.10	0.10%
云南	22370.51	26.12	0.12%
西藏	2204.71	0.12	0.01%
陕西	26878.93	53.43	0.20%
甘肃	5835.44	16.85	0.29%
青海	4390.71	5.65	0.13%
宁夏	2773.10	5.65	0.20%
新疆	9043.72	13.11	0.14%

注：北京、天津、山西、辽宁、吉林、黑龙江、山东、河南、湖北、湖南、广西、海南、贵州、云南、新疆全社会固定资产投资不含农户投资。

统计分析表明，2019 年全国 31 个省、直辖市、自治区中，全社会固定资产投资排名前三的地区是江苏、山东、河南，分别为 58766.89 亿元、51717.06 亿元、51241.12 亿元；工程造价咨询行业整体营业收入占当年全社会固定资产投资的比例排前两位的为北京、上海，占比分别为 2.07%、1.17%。

二、全国平均每家企业营业收入保持平稳态势

2017～2019 年，平均每家工程造价咨询企业整体营业收入的变化情况如表 1-3-3 和图 1-3-2 所示。

2017～2019 年平均每家企业整体营业收入变化情况　　表 1-3-3

省份	平均每家营业收入					
	2017 年（万元 / 家）	2018 年（万元 / 家）	增长率（%）	2019 年（万元 / 家）	增长率（%）	平均增长（%）
合计	1883.51	2115.06	12.29	2241.47	5.98	9.14
北京	2930.03	4050.00	38.22	4757.31	17.46	27.84
天津	3193.18	2721.62	−14.77	2572.37	−5.48	−10.13
河北	837.90	838.72	0.10	1031.19	22.95	11.52
山西	597.39	635.77	6.42	788.46	24.02	15.22
内蒙古	529.39	557.05	5.22	614.04	10.23	7.73
辽宁	473.23	541.95	14.52	645.93	19.19	16.85
吉林	1116.22	877.02	−21.43	851.81	−2.87	−12.15
黑龙江	498.53	513.51	3.01	540.00	5.16	4.08
上海	4813.82	5410.53	12.40	5589.82	3.31	7.85
江苏	1674.69	2105.41	25.72	2387.93	13.42	19.57
浙江	2022.56	2459.61	21.61	3099.04	26.00	23.80
安徽	1065.87	1065.82	0.00	1182.78	10.97	5.48
福建	1620.11	1782.14	10.00	1673.37	−6.10	1.95
江西	892.86	1020.00	14.24	996.89	−2.27	5.99
山东	1056.32	1309.86	24.00	1567.75	19.69	21.85
河南	1025.16	1809.90	76.55	1607.48	−11.18	32.68
湖北	830.88	1802.71	116.96	1081.36	−40.01	38.47
湖南	1413.09	1238.49	−12.36	1425.36	15.09	1.37

续表

省份	平均每家营业收入					
	2017年（万元/家）	2018年（万元/家）	增长率（%）	2019年（万元/家）	增长率（%）	平均增长（%）
广东	2185.07	2498.07	14.32	3069.29	22.87	18.60
广西	1327.74	1418.67	6.85	1722.30	21.40	14.13
海南	739.29	781.82	5.75	767.19	−1.87	1.94
重庆	1090.50	1329.39	21.91	1520.96	14.41	18.16
四川	2568.67	2204.76	−14.17	2790.74	26.58	6.21
贵州	2447.22	2444.26	−0.12	1740.38	−28.80	−14.46
云南	1342.21	1415.95	5.49	1583.03	11.80	8.65
西藏		1266.67		1200.00	−5.26	−5.26
陕西	1910.42	1961.17	2.66	2111.86	7.68	5.17
甘肃	957.81	820.10	−14.38	882.20	7.57	−3.40
青海	862.75	765.52	−11.27	1046.30	36.68	12.70
宁夏	832.81	688.00	−17.39	733.77	6.65	−5.37
新疆	761.54	808.48	6.16	789.76	−2.32	1.92
行业归口	15962.29	17903.59	12.16	15999.55	−10.63	0.76

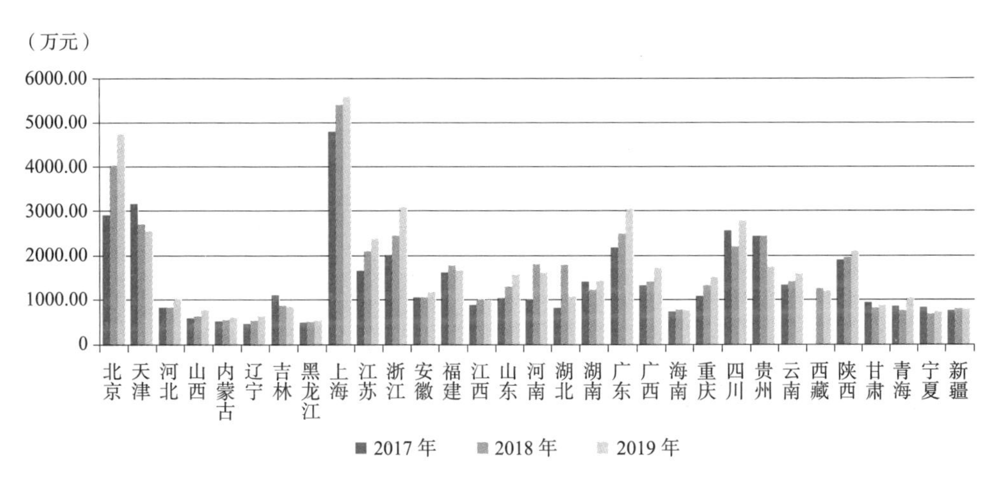

图1-3-2　2017～2019年各省份企业平均营业收入

通过统计结果及图示信息可知：

1. 全国平均每家企业整体营业收入呈平稳增长态势

从全国总体变化趋势而言，2017～2019 年平均每家企业整体营业收入连续稳定增长，2018 年增速为 12.29%，2019 年增幅回落至 5.98%，平均增长率为 9.14%。

2. 上海平均每家企业营业收入持续领先，鄂、豫、青、川出现大幅波动

2017～2019 年，上海平均每家企业整体营业收入位居榜首，工程造价咨询行业的企业业务水平和发展状况遥遥领先于全国。由图 1-3-3 可看出 2017～2019 年，全国大部分省、直辖市、自治区平均每家企业营业收入变化总体在小范围内上下波动，而湖北、河南、青海、四川则出现较大程度波动，湖北增长率由 2018 年的 116.96% 跌至 2019 年的 −40.01%，变动幅度高达 156.98 个百分点；河南增长率由 2018 年的 76.55% 跌至 2019 年的 −11.18%，下浮 87.73 个百分点；青海则从 2018 年 −11.27% 的负增长转变为 2019 年 36.68% 的正增长，涨幅为 47.95 个百分点；四川增长率由 2018 年的 −14.17% 上升至 2019 年的 26.58%，上涨 40.75 个百分点。

三、全国人均营业收入出现小幅降低

2017～2019 年，各地工程造价咨询从业人员的整体营业收入变化情况如表 1-3-4 及图 1-3-3 所示。

2017～2019 各区域从业人员整体营业收入变化情况　　表 1-3-4

省份	人均营业收入					
	2017 年（万元 / 人）	2018 年（万元 / 人）	增长率（%）	2019 年（万元 / 人）	增长率（%）	平均增长（%）
合计	28.95	32.06	10.74	31.31	−2.33	4.20
北京	33.29	40.35	21.22	40.79	1.07	11.14
天津	34.33	34.08	−0.73	30.07	−11.75	−6.24
河北	20.74	21.31	2.75	22.48	5.49	4.12

续表

省份	人均营业收入					
	2017年（万元/人）	2018年（万元/人）	增长率（%）	2019年（万元/人）	增长率（%）	平均增长（%）
山西	19.21	20.66	7.56	24.81	20.04	13.80
内蒙古	20.96	22.44	7.05	26.19	16.71	11.88
辽宁	18.01	20.14	11.83	22.78	13.07	12.45
吉林	26.41	21.66	−17.98	20.78	−4.05	−11.01
黑龙江	18.02	19.77	9.72	20.32	2.79	6.26
上海	46.22	70.84	53.27	75.30	6.29	29.78
江苏	42.54	54.56	28.27	55.76	2.19	15.23
浙江	28.79	32.54	13.02	35.22	8.24	10.63
安徽	20.61	22.43	8.83	25.48	13.63	11.23
福建	17.73	18.91	6.71	16.56	−12.44	−2.87
江西	24.66	27.61	11.94	24.92	−9.74	1.10
山东	20.99	24.09	14.80	26.46	9.83	12.31
河南	17.90	29.28	63.56	22.32	−23.77	19.89
湖北	24.32	48.34	98.76	28.61	−40.82	28.97
湖南	33.12	29.51	−10.89	30.49	3.32	−3.78
广东	26.38	26.95	2.17	25.37	−5.87	−1.85
广西	19.99	22.03	10.19	25.10	13.95	12.07
海南	19.41	22.22	14.49	23.04	3.68	9.09
重庆	25.10	26.86	6.99	28.55	6.29	6.64
四川	26.99	22.90	−15.17	26.38	15.20	0.01
贵州	28.52	29.82	4.55	22.07	−25.98	−10.72
云南	25.11	27.86	10.96	31.85	14.30	12.63
西藏		25.00		24.00	−4.00	−4.00
陕西	25.54	26.34	3.13	30.77	16.81	9.97
甘肃	16.19	16.01	−1.08	16.34	2.01	0.46
青海	36.33	32.89	−9.48	49.30	49.90	20.21
宁夏	19.07	19.38	1.61	21.40	10.45	6.03
新疆	24.73	27.54	11.38	23.73	−13.84	−1.23
行业归口	40.19	40.93	1.84	35.47	−13.33	−5.74

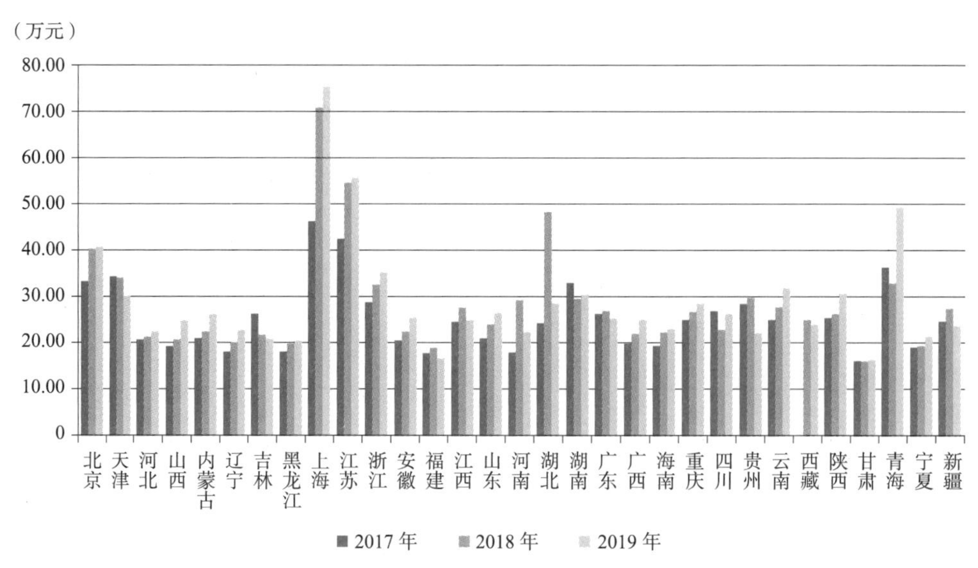

图 1-3-3　2017～2019 年各省份从业人员平均营业收入

从以上统计结果及图示信息可知：

1. 全国人均营业收入略有降低

从全国整体情况看，2019 年工程造价咨询行业从业人员人均营业收入为 31.31 万元 / 人，跌幅为 −2.33%，增长率较 2018 年有所回落，全国人均营业收入较为稳定。

2. 各地区人均收入变化情况各异，湖北、河南两省大幅降低

华北地区的北京变化幅度较大，增长率下浮了 20.14 个百分点；东北地区的吉林人均营业收入变化幅度较大，增长率由 2018 年的 −17.98% 增加到 2019 年的 −4.05%；华东地区除安徽外人均营业收入增长率均呈下降趋势，上海人均营业收入增长率下降 46.98 个百分点；华中地区湖北、河南两省人均营业收入大幅降低；华南地区各省人均营业收入增长情况各异；西南地区的四川省和贵州省变化幅度较大且相反，四川省人均营业收入增长率增加了 30.37 个百分点，而贵州省人均营业收入增长率降低了 30.53 个百分点；西北地区除新疆外，其他各省份人均营业收入增长幅度均有上升。

四、工程造价咨询业务收入增速加快

工程造价咨询企业营业收入按业务类别可划分为工程造价咨询业务收入和其他业务收入。其中，其他业务收入包括招标代理业务、建设工程监理业务、项目管理业务和工程咨询业务。

2019 年工程造价咨询行业整体营业收入按业务类别分类的基本情况如表 1-3-5 和图 1-3-4 所示。

2019 年营业收入按业务类别划分汇总表 表 1-3-5

省份	工程造价咨询业务收入		其他业务收入					
	合计（亿元）	占比（%）	合计（亿元）	占比（%）	招标代理业务（亿元）	建设工程监理业务（亿元）	项目管理业务（亿元）	工程咨询业务（亿元）
合计	892.47	48.59	944.19	51.41	183.85	423.29	207.03	130.02
北京	126.76	77.91	35.94	22.09	14.93	6.03	8.09	6.89
天津	11.15	57.03	8.4	42.97	4.22	2.09	1.28	0.81
河北	20.34	50.84	19.67	49.16	5.18	13.13	0.57	0.79
山西	12.17	65.96	6.28	34.04	3.48	1.61	0.76	0.43
内蒙古	13.18	73.51	4.75	26.49	2.73	1.72	0.08	0.22
辽宁	12.88	81.06	3.01	18.94	2.49	0.13	0.05	0.34
吉林	7.79	55.09	6.35	44.91	1.84	3.77	0.22	0.52
黑龙江	8.01	72.36	3.06	27.64	1.42	1.48	0.02	0.14
上海	54.57	58.46	38.78	41.54	15.09	16.28	4.06	3.35
江苏	82.12	47.70	90.05	52.30	19.05	61.31	4.02	5.67
浙江	74.04	57.29	55.19	42.71	15.4	30.71	6.82	2.26
安徽	24.58	45.88	29	54.12	9.11	18.06	1.02	0.81
福建	13.38	43.46	17.41	56.54	3.3	12.74	0.5	0.87
江西	11.60	60.29	7.64	39.71	2.81	3.55	0.21	1.07
山东	53.33	52.74	47.79	47.26	13.84	28.7	2.92	2.33
河南	23.10	48.88	24.16	51.12	7.99	13.99	0.37	1.81
湖北	28.79	75.21	9.49	24.79	4.72	3.55	0.42	0.80
湖南	23.94	59.98	15.97	40.02	4.67	8.28	1.91	1.11

续表

省份	工程造价咨询业务收入		其他业务收入					
	合计（亿元）	占比（%）	合计（亿元）	占比（%）	招标代理业务（亿元）	建设工程监理业务（亿元）	项目管理业务（亿元）	工程咨询业务（亿元）
广东	65.08	50.48	63.83	49.52	14.68	37.26	3.17	8.72
广西	9.59	37.62	15.90	62.38	3.96	10.89	0.07	0.98
海南	3.47	70.67	1.44	29.33	0.19	0.81	0.09	0.35
重庆	23.00	66.04	11.83	33.96	1.92	7.77	0.99	1.15
四川	62.47	50.53	61.16	49.47	7.61	44.57	6.91	2.07
贵州	9.04	49.94	9.06	50.06	2.69	5.72	0.30	0.35
云南	21.57	82.58	4.55	17.42	1.44	2.66	0.21	0.24
西藏	0.07	58.33	0.05	41.67	0.05	0.00	0.00	0.00
陕西	25.85	48.38	27.58	51.62	11.03	14.77	0.71	1.07
甘肃	6.17	36.62	10.68	63.38	1.87	8.36	0.06	0.39
青海	2.05	36.28	3.60	63.72	0.62	1.51	0.16	1.31
宁夏	3.99	70.62	1.66	29.38	0.92	0.62	0.07	0.05
新疆	9.54	72.77	3.57	27.23	2.20	1.01	0.11	0.25
行业归口	48.85	13.75	306.34	86.25	2.40	60.21	160.86	82.87

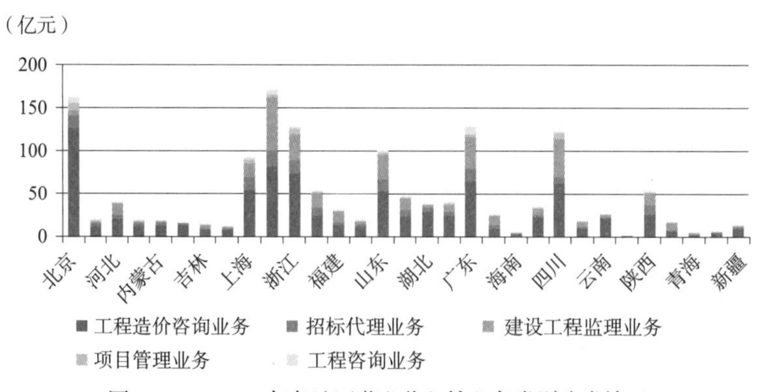

图 1-3-4　2019 年各地区营业收入按业务类别分类情况

从以上统计结果及图示信息可知：

1. 工程造价咨询业务收入占比接近五成

2019 年全国工程造价咨询企业整体营业收入为 1836.66 亿元，其中：工程造价咨询业务收入 892.47 亿元，占营业收入比例接近五成，为 48.59%；其他业务收入 944.19 亿元，其他业务收入中，招标代理业务收入 183.85 亿元，占整体营业收入比例为 10.01%；建设工程监理业务 423.29 亿元，占比 23.05%；项目管理业务收入 207.03 亿元，占比 11.27%；工程咨询业务收入 130.02 亿元，占比 7.08%。

2. 京、苏、浙三省市工程造价咨询业务收入位居三甲

2019 年，北京、江苏、浙江三省市工程造价咨询业务收入位居三甲，分别为 126.76 亿元、82.12 亿元、74.04 亿元。

2019 年，全国超过五成省份的工程造价咨询业务收入占比均高于其他业务收入占比。两种业务类型占比差距最大的是云南，其工程造价咨询业务收入占比 82.58%，而其他业务收入占比仅为 17.42%，工程造价咨询业务收入占比约为其他业务收入的 4.7 倍。

2017～2019 年工程造价咨询行业营业收入按业务类别分类的总体变化情况如表 1-3-6 和图 1-3-5 所示。

2017～2019 年营业收入按业务类别分类的总体变化　　表 1-3-6

内容		2017 年		2018 年			2019 年		
		收入（亿元）	占比（%）	收入（亿元）	占比（%）	增长率（%）	收入（亿元）	占比（%）	增长率（%）
工程造价咨询业务收入		661.17	45.00	722.49	43.23	9.27	892.47	48.59	23.53
其他业务收入	合计	807.97	55.00	948.96	56.77	17.45	944.19	51.41	−0.50
	招标代理业务收入	153.83	10.47	176.59	10.57	14.80	183.85	10.01	4.11
	建设工程监理业务	285.64	19.44	339.05	20.28	18.70	423.29	23.05	24.85
	项目管理业务收入	276.27	18.80	326.57	19.54	18.21	207.03	11.27	−36.60
	工程咨询业务收入	92.22	6.28	106.76	6.39	15.77	130.02	7.08	21.79

从以上统计结果及图示信息可知，工程造价咨询业务收入占比有所回升。从变化趋势角度分析，2017～2019 年间，工程造价咨询业务收入平稳增长且增速明显；其他业务收入占比有所降低，增长率由 2018 年 17.45% 的正增长下降至 2019 年 −0.5% 的负增长。其他业务收入中，2019 年各项业务收入占比有增有减；项目管理业务收入 2018 年增长 18.21%，2019 年呈下降态势，增长率为 −36.6%；

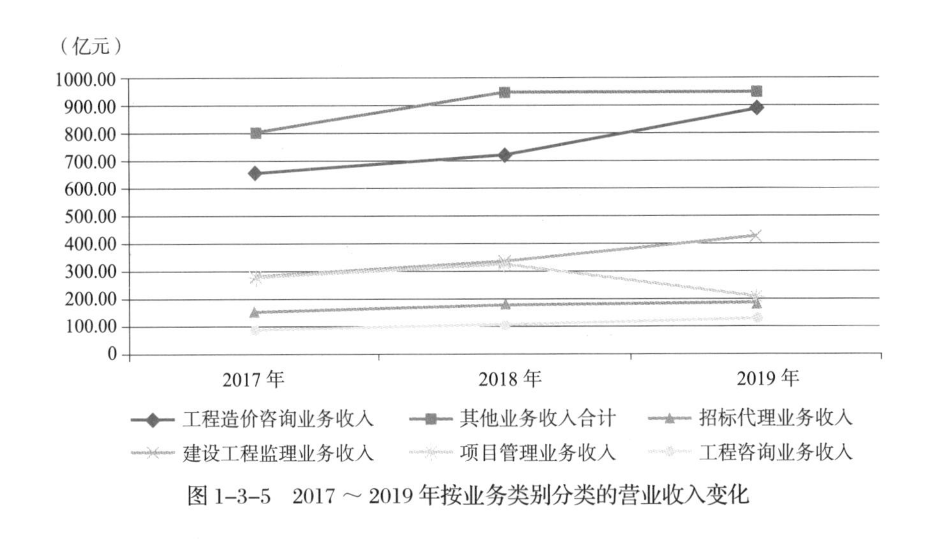

图 1-3-5　2017 ～ 2019 年按业务类别分类的营业收入变化

工程咨询业务收入 2018 年增长 15.77%，2019 持续增长，增长率为 21.79%。

第二节　工程造价咨询业务收入统计分析

一、房屋建筑工程专业咨询收入占比过半

工程造价咨询业务收入按专业可划分为房屋建筑工程、市政工程、公路工程、铁路工程、城市轨道交通工程、航空工程、航天工程、火电工程、水电工程、核工业工程、新能源工程、水利工程、水运工程、矿山工程、冶金工程、石油天然气工程、石化工程、化工医药工程、农业工程、林业工程、电子通信工程、广播影视电视工程及其他。按工程建设阶段可划分为前期决策阶段咨询、实施阶段咨询、竣工决算阶段咨询、全过程工程造价咨询、工程造价经济纠纷的鉴定和仲裁咨询及其他。

2019 年，工程造价咨询业务收入按专业分类的基本情况如表 1-3-7 所示。

2019 年按专业分类的工程造价咨询业务收入汇总表（亿元）

表 1-3-7

省份	工程造价咨询业务收入合计	房屋建筑工程	市政工程	公路工程	铁路工程	城市轨道交通工程	航空工程	航天工程	火电工程	水电工程	核工业工程	新能源工程
		专业 1	专业 2	专业 3	专业 4	专业 5	专业 6	专业 7	专业 8	专业 9	专业 10	专业 11
合计	892.47	524.36	149.48	43.64	8.40	15.96	2.60	0.48	21.31	13.98	1.04	5.33
北京	126.76	73.88	16.10	3.78	1.31	4.96	0.96	0.33	3.91	1.84	0.47	1.74
天津	11.15	6.84	2.38	0.43	0.06	0.30	0.00	0.00	0.10	0.06	0.00	0.04
河北	20.34	12.45	4.18	1.15	0.07	0.02	0.01	0.00	0.18	0.14	0.08	0.06
山西	12.17	6.92	1.39	0.70	0.09	0.02	0.00	0.00	0.31	0.08	0.00	0.06
内蒙古	13.18	8.30	2.17	0.83	0.10	0.04	0.01	0.00	0.19	0.08	0.00	0.05
辽宁	12.88	8.24	1.94	0.45	0.04	0.20	0.09	0.00	0.22	0.15	0.02	0.06
吉林	7.79	4.57	1.53	0.43	0.04	0.02	0.00	0.00	0.13	0.15	0.00	0.00
黑龙江	8.01	4.82	1.05	0.44	0.02	0.04	0.00	0.00	0.05	0.04	0.00	0.04
上海	54.57	39.86	6.57	1.00	0.29	1.39	0.12	0.01	0.66	0.38	0.00	0.15
江苏	82.12	52.71	12.61	2.87	1.09	1.36	0.09	0.00	2.67	1.51	0.01	0.35
浙江	74.04	49.31	12.68	3.37	0.23	1.68	0.00	0.00	0.98	0.92	0.06	0.15
安徽	24.58	15.24	4.91	1.54	0.13	0.21	0.00	0.00	0.09	0.37	0.00	0.05
福建	13.38	8.16	2.96	0.80	0.05	0.11	0.03	0.00	0.03	0.27	0.00	0.02
江西	11.60	6.97	2.20	0.54	0.08	0.04	0.00	0.00	0.53	0.41	0.00	0.03
山东	53.33	34.17	8.83	2.29	0.40	0.57	0.10	0.01	1.03	0.52	0.01	0.13
河南	23.10	13.66	5.22	1.17	0.05	0.08	0.02	0.01	0.62	0.63	0.01	0.01
湖北	28.79	17.83	6.15	1.15	0.12	0.26	0.00	0.00	0.38	0.42	0.00	0.02
湖南	23.94	13.41	4.91	1.76	0.13	0.35	0.05	0.00	0.41	0.53	0.01	0.07

续表

省份	工程造价咨询业务收入合计	房屋建筑工程	市政工程	公路工程	铁路工程	城市轨道交通工程	航空工程	航天工程	火电工程	水电工程	核工业工程	新能源工程
		专业 1	专业 2	专业 3	专业 4	专业 5	专业 6	专业 7	专业 8	专业 9	专业 10	专业 11
广东	65.08	37.38	13.86	3.51	0.15	1.25	0.09	0.03	2.78	1.00	0.03	0.18
广西	9.59	5.64	1.59	0.59	0.06	0.01	0.00	0.00	0.13	0.44	0.00	0.02
海南	3.47	2.13	0.64	0.32	0.00	0.00	0.00	0.00	0.00	0.04	0.00	0.00
重庆	23.00	12.25	6.10	1.62	0.08	0.36	0.02	0.00	0.09	0.22	0.00	0.10
四川	62.47	34.61	13.92	4.36	0.26	0.81	0.48	0.04	0.37	0.78	0.04	0.26
贵州	9.04	4.96	2.02	0.73	0.02	0.07	0.05	0.00	0.21	0.12	0.00	0.00
云南	21.57	9.22	2.91	4.52	0.16	0.27	0.29	0.00	0.06	0.71	0.00	0.05
西藏	0.07	0.04	0.03	0.00	0.00	0.00	0.00	0.00	0.00	0.00	0.00	0.00
陕西	25.85	15.71	4.18	1.34	0.11	0.36	0.09	0.00	0.41	0.10	0.00	0.14
甘肃	6.17	4.30	1.00	0.28	0.01	0.00	0.02	0.03	0.00	0.02	0.00	0.01
青海	2.05	1.40	0.38	0.08	0.00	0.00	0.00	0.00	0.09	0.00	0.00	0.00
宁夏	3.99	2.62	0.53	0.19	0.02	0.01	0.00	0.00	0.01	0.02	0.00	0.06
新疆	9.54	5.67	1.41	0.74	0.03	0.04	0.04	0.00	0.19	0.07	0.00	0.01
行业归口	48.85	11.09	3.13	0.66	3.20	1.13	0.04	0.02	4.48	1.96	0.30	1.47

续表

省份	水利工程	水运工程	矿山工程	冶金工程	石油天然气工程	石化工程	化工医药工程	农业工程	林业工程	电子通信工程	广播影视电视工程	其他
	专业 12	专业 13	专业 14	专业 15	专业 16	专业 17	专业 18	专业 19	专业 20	专业 21	专业 22	专业 23
合计	21.46	3.42	5.76	5.63	7.31	6.61	5.17	3.73	2.12	11.10	1.18	32.40
北京	2.47	0.32	0.88	0.66	1.42	0.71	0.87	0.38	0.45	2.97	0.36	5.99
天津	0.06	0.17	0.00	0.00	0.08	0.07	0.11	0.07	0.03	0.03	0.03	0.29
河北	0.40	0.10	0.05	0.16	0.10	0.12	0.09	0.16	0.08	0.14	0.01	0.59
山西	0.25	0.00	0.94	0.00	0.06	0.13	0.12	0.12	0.07	0.14	0.01	0.76
内蒙古	0.18	0.04	0.13	0.08	0.03	0.01	0.14	0.04	0.16	0.16	0.03	0.41
辽宁	0.24	0.06	0.02	0.00	0.24	0.11	0.08	0.08	0.03	0.25	0.02	0.34
吉林	0.14	0.00	0.00	0.00	0.06	0.00	0.01	0.05	0.00	0.51	0.00	0.15
黑龙江	0.24	0.00	0.00	0.00	0.10	0.01	0.02	0.09	0.00	0.03	0.00	1.02
上海	1.09	0.03	0.08	0.20	0.06	0.10	0.15	0.12	0.11	0.39	0.06	1.75
江苏	1.74	0.40	0.05	0.03	0.15	0.25	0.45	0.27	0.03	0.38	0.09	3.01
浙江	1.88	0.17	0.02	0.01	0.20	0.29	0.22	0.09	0.10	0.48	0.06	1.14
安徽	0.76	0.04	0.06	0.15	0.04	0.03	0.05	0.16	0.05	0.13	0.00	0.57
福建	0.45	0.09	0.03	0.03	0.00	0.01	0.00	0.04	0.01	0.14	0.00	0.15
江西	0.25	0.01	0.14	0.01	0.05	0.02	0.02	0.04	0.00	0.07	0.01	0.18
山东	1.08	0.20	0.11	0.24	0.25	0.66	0.47	0.36	0.13	0.37	0.04	1.36
河南	0.43	0.01	0.01	0.00	0.03	0.13	0.05	0.10	0.03	0.14	0.00	0.69
湖北	0.51	0.07	0.01	0.13	0.05	0.03	0.05	0.22	0.04	0.17	0.01	1.17
湖南	0.43	0.06	0.03	0.01	0.07	0.12	0.03	0.19	0.03	0.57	0.03	0.74

续表

省份	水利工程	水运工程	矿山工程	冶金工程	石油天然气工程	石化工程	化工医药工程	农业工程	林业工程	电子通信工程	广播影视电视工程	其他
	专业 12	专业 13	专业 14	专业 15	专业 16	专业 17	专业 18	专业 19	专业 20	专业 21	专业 22	专业 23
广东	1.64	0.20	0.02	0.01	0.05	0.29	0.04	0.10	0.07	0.62	0.03	1.75
广西	0.33	0.02	0.00	0.00	0.01	0.02	0.01	0.03	0.01	0.03	0.00	0.65
海南	0.11	0.02	0.00	0.00	0.00	0.00	0.00	0.04	0.01	0.02	0.00	0.14
重庆	0.61	0.03	0.01	0.00	0.06	0.02	0.05	0.14	0.07	0.16	0.01	1.00
四川	1.57	0.06	0.07	0.01	0.75	0.19	0.35	0.46	0.15	1.26	0.03	1.64
贵州	0.17	0.00	0.05	0.01	0.01	0.02	0.00	0.07	0.02	0.09	0.01	0.41
云南	1.34	0.02	0.14	0.12	0.05	0.06	0.15	0.06	0.30	0.14	0.03	0.97
西藏	0.00	0.00	0.00	0.00	0.00	0.00	0.00	0.00	0.00	0.00	0.00	0.00
陕西	0.44	0.00	0.33	0.08	0.31	0.21	0.22	0.07	0.03	1.07	0.00	0.65
甘肃	0.13	0.00	0.02	0.02	0.04	0.01	0.05	0.03	0.02	0.05	0.01	0.12
青海	0.03	0.00	0.02	0.00	0.00	0.00	0.00	0.00	0.00	0.00	0.00	0.05
宁夏	0.20	0.00	0.05	0.01	0.01	0.02	0.03	0.02	0.04	0.02	0.00	0.13
新疆	0.53	0.00	0.03	0.01	0.08	0.01	0.06	0.07	0.01	0.14	0.00	0.40
行业归口	1.76	1.30	2.46	3.65	2.95	2.96	1.28	0.06	0.04	0.43	0.30	4.18

从以上统计结果及图示信息可知：

1. 房屋建筑工程专业收入占比过半，体现核心地位

2019 年，工程造价咨询业务收入按所涉及专业划分，房屋建筑工程专业收入最高，为 524.36 亿元，占全部工程造价咨询业务收入比例的 58.75%；市政工程专业收入 149.48 亿元，占 16.75%；公路工程专业收入 43.64 亿元，占 4.89%；水利工程专业收入 21.46 亿元，占 2.40%；火电工程专业收入 21.31 亿元，占 2.39%；其他 18 个专业收入合计 132.22 亿元，占 14.82%。

2. 北京、云南分别占据五大专业收入榜首

2019 年，房屋建筑工程、市政工程、火电工程、水利工程专业收入最高的地区均为北京，其收入分别为 73.88 亿元、16.10 亿元、3.91 亿元、2.47 亿元；公路工程专业收入最高的地区为云南，其收入为 4.52 亿元。

2017～2019 年，按专业分类的工程造价咨询业务收入情况如表 1-3-8 所示，2017～2019 年间平均占比最大的前 4 个专业为房屋建筑工程、市政工程、公路工程和水利工程专业，其工程造价咨询业务收入情况如图 1-3-6 所示。

2017～2019 年按专业分类的工程造价咨询业务收入情况　　表 1-3-8

专业分类	2017 年		2018 年			2019 年			平均增长（%）	平均占比（%）
	收入（万元）	占比(%)	收入（万元）	占比(%)	增长率(%)	收入（万元）	占比(%)	增长率（%）		
房屋建筑工程	3797883	57.44	4495700	58.20	18.37	5243600	58.75	16.64	17.50	58.13
市政工程	1112500	16.83	1281600	16.59	15.20	1494800	16.75	16.64	15.92	16.72
公路工程	322061	4.87	380400	4.92	18.11	436400	4.89	14.72	16.42	4.90
铁路工程	83038	1.26	118100	1.53	42.22	84000	0.94	−28.87	6.68	1.24
城市轨道交通	120264	1.82	135200	1.75	12.42	159600	1.79	18.05	15.23	1.79
航空工程	17653	0.27	24100	0.31	36.52	26000	0.29	7.88	22.20	0.29
航天工程	3148	0.05	4500	0.06	42.95	4800	0.05	6.67	24.81	0.05
火电工程	147569	2.23	170300	2.20	15.40	213100	2.39	25.13	20.27	2.27
水电工程	119089	1.80	126600	1.64	6.31	139800	1.57	10.43	8.37	1.67

续表

专业分类	2017年		2018年			2019年			平均增长（%）	平均占比（%）
	收入（万元）	占比(%)	收入（万元）	占比(%)	增长率(%)	收入（万元）	占比(%)	增长率（%）		
核工业工程	7267	0.11	13100	0.17	80.27	10400	0.12	-20.61	29.83	0.13
新能源工程	39160	0.59	43200	0.56	10.32	53300	0.60	23.38	16.85	0.58
水利工程	150032	2.27	176500	2.28	17.64	214600	2.40	21.59	19.61	2.32
水运工程	40305	0.61	27300	0.35	-32.27	34200	0.38	25.27	-3.50	0.45
矿山工程	46866	0.71	52200	0.68	11.38	57600	0.65	10.34	10.86	0.68
冶金工程	35635	0.54	41000	0.53	15.06	56300	0.63	37.32	26.19	0.57
石油天然气	60470	0.91	68400	0.89	13.11	73100	0.82	6.87	9.99	0.87
石化工程	54139	0.82	57800	0.75	6.76	66100	0.74	14.36	10.56	0.77
化工医药工程	44986	0.68	52600	0.68	16.93	51700	0.58	-1.71	7.61	0.65
农业工程	32841	0.50	39400	0.51	19.97	37300	0.42	-5.33	7.32	0.47
林业工程	15224	0.23	19400	0.25	27.43	21200	0.24	9.28	18.35	0.24
电子通信工程	84544	1.28	101600	1.32	20.17	111000	1.24	9.25	14.71	1.28
广播影视电视	7906	0.12	10200	0.13	29.02	11800	0.13	15.69	22.35	0.13
其他	261079	3.95	286000	3.70	9.55	324000	3.63	13.29	11.42	3.76

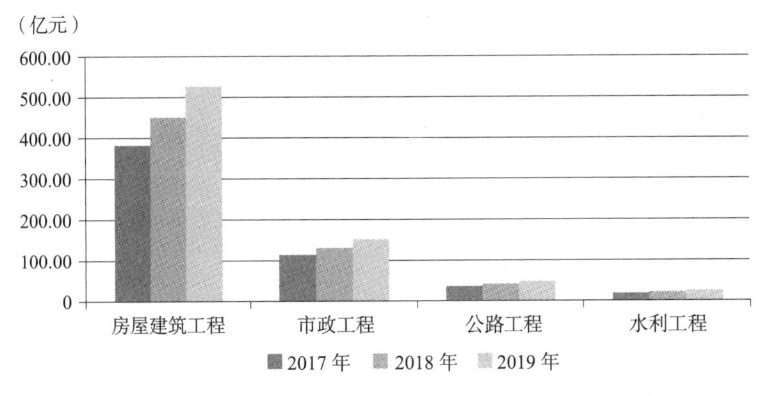

图1-3-6 2017～2019年分专业收入总体变化（平均占比前4）

从以上统计结果及图示信息可知：

1. 房屋建筑工程、市政工程、公路工程、水利工程专业收入平均占比合计超过八成

2017～2019年，在划分的23个专业中，房屋建筑工程、市政工程、公路工程、水利工程专业收入平均占比分别为58.75%、16.75%、4.89%、2.4%，合计占比82.80%，说明房屋建筑工程、市政工程、公路工程、水利工程专业收入成为工程造价咨询业务收入的主要来源；航天工程、核工业工程、广播影视电视专业收入平均占比靠后，分别为0.05%、0.12%、0.13%。

2. 核工业工程、冶金工程、航天工程收入平均增长率占据三甲

从变化趋势角度分析，2017～2019年按专业分类的工程造价咨询业务收入除水运工程专业表现为平均减少，其他专业均表现为平均增加。其中，核工业工程、冶金工程、航天工程专业的工程造价咨询业务收入平均增长率排名前三，平均增长率分别为29.83%、26.19%、24.81%；核工业工程波动幅度最大，2018年专业收入增加80.27%，2019年下降20.61%，变动幅度高达100.88个百分点。

二、竣工决算阶段咨询业务收入重要地位凸显

2019年，按工程建设阶段分类的工程造价咨询业务收入如表1-3-9和图1-3-7所示。

2019年按工程建设阶段分类的工程造价咨询业务收入基本情况（亿元）　　表1-3-9

省份	合计	前期决策阶段咨询	实施阶段咨询	竣工决算阶段咨询	全过程工程造价咨询	工程造价经济纠纷的鉴定和仲裁的咨询	其他
合计	892.47	76.43	184.07	340.67	248.96	22.33	20.01
北京	126.76	9.31	22.45	44.99	44.00	2.45	3.56
天津	11.15	0.76	2.68	2.81	4.23	0.51	0.16
河北	20.34	1.98	5.20	8.68	3.37	0.68	0.43
山西	12.17	1.04	2.22	6.36	1.83	0.35	0.37

续表

省份	合计	前期决策阶段咨询	实施阶段咨询	竣工决算阶段咨询	全过程工程造价咨询	工程造价经济纠纷的鉴定和仲裁的咨询	其他
内蒙古	13.18	1.02	1.96	8.02	1.52	0.44	0.22
辽宁	12.88	1.18	1.73	5.52	3.38	0.72	0.35
吉林	7.79	0.78	1.79	3.75	1.07	0.24	0.16
黑龙江	8.01	1.15	1.21	3.90	0.77	0.25	0.73
上海	54.57	1.41	5.50	21.73	24.16	0.49	1.28
江苏	82.12	4.53	14.29	37.57	21.98	2.23	1.52
浙江	74.04	4.75	14.61	32.76	19.26	1.58	1.08
安徽	24.58	1.65	6.53	10.33	4.66	1.06	0.35
福建	13.38	1.26	5.34	5.12	1.40	0.18	0.08
江西	11.60	1.07	2.41	5.38	2.23	0.34	0.17
山东	53.33	3.60	7.33	22.74	17.09	1.96	0.61
河南	23.10	1.61	7.29	8.71	4.07	0.92	0.50
湖北	28.79	2.89	6.90	10.52	7.47	0.51	0.50
湖南	23.94	2.45	5.99	9.35	4.90	0.57	0.68
广东	65.08	8.51	14.53	17.78	21.56	1.66	1.04
广西	9.59	1.18	2.62	3.98	1.36	0.30	0.15
海南	3.47	0.59	0.67	1.30	0.63	0.12	0.16
重庆	23.00	2.38	5.74	7.67	5.70	0.72	0.79
四川	62.47	5.71	16.34	20.20	17.90	1.46	0.86
贵州	9.04	0.73	1.40	4.24	1.89	0.42	0.36
云南	21.57	1.60	3.38	6.06	9.49	0.37	0.67
西藏	0.07	0.02	0.01	0.04	0.00	0.00	0.00
陕西	25.85	1.92	5.86	12.27	4.84	0.40	0.56
甘肃	6.17	0.63	1.54	2.80	0.75	0.39	0.06
青海	2.05	0.26	0.54	0.94	0.25	0.04	0.02
宁夏	3.99	0.23	1.52	1.36	0.62	0.22	0.04
新疆	9.54	0.76	1.49	4.44	2.37	0.29	0.19
行业归口	48.85	9.47	13.00	9.35	14.21	0.46	2.36

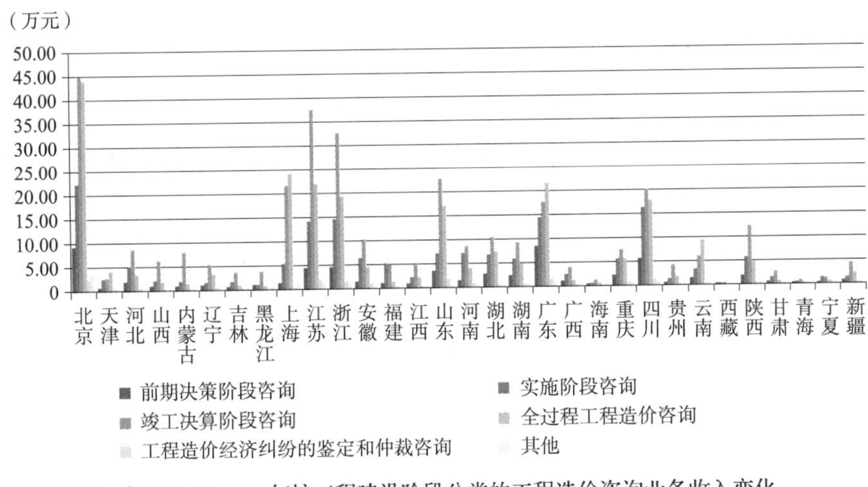

图 1-3-7　2019 年按工程建设阶段分类的工程造价咨询业务收入变化

从以上统计结果及图示信息可知：

1. 竣工决算阶段咨询业务收入占比最高

2019 年，工程造价咨询业务收入中的前期决策阶段咨询业务收入为 76.43 亿元、实施阶段咨询业务收入 184.07 亿元、竣工决算阶段咨询业务收入为 340.67 亿元、全过程工程造价咨询业务收入 248.96 亿元、工程造价经济纠纷的鉴定和仲裁的咨询业务收入 22.33 亿元，各类业务收入占工程造价咨询业务收入比例分别为 8.56%、20.62%、38.17%、27.90% 和 2.50%。此外，其他工程造价咨询业务收入 20.01 亿元，占 2.24%。在各类工程造价咨询业务收入中，竣工决算阶段咨询业务收入占比最高。

2. 竣工决算阶段咨询收入凸显重要地位

2019 年，在各建设阶段中，前期决策阶段咨询业务收入在北京、广东、四川均较高，分别为 9.31 亿元、8.51 亿元、5.71 亿元；实施阶段咨询业务收入在北京、四川、浙江均较高，分别为 22.45 亿元、16.34 亿元、14.61 亿元；北京、江苏、浙江竣工决算阶段咨询业务收入位列前三，分别为 44.99 亿元、37.57 亿元、32.76 亿元；全过程工程造价咨询业务收入在北京、上海、江苏较高，分别为 44.00 亿元、24.16 亿元、21.98 亿元；工程造价经济纠纷的鉴定和仲裁咨询业务收入在北京、江苏、山东较高，分别为2.45亿元、2.23亿元、1.96亿元；其他业务收入在北京、江苏、上海较高，分别为3.56亿元、1.52亿元、1.28亿元。

在工程建设的6个阶段类别中，竣工决算阶段咨询收入在除上海、福建、广东、云南、宁夏外的其余26个省、自治区、直辖市的占比均为最高，凸显其在工程造价咨询业务收入中的重要地位。

三、竣工决算阶段、实施阶段收入占比持续保持高位

2017～2019年，按工程建设阶段分类的工程造价咨询业务收入变化情况如表1-3-10和图1-3-8所示。

2017～2019年按工程建设阶段分类的工程造价咨询收入总体变化 表1-3-10

阶段分类	2017年		2018年			2019年			平均增长（%）	平均占比（%）
	收入（亿元）	占比（%）	收入（亿元）	占比（%）	增长（%）	收入（亿元）	占比（%）	增长（%）		
前期决策阶段咨询	63.09	9.54	69.01	8.91	9.38	76.43	8.56	10.75	10.07	9.01
实施阶段咨询	141.90	21.46	162.81	21.03	14.74	184.07	20.62	13.06	13.90	21.04
竣工决算阶段咨询	264.74	40.04	309.28	39.94	16.82	340.67	38.17	10.15	13.49	39.39
全过程工程造价咨询	164.09	24.82	198.31	25.61	20.85	248.96	27.90	25.54	23.20	26.11
工程造价鉴定和仲裁	12.37	1.87	15.74	2.03	27.24	22.33	2.50	41.87	34.56	2.14
其他	14.98	2.27	19.16	2.47	27.90	20.01	2.24	4.44	16.17	2.33

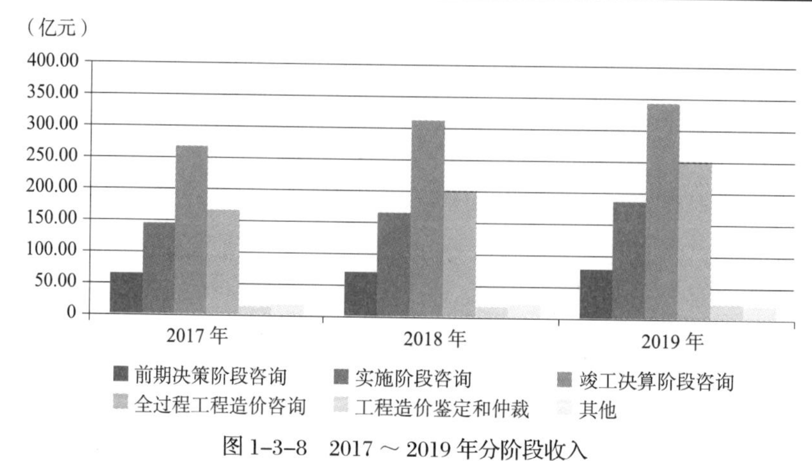

图1-3-8 2017～2019年分阶段收入

从以上统计结果及图示信息可知：

1. 竣工决算阶段咨询、实施阶段咨询、全过程工程造价咨询收入占比连续三年稳居前三

2017～2019年，各阶段收入占工程造价咨询业务收入比例前三的均为竣工决算阶段咨询、实施阶段咨询、全过程工程造价咨询；工程造价经济纠纷的鉴定和仲裁业务收入连续三年占比垫底。上述收入高低关系表明，竣工决算阶段咨询存在较高的核减效益收入；全过程工程造价咨询是工程造价咨询行业的重要发展方向，占比也较高；工程造价经济纠纷的鉴定和仲裁业务收入比例最低，主要原因是此类业务存在市场准入门槛，专业技术要求高，业务实施难度大。

2. 各阶段咨询收入均逐年增长

2017～2019年，各阶段咨询收入均呈逐年增长态势。其中，实施阶段、竣工决算阶段以及其他咨询业务收入增速放缓；前期决策阶段、全过程工程造价咨询、工程造价鉴定和仲裁业务收入增速加快。2017～2019年各阶段收入中，平均增速最快的是工程造价鉴定和仲裁，平均增长率为34.56%；平均增速最慢的是实施阶段咨询业务，平均增长率为10.07%。

四、地区发展仍不均衡

2017～2019年，按工程建设阶段分类的工程造价咨询业务收入区域变化情况如表1-3-11所示。

2017～2019年按工程建设阶段分类的工程造价咨询业务收入变化情况（平均占比排名前四的省份）　表1-3-11

省份	2017年		2018年			2019年			平均占比（%）	平均增长（%）
	收入（万元）	占比（%）	收入（万元）	占比（%）	增长率（%）	收入（万元）	占比（%）	增长率（%）		
前期决策阶段收入										
海南	0.55	18.33	0.58	14.99	5.45	0.59	17.00	1.72	16.77	3.59
广西	1.29	18.09	1.21	13.97	−6.20	1.18	12.30	−2.48	14.79	−4.34
青海	0.27	15.17	0.18	9.57	−33.33	0.26	12.68	44.44	12.48	5.56

续表

省份	2017 年		2018 年			2019 年			平均占比（%）	平均增长（%）
	收入（万元）	占比（%）	收入（万元）	占比（%）	增长率（%）	收入（万元）	占比（%）	增长率（%）		
甘肃	0.83	14.69	0.75	12.23	−9.64	0.63	10.21	−16.00	12.38	−12.82
实施阶段咨询收入										
宁夏	1.49	39.95	2.79	71.36	87.25	1.52	38.10	−45.52	49.80	20.86
福建	4.26	39.81	4.88	41.46	14.55	5.34	39.91	9.43	40.39	11.99
河南	5.20	30.50	5.81	29.06	11.73	7.29	31.56	25.47	30.37	18.60
青海	0.55	30.90	0.61	32.45	10.91	0.54	26.34	−11.48	29.90	−0.28
竣工决算阶段咨询收入										
内蒙古	6.65	59.48	8.25	64.00	24.06	8.02	60.85	−2.79	61.44	10.64
山西	5.59	58.78	5.79	53.71	3.58	6.36	52.26	9.84	54.92	6.71
黑龙江	4.21	55.47	3.34	56.80	−20.67	3.90	48.69	16.77	53.65	−1.95
江西	4.02	54.92	4.73	49.58	17.66	5.38	46.38	13.74	50.29	15.70
全过程工程造价咨询收入										
上海	17.47	41.05	20.12	41.60	15.17	24.16	44.27	20.08	42.31	17.62
云南	5.48	34.29	6.42	34.95	17.15	9.49	44.00	47.82	37.75	32.49
天津	2.34	33.52	3.63	34.34	55.13	4.23	37.94	16.53	35.27	35.83
北京	24.94	32.98	34.17	32.43	37.01	44.00	34.71	28.77	33.37	32.89
工程造价经济纠纷的鉴定和仲裁收入										
辽宁	0.56	5.55	0.66	5.58	17.86	0.72	5.59	9.09	5.57	13.47
甘肃	0.21	3.72	0.29	4.73	38.10	0.39	6.32	34.48	4.92	36.29
海南	0.09	3.00	0.21	5.43	133.33	0.12	3.46	−42.86	3.96	45.24
宁夏	0.13	3.49	0.11	2.81	−15.38	0.22	5.51	100.00	3.94	42.31
其他收入										
黑龙江	0.36	4.74	0.22	3.74	−38.89	0.73	9.11	231.82	5.87	96.46
安徽	0.96	5.03	2.10	9.42	118.75	0.35	1.42	−83.33	5.29	17.71
海南	0.09	3.00	0.16	4.13	77.78	0.16	4.61	0.00	3.92	38.89
山西	0.26	2.73	0.61	5.66	134.62	0.37	3.04	−39.34	3.81	47.64

从以上统计结果可知：

1. 各阶段咨询收入平均占比排名体现地区发展不平衡

2017～2019年，前期决策阶段咨询收入平均占比前四的省份为海南、广西、青海、甘肃；实施阶段咨询收入平均占比前四的省份为宁夏、福建、河南、青海；竣工决算阶段咨询收入平均占比前四的省份为内蒙古、山西、黑龙江、江西；全过程工程造价咨询收入平均占比前四的省份为上海、云南、天津、北京；工程造价经济纠纷的鉴定和仲裁收入平均占比前四的省份为辽宁、甘肃、海南、宁夏；其他咨询业务收入平均占比前四的省份为黑龙江、安徽、海南、山西。

从区域平均占比来看，2017～2019年，前期决策阶段咨询业务收入华南地区各省平均占比最高；实施阶段咨询业务收入西北地区各省平均占比较高；竣工决算阶段咨询业务收入华北、东北、华东地区各省平均占比较高；全过程工程造价咨询业务收入西南地区各省平均占比较高；工程造价经济纠纷的鉴定和仲裁的咨询业务收入东北地区各省平均占比最高。

2. 黑龙江、山西、海南三省在其他咨询业务收入、工程造价经济纠纷的鉴定和仲裁收入平均占比增幅位列前三

从各阶段咨询收入平均增幅来看，2017～2019年，黑龙江、山西其他咨询业务收入平均增长幅度明显，平均增长率分别为96.46%、47.64%；海南工程造价经济纠纷的鉴定和仲裁收入平均增长率也高达45.24%。

第三节　财务收入统计分析

一、华东地区利润总额位居首位

2019年各地区工程造价咨询企业财务状况汇总信息如表1-3-12所示，利润总额变化情况如图1-3-9所示。

2019 年各地区财务状况汇总表（亿元）　　表 1-3-12

省份	营业收入合计	工程造价咨询营业收入	其他收入	利润总额	所得税
合计	1836.66	892.47	944.19	210.81	44.10
北京	162.70	126.76	35.94	9.68	1.93
天津	19.55	11.15	8.40	2.52	0.38
河北	40.01	20.34	19.67	2.14	0.25
山西	18.45	12.17	6.28	1.09	0.15
内蒙古	17.93	13.18	4.75	1.96	0.14
辽宁	15.89	12.88	3.01	1.39	0.15
吉林	14.14	7.79	6.35	2.14	0.83
黑龙江	11.07	8.01	3.06	1.02	0.10
上海	93.35	54.57	38.78	8.33	1.93
江苏	172.17	82.12	90.05	20.55	3.93
浙江	129.23	74.04	55.19	13.81	6.62
安徽	53.58	24.58	29.00	6.10	1.07
福建	30.79	13.38	17.41	2.52	0.55
江西	19.24	11.60	7.64	4.38	0.32
山东	101.12	53.33	47.79	5.83	1.48
河南	47.26	23.10	24.16	2.16	0.32
湖北	38.28	28.79	9.49	3.15	0.33
湖南	39.91	23.94	15.97	3.72	0.57
广东	128.91	65.08	63.83	9.95	1.55
广西	25.49	9.59	15.90	1.31	0.19
海南	4.91	3.47	1.44	0.29	2.27
重庆	34.83	23.00	11.83	2.38	0.19
四川	123.63	62.47	61.16	8.82	1.22
贵州	18.10	9.04	9.06	2.73	0.46
云南	26.12	21.57	4.55	3.22	0.44
西藏	0.12	0.07	0.05	0.02	0.00
陕西	53.43	25.85	27.58	5.06	0.75
甘肃	16.85	6.17	10.68	1.36	0.17
青海	5.65	2.05	3.60	0.91	0.15
宁夏	5.65	3.99	1.66	0.39	0.04
新疆	13.11	9.54	3.57	1.88	0.19
行业归口	355.19	48.85	306.34	80.00	15.43

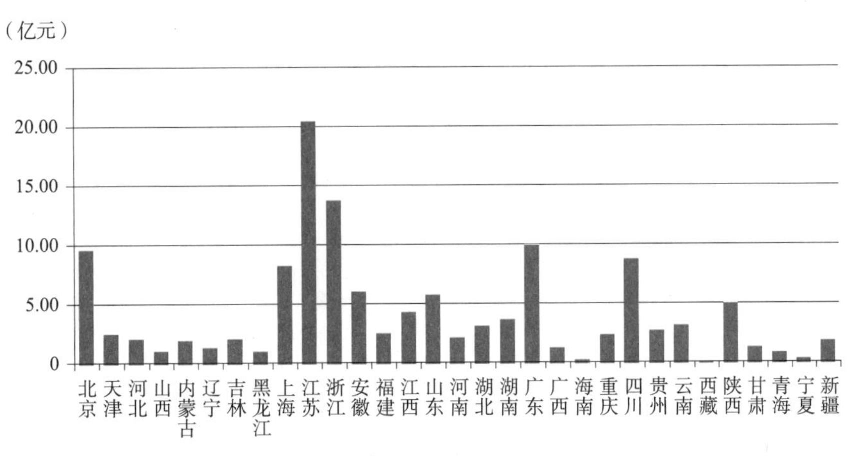

图 1-3-9 2019 年工程造价咨询企业利润总额基本情况

从以上统计结果及图示信息可知：

1. 苏、浙、粤利润总额领跑全国

2019 年上报的工程造价咨询企业实现利润总额为 210.81 亿元。其中：利润总额较高的省市是江苏、浙江、广东，分别为 20.55 亿元、13.81 亿元、9.95 亿元。

2. 华东地区工程造价咨询企业整体利润总额较高

从华北、东北、华东、华中、华南、西南、西北七个地区利润总额角度分析，华东地区工程造价咨询企业实现总体利润总额较其他六个地区高；在华北地区，北京实现利润总额最高，为 9.68 亿元；在东北地区，吉林实现利润总额最高，为 2.14 亿元；在华东地区，江苏实现利润总额最高，为 20.55 亿元；在华中地区，湖南实现利润总额最高，为 3.72 亿元；在华南地区，广东实现利润总额最高，为 9.95 亿元；在西南地区，四川实现利润总额最高，为 8.82 亿元；在西北地区，陕西实现利润总额最高，为 5.06 亿元。

二、行业利润持续增长

2017～2019 年，工程造价咨询企业财务收入利润总额变化情况如表 1-3-13 和图 1-3-10 所示。

2017～2019 年财务收入利润总额变化情况汇总表　　表 1-3-13

省份	2017 年	2018 年		2019 年		平均增长率（%）
	利润总额（亿元）	利润总额（亿元）	增长率（%）	利润总额（亿元）	增长率（%）	
合计	194.19	204.94	5.54	210.81	2.86	4.20
北京	7.01	10.47	49.36	9.68	-7.55	20.91
天津	1.84	2.4	30.43	2.52	5.00	17.72
河北	2.49	2.25	-9.64	2.14	-4.89	-7.26
山西	0.44	0.66	50.00	1.09	65.15	57.58
内蒙古	1.53	1.56	1.96	1.96	25.64	13.80
辽宁	0.74	0.86	16.22	1.39	61.63	38.92
吉林	1.71	1.5	-12.28	2.14	42.67	15.19
黑龙江	0.68	0.56	-17.65	1.02	82.14	32.25
上海	10.99	8.99	-18.20	8.33	-7.34	-12.77
江苏	13.65	15.7	15.02	20.55	30.89	22.96
浙江	6.74	6.4	-5.04	13.81	115.78	55.37
安徽	3.75	4.63	23.47	6.10	31.75	27.61
福建	1.98	2.46	24.24	2.52	2.44	13.34
江西	2.69	2.29	-14.87	4.38	91.27	38.20
山东	4.74	4.79	1.05	5.83	21.71	11.38
河南	5.32	2.4	-54.89	2.16	-10.00	-32.44
湖北	1.62	2.03	25.31	3.15	55.17	40.24
湖南	5.55	3.04	-45.23	3.72	22.37	-11.43
广东	5.98	8.35	39.63	9.95	19.16	29.40
广西	0.85	1.24	45.88	1.31	5.65	25.76
海南	0.21	0.3	42.86	0.29	-3.33	19.76
重庆	1.39	1.39	0.00	2.38	71.22	35.61
四川	5.85	6.29	7.52	8.82	40.22	23.87
贵州	1.7	1.56	-8.24	2.73	75.00	33.38
云南	2.58	2.15	-16.67	3.22	49.77	16.55
西藏		0.04		0.02	-50.00	-50.00
陕西	3.55	3.79	6.76	5.06	33.51	20.13
甘肃	1.33	1.64	23.31	1.36	-17.07	3.12

续表

省份	2017 年	2018 年		2019 年		平均增长率（%）
	利润总额（亿元）	利润总额（亿元）	增长率（%）	利润总额（亿元）	增长率（%）	
青海	0.36	0.49	36.11	0.91	85.71	60.91
宁夏	0.33	0.27	−18.18	0.39	44.44	13.13
新疆	1.23	0.95	−22.76	1.88	97.89	37.57
行业归口	95.36	103.5	8.54	80.00	−22.71	−7.08

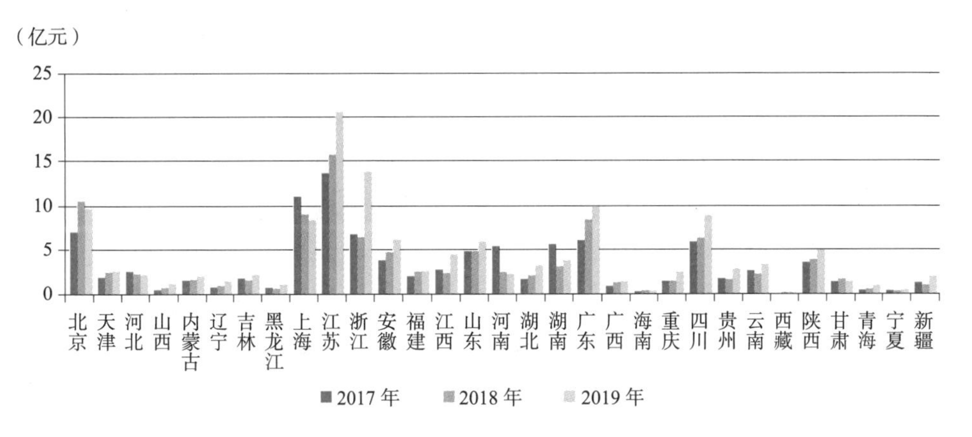

图 1-3-10　2017～2019 年财务收入利润总额区域变化

从以上统计结果及图示信息可知：

1. 行业利润持续增长，发展形势趋好

2019 年全国工程造价咨询行业利润总额为 210.81 亿元，较上年增加 5.87 亿元，同比增长 2.86%，继续保持稳定增长态势，行业发展形势趋好。

2. 浙江、新疆、江西位居前三，河南增速迅猛回落

2019 年浙江、新疆、江西以 115.78%、97.89%、91.27% 的利润增幅位列前三。除北京、天津、福建、广东、广西、海南、西藏、甘肃外，其他 23 个省份增速均高于去年，其中浙江和新疆增速提高最为显著，浙江 2018 年增长率为 −5.04%，2019 年为 115.78%，提高了 120.83 个百分点；新疆 2018 年增长率为 −22.76%，2019 年为 97.89%，提高了 120.66 个百分点。

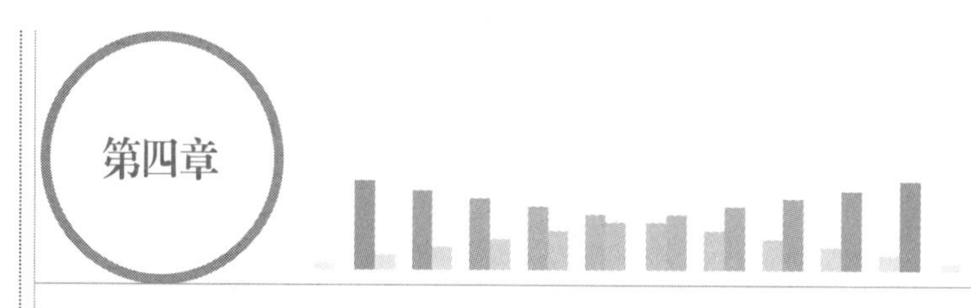

第四章 行业发展主要影响因素分析

第一节 政策环境

一、“稳投资”等相关政策促进行业稳步发展

2018年12月召开的中央经济工作会议，要求2019年“进一步稳就业、稳金融、稳外贸、稳外资、稳投资、稳预期”。其中，进一步“稳投资”的重点在于增加基础设施和基本公共服务领域投资，而其难点在于解决资金来源。2019年，国务院及相关部门围绕“稳投资”出台一系列政策措施，工程造价咨询行业各地区各部门积极贯彻落实，取得了显著成效，促进了行业的稳步发展。

2019年7月1日，《政府投资条例》（国务院令第712号）正式实施。这是我国关于政府投资管理的第一部行政法规，也是投资建设领域的一项基本法规制度。通过对政府投资进行规范化管理，有利于推动民间资本更好地参与PPP项目建设，促进政府投资和社会投资在各自领域更好地发挥作用。

2019年9月4日，国务院召开常务会议，要求精准施策加大力度做好“六稳”工作，确定加快地方政府专项债券发行使用的措施，带动有效投资，支持补短板扩内需。要求根据地方重大项目建设需要，按规定提前下达2020年专项债部分新增额度，确保2020年初即可使用见效，并扩大使用范围。

2019年11月25日，为进一步强化“稳投资”政策措施落地，疏解治理投资建设领域“堵点”，优化投资环境，增强投资信心，激发社会投资活力，国家发展改革委发布《关于开展“投资法规执法检查疏解治理投资堵点”专项行动的通知》（发改投资〔2019〕1847号）。定于2019年11月至2020年5月，集中开展为期半年的“投资法规执法检查疏解治理投资堵点”专项行动。此举旨在依法集中疏解治理一批投资“堵点”，围绕行政审批、政策落地、建设条件落实等方面有效解决一批难点问题，有助于激发社会投资活力，挖掘扩大有效投资空间。

2019 年 11 月 28 日，发布《国务院关于加强固定资产投资项目资本金管理的通知》(国发〔2019〕26 号)，明确提出适当降低项目资本金比例，对港口、沿海及内河航运项目，项目最低资本金比例由 25% 下调为 20%。同时，对其他补短板领域的基础设施项目，在达到合理收益水平和较强偿债能力的前提下，允许对项目最低资本金比例按照不超过 5 个百分点的幅度下浮。此外，为了引导社会投资，充分利用市场资金解决基础设施项目资本金筹措困难问题，该政策文件规定：“对基础设施领域和国家鼓励发展的行业，鼓励项目法人和项目投资方通过发行权益型、股权类金融工具，多渠道规范筹措投资项目资本金。”

二、“证照分离”改革推动行业营造公平透明、可预期的市场准入环境

2019 年 11 月 30 号，住房和城乡建设部发布《住房和城乡建设领域自由贸易试验区“证照分离”改革全覆盖试点实施方案》(以下简称《实施方案》)。《实施方案》规定，从 2019 年 12 月 1 日起，在上海等自由贸易试验区，对住房和城乡建设领域涉企经营许可事项实行全覆盖清单管理，按照直接取消审批、实行告知承诺、优化审批服务三种方式分类推进改革。这一改革将进一步降低试点区域住房和城乡建设领域的企业准营门槛，推动行业营造公平透明、可预期的市场准入环境，也将为在全国实现“证照分离”改革全覆盖形成可复制、可推广的制度创新成果。表 1-4-1 是基于不同企业资质类别对该政策文件的分类整理。

三、工程建设领域专项整治活动促进行业健康发展

2019 年 12 月 19 日，住房和城乡建设部为积极推进房屋建筑和市政基础设施工程招标投标制度改革，加强相关工程招标投标活动监管，严厉打击招标投标环节违法违规问题，维护建筑市场秩序，发布《关于进一步加强房屋建筑和市政基础设施工程招标投标监管的指导意见》(建市规〔2019〕11 号)(以下简称《指

《住房和城乡建设领域自由贸易试验区“证照分离”改革全覆盖试点实施方案》重点内容　　表 1-4-1

企业资质类别	具体改革举措	加强事中事后监管措施
取消工程造价咨询企业资质	1. 在自由贸易试验区范围内，暂时调整适用《国务院对确需保留的行政审批项目设定行政许可的决定》和《工程造价咨询企业管理办法》（建设部令第 149 号）关于“工程造价咨询单位资质认定”的规定； 2. 拟在自由贸易试验区外从事工程造价咨询业务的，申请取得工程造价咨询企业资质后，方可在自由贸易试验区外按规定从事工程造价咨询活动； 3. 需要在非自由贸易区从事工程造价咨询业务的，资质到期延续及需要办理资质升级和变更等业务的，按《工程造价咨询企业管理办法》（建设部令第 149 号）及相关法律法规规定申请办理	1. 开展“双随机、一公开”监管，依法查处违法违规行为并公开结果； 2. 加强信用监管，完善工程造价咨询企业信用体系，逐步向社会公布企业信用状况，对失信主体加大抽查比例并开展联合惩戒； 3. 推广应用工程造价职业保险，增强工程造价咨询企业的风险抵御能力，有效保障委托方合法权益； 4. 发挥有关行业协会自律作用，推动工程造价咨询企业依法依规开展工程造价咨询活动
部分建设工程企业资质审批实行告知承诺制	1. 住房和城乡建设主管部门一次性告知申请人办理企业资质所应满足的许可条件，申请人承诺已经具备许可条件的，根据申请人承诺直接作出行政审批决定； 2. 住房和城乡建设主管部门实施许可事项的告知承诺审批流程按照《住房和城乡建设部办公厅关于实行建筑业企业资质审批告知承诺制的通知》（建办市函〔2019〕20 号）和《住房和城乡建设部办公厅关于在部分地区开展工程监理企业资质告知承诺制审批试点的通知》（建办市函〔2019〕487 号）有关要求执行； 3. 发挥有关行业协会自律作用，推动工程造价咨询企业依法依规开展工程造价咨询活动	1. 发现企业承诺内容与实际情况不相符的（企业技术负责人发生变更除外），有关主管部门要责令限期整改，逾期不整改或整改后仍达不到要求的，依法撤销其相应资质，并列入建筑市场“黑名单”； 2. 开展“双随机、一公开”监管，对在建工程项目实施重点监管，依法查处违法违规行为并公开结果； 3. 加强信用监管，对失信主体开展联合惩戒； 4. 健全和完善全国建筑市场监管公共服务平台企业信息数据库
建筑施工企业安全生产许可证核发实行告知承诺制	1. 住房和城乡建设主管部门一次性告知申请人办理建筑施工企业安全生产许可所应满足的许可条件。申请人承诺已经具备许可条件，并提交相关申报材料的，有关部门经形式审查后当场作出审批决定； 2. 住房和城乡建设主管部门应当依托相关政务服务平台，实行电子化申报和审批，并积极推进与有关部门信息共享，对能够通过信息共享方式获取、核验的材料，不再要求申请人提供； 3. 申请人有不良信用记录，或曾作出虚假承诺等情形的，不适用告知承诺制	1. 强化事中监管。通过信息系统电子化核验、施工现场监督检查以及企业安全生产条件动态监管等措施，对有关建筑施工企业及其承建工程项目的安全生产条件进行核查； 2. 强化事后监管。严格开展事故企业安全生产条件复核； 3. 强化信用监管。依法公开许可审批以及事中事后监管信息，鼓励社会监督，促进企业严格落实安全生产责任

导意见》)。2020 年 6 月 12 日，为深入贯彻落实《指导意见》有关要求，加强监督管理，排查整治突出问题，深入推动“行业清源”，住房和城乡建设部决定开展工程建设行业专项整治，并发布了《关于开展工程建设行业专项整治的通知》(建办市函〔2020〕298 号)。

此次专项整治主要聚焦于房屋建筑和市政基础设施工程建设领域恶意竞标、强揽工程、转包、违法分包、贪污腐败等突出问题，开展专项整治，强化源头治理，构建长效常治的制度机制，营造良好的建筑市场秩序，促进建筑业的健康发展。此外，专项整治明确了七大类整治重点，包括“招标人在招标文件设置不合理的条件，限制或者排斥潜在投标人或招标人以任何方式规避招标”等。

四、行业相关政策不断完善推动行业高质量发展

除上述对行业发展有重要影响的政策外，国务院及相关部门、行业协会也围绕自律和诚信建设、优化营商环境等方面出台一系列政策措施，行业相关政策不断完善，行业向高质量方向稳步发展。

2019 年 2 月 2 日，住房和城乡建设部办公厅发布《关于做好工程建设领域专业技术人员职业资格“挂证”等违法违规行为专项整治工作的补充通知》(建办市函〔2019〕92 号)，旨在妥善解决工程建设领域专业技术人员职业资格“挂证”等违法违规行为专项整治工作中出现的问题，更好地推进专项整治工作。

2019 年 3 月 15 日，国家发展改革委、住房和城乡建设部联合发布《关于推进全过程工程咨询服务发展的指导意见》(发改投资规〔2019〕515 号)，在鼓励发展多种形式全过程工程咨询、重点培育全过程工程咨询模式、优化市场环境、强化保障措施等方面，提出了一系列政策措施。

2019 年 3 月 26 日，住房和城乡建设部办公厅发布《关于重新调整建设工程计价依据增值税税率的通知》(建办标函〔2019〕193 号)，将《住房和城乡建设部办公厅关于调整建设工程计价依据增值税税率的通知》(建办标〔2018〕20 号)规定的工程造价计价依据中增值税税率由 10% 调整为 9%。

2019 年 3 月 26 日，为贯彻落实《国务院办公厅关于促进建筑业持续健康发展的意见》(国办发〔2017〕19 号)，深入推进建筑业“放管服”改革，住房和城

乡建设部办公厅发布《关于实行建筑业企业资质审批告知承诺制的通知》(建办市〔2019〕20号)，决定在全国范围对建筑工程、市政公用工程施工总承包一级资质审批实行告知承诺制。

2019年8月20日，中国建设工程造价管理协会发布《关于印发〈工程造价咨询企业信用评价管理办法〉的通知》(中价协〔2019〕64号)，旨在贯彻落实国务院、住房和城乡建设部关于社会信用体系建设的工作部署，指导和规范工程造价咨询企业信用评价工作，推进工程造价咨询行业信用体系建设，规范工程造价咨询企业从业行为。

2019年9月3日，国务院办公厅发布《关于做好优化营商环境改革举措　复制推广借鉴工作的通知》(国办函〔2019〕89号)，旨在全国复制推广借鉴京沪两地优化营商环境改革举措，持续优化营商环境。

第二节　经济环境①

一、宏观经济环境稳中有进

1. 经济结构优化升级持续推进

2019年国内生产总值990865亿元，比上年增长6.1%。其中，第一产业增加值70467亿元，增长3.1%；第二产业增加值386165亿元，增长5.7%；第三产业增加值534233亿元，增长6.9%。第一产业增加值占国内生产总值比重为7.1%，第二产业增加值比重为39.0%，第三产业增加值比重为53.9%。全年最终消费支出对国内生产总值增长的贡献率为57.8%，资本形成总额的贡献率为31.2%，货物和服务净出口的贡献率为11.0%。人均国内生产总值70892元，比上年增长5.7%。国民总收入988458亿元，比上年增长6.2%。全国万元国内生产总值能耗比上年下降2.6%。全员劳动生产率为115009元/人，比上年提高6.2%。

① 本节数据来源于：国家统计局《中华人民共和国2019年国民经济和社会发展统计公报》；国家统计局《2019年全国房地产开发投资和销售情况》。

2010～2019年国内生产总值和增长速度情况如图1-4-1所示，从图中可以看出从2010年到2019年国内生产总值逐年提高，国内生产总值增长速度呈逐年降低趋势，表明我国经济总体增长放缓。

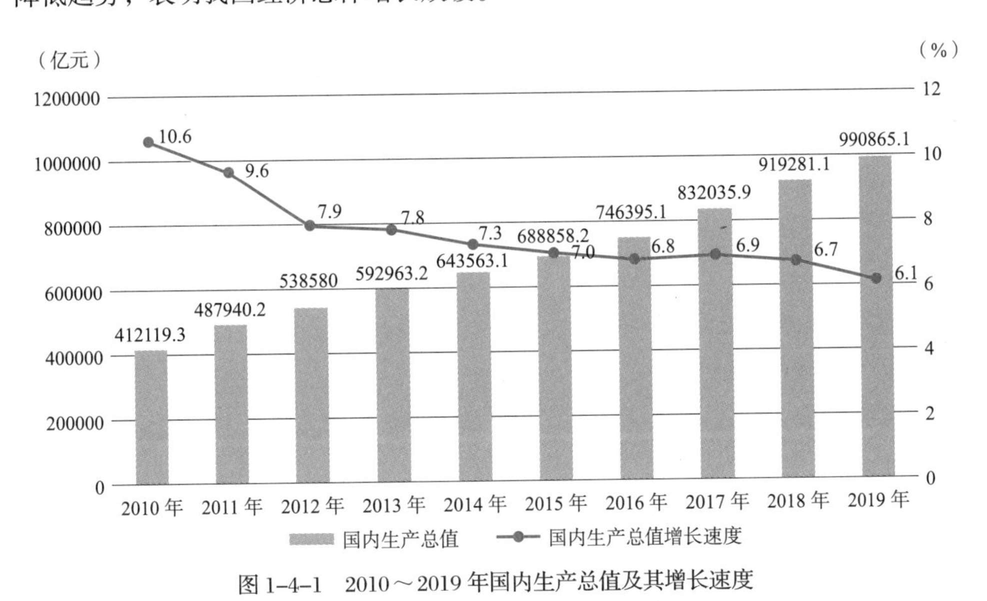

图1-4-1　2010～2019年国内生产总值及其增长速度

2. 固定资产投资增速下滑

2019年全年全社会固定资产投资560874亿元，比上年增长5.1%。其中，固定资产投资（不含农户）551478亿元，增长5.4%。分区域看，东部地区投资比上年增长4.1%，中部地区投资增长9.5%，西部地区投资增长5.6%，东北地区投资下降3.0%。

在固定资产投资（不含农户）中，第一产业投资12633亿元，占全年固定资产投资（不含农户）2.3%，比上年增长0.6%；第二产业投资163070亿元，占全年固定资产投资（不含农户）29.6%，增长3.2%；第三产业投资375775亿元，占全年固定资产投资68.1%，增长6.5%，如图1-4-2所示。民间固定资产投资311159亿元，增长4.7%。基础设施投资增长3.8%。六大高耗能行业投资增长4.7%。

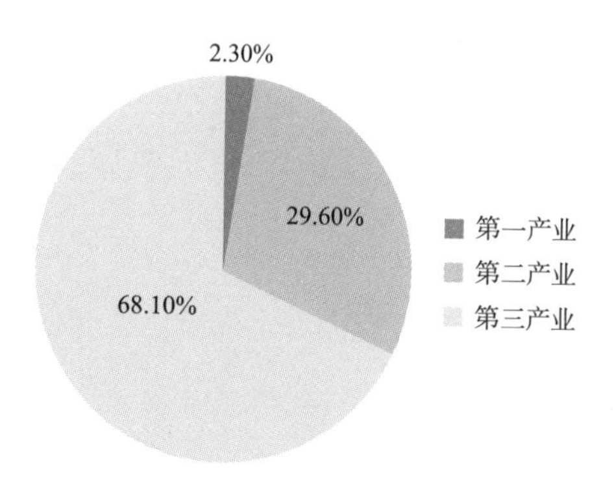

图 1-4-2　2019 年各产业固定资产投资占全年固定资产投资（不含农业）比重

分行业来看，与造价行业相关度比较大的是建筑行业和房地产行业，其中建筑行业降幅较大，相比于去年下降 19.8%；房地产行业增幅明显，增幅为 9.1%。

总之，2019 年固定资产投资绝对数量在增长，但增长速度比 2018 年有所下滑。

二、建筑业整体保持稳中趋缓态势

2019 年，全社会建筑业增加值 70904 亿元，比上年增长 5.6%；全国建筑业企业完成建筑业总产值 248445.77 亿元，同比增长 10.02%；签订合同总额 545038.89 亿元，同比增长 11.7%；完成房屋施工面积 1441644.84 万 m^2，同比增长 5%；完成房屋竣工面积 402410.90 万 m^2，同比下降 2.2%；实现利润 8381 亿元，同比增长 5.1%，其中国有控股企业 2585 亿元，增长 14.5%。截至 2019 年底，全国有施工活动的建筑业企业 103814 个，同比增长 7.5%；从业人数 5427.37 万人，同比增长 2.3%。

近十年建筑业总产值和增长率如图 1-4-3 所示，从图中可以看出建筑业总产值近十年来一直呈增长趋势，而 2010～2015 年建筑业总产值增长率呈减少趋势反映增长放缓，从高位增长率 25.03% 跌至 2.29%，然后自 2015 年后增长率有所回升，在 2019 年达到 10.02%。总体来看，近十年建筑业总产值增长放缓。

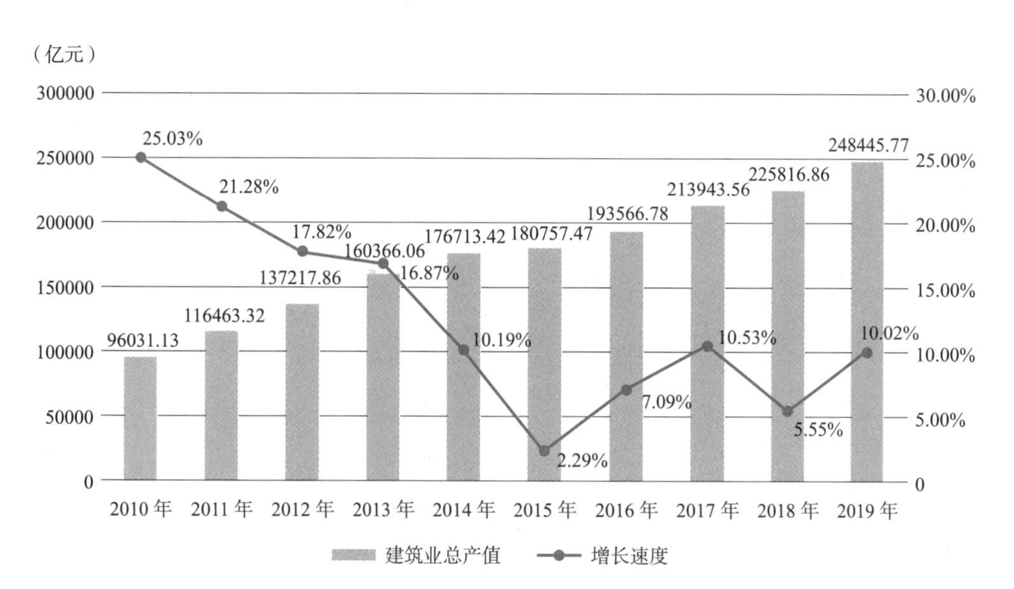

图 1-4-3　2010～2019 年建筑业总产值及增长速度

三、房地产业保持平稳有序发展

2019 年，房地产开发投资 132194 亿元，比上年增长 9.9%。其中，住宅投资 97071 亿元，增长 13.9%；办公楼投资 6163 亿元，增长 2.8%；商业营业用房投资 13226 亿元，下降 6.7%；房地产开发其他投资额 15735.07 亿元，增长 5.8%。近十年的房地产开发投资额如图 1-4-4 所示，从图中可知自 2010 年起房地产投资额逐年增加，2010～2015 年投资额增速逐渐放缓，从高位增长率 33.16% 跌至 0.99%，然后自 2015 年后增长速度逐渐增加，直至 2019 年的增速达到 10.01%。

2019 年，商品房销售面积 171558 万 m^2，比上年下降 0.05%。其中，住宅销售面积 150144 万 m^2，增长 1.5%；办公楼销售面积 3722.76 万 m^2，下降 14.7%；商业营业用房销售面积 10172.87 万 m^2，下降 14.7%。商品房销售额 159725.12 亿元，比去年增加 6.8%。其中，住宅销售额 139439.97 亿元，比去年增加 10.3%；办公楼销售额 5328.96 亿元，比去年减少 15.1%；其他商品房销售额 3814.80 亿元，比去年减少 3.5%。

2019 年，房地产开发企业房屋施工面积 893821 万 m^2，比上年增长 8.7%。其中，住宅施工面积 627673 万 m^2，增长 10.1%。房屋新开工面积 227154 万 m^2，

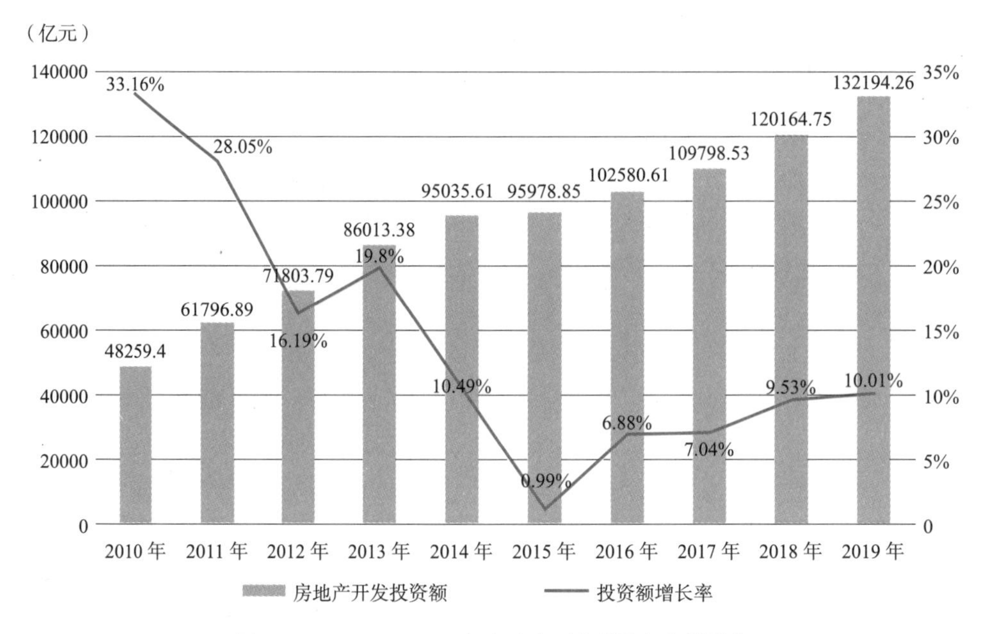

图 1-4-4　2010～2019 年房地产开发投资额和增长率

增长 8.5%。其中，住宅新开工面积 167463 万 m^2，增长 9.2%；办公楼新开工面积 7083.59 万 m^2，比去年增长 16%；商业营业用房新开工面积 18936.28 万 m^2，比去年减少 5.3%。房屋竣工面积 95942 万 m^2，增长 2.6%。其中，住宅竣工面积 68011 万 m^2，增长 3.0%。

2019 年，房地产开发企业土地购置面积 25822.29 万 m^2，比上年下降 11.39%；土地成交价款 14709.28 亿元，比去年降低 8.65%。

2019 年，房地产开发企业到位资金 178608.59 亿元，比去年增长 7.3%。其中，国内贷款 25228.77 亿元，比去年增加 4.5%；利用外资 175.72 亿元，比去年增长 54.1%；自筹资金 58158 亿元，增长 4.2%；定金及预收款 61358.88 亿元，比去年增长 10.06%；个人按揭贷款 27281.03 亿元，比去年增长 15.4%；其他到位资金 6406.34 亿元，比去年下降 8.7%。

2019 年 1～12 月房地产开发景气指数如图 1-4-5 所示。

从房地产投资、房地产销售、开工面积、土地成交、房地产开发企业到位资金、房地产开发景气指数等房地产领域指标综合来看，2019 年房地产业保持平稳、有序发展。

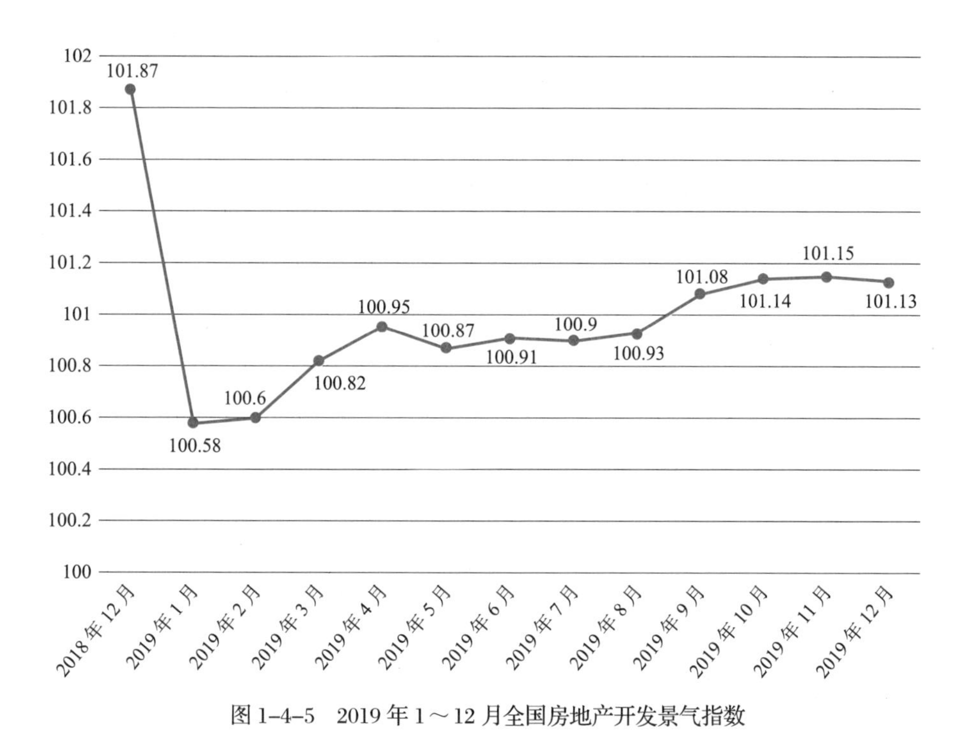

图 1-4-5　2019 年 1～12 月全国房地产开发景气指数

第三节　技术环境

一、行业信息化已进入数字造价智能运用阶段

近 30 年来，工程造价咨询行业信息化从预算软件应用阶段到网络技术应用阶段，再从管理信息化软件应用阶段到数字造价智能运用阶段，得到了极大的发展。但对比其他行业而言，工程造价咨询行业信息化建设仍有待完善。由于缺乏完善的信息化体系，工程造价咨询企业在提供咨询服务时，会与大数据时代下建筑企业的发展需求产生偏差，造成造价咨询成果的准确性下降，从而影响最终的分析结果。随着互联网技术的发展，特别是在现代化信息技术的推动下，建筑业已经表现出了较为明显的全球化发展趋势。人工智能为代表的数字技术是未来科技的主旋律，数字建筑是未来建筑业的发展趋势。工程造价咨询企业作为工程建设领域的重要主体，应主动适应数字技术的发展要求，满足建筑工业化和未来建

设的产业变革需求。

云计算、大数据、物联网、BIM、AI 等信息技术的发展，为行业的创新发展提供了有力的工具，必将开启新时代的工程造价咨询技术革命。

二、云计算为处理工程造价数据开拓了新思路

2006 年 8 月 9 日，云计算概念被首次提出，云计算结构由服务器集群、资源池、客户端三部分构成。云计算技术为广大用户提供 3 大服务：基础设施即服务（IaaS）、平台即服务（PaaS）与软件即服务（SaaS）。2019 年，云计算伴随着 5G 标准的落地和产业互联网的发展而获得更多的发展机会，云计算领域也围绕产业互联网的发展要求而提供更加全面的服务。随着产业互联网的发展，云计算与传统行业的结合进一步深入，云计算领域将会针对不同的行业推出针对性的解决方案，从而进一步为传统企业赋能。将云计算应用于工程造价咨询这一传统行业中，可以将大量的工程造价信息进行存储和运算，进行批量处理后将信息进行分类汇总，从而实现提升数据处理能力的目标。

工程造价数据信息复杂多变，种类繁多。造价信息管理者可以建设专属自己的混合云，对工程造价数据信息采用分类存储方式，参照保密级别创设等级差异性的访问权限；还可以将基础性的人工劳务费、材料费用、机械价格费用及业内政策法规等信息存储于公有云中，这样使用者就可以及时快速获取工程造价数据；也可以将关键性的工程项目各类成本信息与具备一定附加值的信息存储于私有云中，创设更高的准入门槛，使用者可以借助付费的方式获得查阅该部分信息的权利。公有云具有对外开放的特征，有效处理了云端系统存储空间的问题，为造价咨询人员查阅、推送造价信息提供了便利条件，提高了信息的分享效率。私有云的创设一方面能够有效维护企业机密的安全性，并激励从业人员不断分享成功的工程实例；另一方面，也为工程造价咨询企业供应多样、丰富的信息，为工程造价咨询行业发展提供深度性与科学性特征并存的数据与解析。

三、大数据技术将开启工程造价咨询的全新发展模式

2019 年，随着大数据国家战略的加速落地，大数据体量呈现爆发式增长态

势，数据挖掘、机器学习、产业转型、数据资产管理、信息安全等大数据技术及其应用领域取得新的突破，成为推动经济高质量发展的新动力。但对于工程造价咨询行业而言，大数据分析并没有得到广泛的推广和应用。但是，采用这一技术已经成为行业未来的发展趋势，大数据时代背景下将开启工程造价咨询的全新发展模式。

传统的咨询业务主要是通过项目经理、专家积累的经验数据开展。工程造价咨询企业在完成大量的咨询业务后，只是将信息简单地堆在一起，将其当作满足公司治理规划而必须要保存的信息加以处理，而不是将它们作为战略转变的工具。工程造价咨询业务信息容易受人员经验、专业能力和技术水平的影响。但事实上，工程造价咨询工作存在大量相同或者类似项目，项目属性、结构组成、价格数据都是可借鉴的技术经济数据指标。因此，工程造价咨询企业建立造价信息数据库是必要的。工程造价咨询智库作为大数据技术的一种，可以使项目造价数据信息线上收集整理，数据实时更新，有助于打通企业内外部数据采集通道，为咨询工作提供更多有效依据，提高咨询结果的准确性，提升专业化服务能力。

四、BIM 技术的崛起将彻底颠覆传统工程造价咨询模式

2014 年开始，各省份相继出台推广应用 BIM 技术政策文件。2017 年，贵州、江西、河南等省份正式出台 BIM 推广意见，明确提出在省级范围内提出推广 BIM 技术应用。2018 年，重庆、北京、吉林、深圳等多地出台指导意见，各地政府对 BIM 技术的重视程度有增无减。随着出台 BIM 推广意见的省份数量逐渐增多，全国 BIM 技术应用推广的范围更加广泛。到 2019 年，我国已初步形成 BIM 技术应用标准和政策体系，为 BIM 技术的快速发展奠定了坚实的基础。对于工程造价咨询行业，BIM 技术的应用将是一次颠覆性的革命。

工程蓝图上表示的工程量，从理论上来说是一个确定的数据，但由于不同造价从业人员专业技术水平高低和对图纸的理解不同，不同的专业技术人员会产生不同的工程量数据。因此造价人员在审核造价时，一个主要的工作内容，就是核对工程量和材料用量，工程结算耗时长，绝大多数时间就是用于此。当应用 BIM 技术后，施工单位提交的竣工资料将包含他们修改、深化过的 BIM 模型。无论是项目的建设方、设计方、施工方，还是工程咨询方，通过 BIM 模型

计算得到的工程量都是一致的，这就意味着工程造价咨询行业中的传统工作节点——工程算量将成为历史。承包商在提交竣工模型的同时就相当于提交了工程量，设计院在审核模型的同时就已经审核了工程量。

当行业不再需要人工计算工程量时，原先仅仅懂得算量与组价的从业人员将面临被计算机取代的危机。对于造价高端人才，以前计算、核对工程量占据了他们大部分工作精力，现在，他们将有更多精力完成限额设计的造价控制、全过程造价管理等技术含量更高的业务。

行业存在的主要问题、对策及展望

第一节　行业存在的主要问题

一、恶意低价竞争依然严重

工程造价咨询行业属于集知识密集型、技术复合型、管理集约型、实践经验型为一体的智力服务行业。近年来，随着技术不断创新，行业不断发展，部分企业面对新技术的冲击，未能及时转变观念，研发投入较少，咨询服务产品趋于同质化，缺少服务理念、服务内容、服务方式的创新，未能给业主提供高附加值的服务，核心竞争力不高。随着我国建筑行业规模日益扩大，工程造价咨询企业数量不断增加，在需求不足、供给过剩的市场背景下，部分小微企业为了在激烈的市场竞争环境中承接咨询业务，漠视行业诚信自律公约，不惜采用低于成本价格的方式获取中标资格。

部分中标企业缺乏诚信经营意识，在没有足够实力的情况下，无法保证咨询业务的服务质量，导致咨询成果质量低下。一些综合实力优秀的企业在市场竞争中处于劣势，技术创新研发、人才培养的积极性受到影响。恶意低价竞争的现象，严重扰乱市场秩序，阻碍了市场竞争的公平性，为工程造价咨询行业健康发展埋下隐患，不利于行业的高质量发展和可持续发展。

二、行业信息化水平亟待提升

（1）行业信息壁垒尚未打破。部分信息传递呈滞后性，造价信息数据发布、更新不及时，信息资源未能得到及时有效地开发和加工。行业数据信息呈碎片化，难以支撑现代信息技术的应用，更是数字造价发展的阻碍。企业之间、部门之间的平台数据难以共享，一些企业更是缺乏企业数字平台，数据积累薄弱，未能利用企业数据库开展造价咨询服务，服务效率低下。

（2）造价信息数据标准化工作仍需推进。在当前信息技术不断发展的背景下，BIM 等新技术在工程造价咨询领域的应用逐渐广泛。BIM 技术的应用需要全面的基础标准体系做支撑，当前，工程量清单、工程量计算规则与 BIM 技术的不匹配使得工程造价咨询服务进程缓慢，与 BIM 技术相关的造价信息标准仍需进一步完善。

（3）工程造价数据监测工作有待加强。一方面，部分地区信息监测平台的数据分析功能仍需完善，对于企业上报的工程造价咨询成果数据，未能及时有效地分析，形成各类工程造价指标指数，导致工程主体各方在进行决策时缺乏参考依据；另一方面，工程造价数据监测结果应用不充分，企业数据报送情况与信用等级评价管理等结合得不够紧密。

三、企业发展水平有待提升

（1）面对建筑市场的进一步开放，部分企业没有及时转变经营观念，抓住发展的新机遇，如对信息技术的应用不足，服务水平有限，服务效益及效率不高。

（2）中小型工程造价咨询企业服务的业务范围狭隘，主要集中在工程项目前期咨询、招标代理、造价咨询、竣工结算等工作，尚未脱离分段式咨询服务，没能向全过程工程咨询服务过渡。

（3）随着国家“一带一路”建设不断推进，工程造价咨询企业踏上国际舞台的机会越来越多。在此背景下，部分企业从业人员的知识结构扩展不足，对于国际惯例、国际规则、国际标准的学习和认知欠缺。具备国际视野的人才缺乏，阻碍了我国工程造价咨询企业“走出去”。

四、企业职业责任保险工作仍需推进

企业职业责任保险是工程造价咨询行业改革中的重要环节，我国推行工程造价咨询企业职业责任保险的工作仍处于起步阶段，推行过程中主要存在如下问题：

（1）职业责任保险体系不完善。当前，全过程工程咨询服务仍处于不断探索的阶段，企业职业责任保险制度的实施流程尚未规范，承保范围、承保方式、赔偿限额、保险费率的厘定都还需要不断地尝试和完善。与保险弹性费率相关的企业绩效评价指标体系尚待进一步优化，相关指标选取的科学性、合理性、全面性及权重设置的恰当性，都需要进一步提高。

（2）企业职业责任保险应用不充分。作为责任风险转移手段，企业职业责任保险的宣传、推广力度不足，部分企业对于职业责任保险投保积极性不高。企业职业责任保险与行业纠纷调解、信用评价的协调联动不够紧密、灵活，部分地区并未完全将企业投保、理赔、纠纷调解情况纳入当地协会的信用评价体系，实现企业投保与信用等级的实时联动仍有一定距离。

（3）专业人员培训工作仍需加强。一方面，部分行业人员对于企业责任保险的重要性认知不足，保险意识淡薄，企业职业责任保险理论需求与行业实际存在一定差距，保险理念在工程造价咨询领域的推广工作还需加强；另一方面，保险公司对于工程咨询类职业责任保险人才的欠缺，在很大程度上限制了该险种的推广，保险理赔员和纠纷调解员等专业人员的业务水平和工作能力还有待提高。

第二节 行业应对策略

一、积极营造优良市场环境

1. 深入推进行业诚信体系建设

积极推动行业信用评价工作，扩大信用评价结果的应用范围，允许将信用评价结果用于企业承接业务、企业宣传、办理职业责任保险等方面，不断提高信用评价结果的社会公信力，激发企业参与信用评价工作的积极性。此外，实现信用管理和行业自律的信息共享，以规范服务质量标准为理念，增强行业从业人员的契约精神，充分发挥企业诚信监督和行业自律管理作用，规范市场秩序，营造诚信、健康的市场环境，引导市场良性竞争。

2. 坚持推行职业责任保险工作

行业要为企业职业责任保险创造有利外部环境，不断提供政策保障和技术环境支持。进一步完善企业责任保险制度，加强企业职业责任保险与信用评价、纠纷调解协调联动，将企业责任保险与信用评价结果挂钩，不断提升企业信誉水平，提高行业公信力。坚持开展工程造价咨询企业职业责任保险试点工作，从小范围试点逐步积累完善，及时总结试点成效，汲取试点经验，当保险体系相对成熟后再大范围推广。以市场需求为导向构建培训模式，充分调动高校、社会、行业协会培训资源，不断提升行业从业人员、理赔员、调解员的理赔意识和专业能力。

二、提高行业信息化建设水平

1. 加快推进工程造价数字化转型

正视新技术对工程造价咨询行业的冲击，积极探索新时代、新形势下工程造价咨询行业的信息服务内容。打破“信息孤岛”，消除制约信息资源要素流动的障碍，建立信息互通、资源共享的工作环境，不断提升工程造价咨询企业服务质量及效率。注重信息管理平台、工程造价信息数据库的建设，鼓励企业利用企业数据库开展工程造价咨询服务，实现工程造价全过程数据累积。推进造价信息数据标准化工作，借助 BIM、人工智能、AI 技术在协同管理与信息集成上的优势，融合信息技术手段来适应工程总承包、全过程工程咨询等模式的变化，推动信息技术与工程造价咨询行业的深度融合。

2. 以信息化带动行业国际化发展

利用科技创新带动传统工程造价咨询行业的转型升级，注重加大科技研发投入，增强企业自主创新能力、核心竞争力。以“一带一路”倡议为契机，加强国际交流与合作，推进工程造价咨询服务出口，努力培养一批品牌优势突出，具有国际竞争力的造价咨询公司。

三、拓展行业发展的业务空间

1. 推行全过程工程咨询服务

把握新时代新要求和“一带一路”机遇，加快推进全过程工程咨询服务，以全过程咨询的思维促进企业提升服务能力，将业务范围向前期决策咨询和过程控制服务延伸，开展跨阶段咨询服务或同一阶段不同类型的服务组合，使咨询服务碎片化向集成化转变。扩大全过程工程咨询的服务范围，优化业务结构，在服务阶段、服务层次、服务领域等进行全方位的业务拓展。创新全过程工程咨询服务模式，鼓励咨询企业以市场需求为导向，为委托方提供多元化的服务形式。开展全过程工程咨询课题研究，及时总结、推广工程造价咨询企业开展全过程工程咨询的实践经验。

2. 加快企业与国际接轨

积极实施国际化发展战略，搭建国际交流合作平台，鼓励工程造价咨询企业从业人员参与国际论坛、学术研讨会，加强沟通交流，重视和学习国外先进项目管理经验。加快熟悉国际规则，从标准制定、技术研发、人才培养等方面提高企业竞争力。不断提升行业知名度和国际影响力，打响中国工程咨询服务的“软实力”品牌，有序开拓国际市场，推动我国企业与世界融合的步伐。

3. 以标准化提升企业核心竞争力

在国家标准化改革稳步推进的背景下，行业要抓住契机，发挥自身的引领作用，强化标准的顶层设计，统筹抓好标准体系的总体设计和体系规划。搭建交流平台，学习国内外相关团体标准制定经验，研讨工程造价团体标准的可借鉴模式。企业要加快推进企业标准制定工作，实现业务流程体系标准化、人员管理标准化、人才培养标准化，不断增强企业核心竞争力。

四、继续加强行业党的建设

1. 积极扩大企业党组织的有效覆盖

党的建设是促进工程造价咨询行业不断向前发展的基础性工作，同时也是企业发展的第一抓手，认真落实“三会一课”制度，结合工程造价咨询行业发展特点，全面提高思想认识，积极开展党组织建设工作，实现党的建设与企业发展同频共振。通过扩大党组织的有效覆盖，充分发挥党建工作在企业人才培养、企业文化建设、行业技术革新方面的引领作用，注重新技术变革给行业发展带来的影响，顺应行业发展趋势，树立党建工作新观念，以党建工作助力工程造价咨询企业的高质量发展。

2. 加强企业文化建设

文化建设是企业发展的核心竞争力，围绕企业特点、企业发展方向、企业工作重心开展党组织活动，营造良好的企业环境，充分发挥党组织在企业建设中的基础性和引领性作用，将党组织活动与企业文化建设相互融合。通过精神文明建设、诚信建设培养企业职工的归属感、向心力，从而增强企业的凝聚力，打造工程造价咨询企业优质品牌。

3. 创新开展党员教育活动

鼓励工程造价咨询企业积极开展主题党日活动，积极交流行业党建创新理念方法、体制机制、方法措施和先进经验。积极开展志愿服务活动，提供专业化志愿服务。顺应行业发展变革，利用信息化手段，依托信息管理系统，将党员活动与企业日常经营管理、信息服务紧密结合，通过加强党员教育，提高党员素质及党员责任意识，充分发挥党员先锋模范作用，实现企业党建工作与咨询业务的稳步提升。

第三节　行业发展展望

一、行业发展规划及标准体系建设将进一步完善

1. 坚持规划引领，引导工程造价行业健康发展

为促进工程造价行业的长期健康发展，急需提早谋划工程造价行业“十四五”规划编制研究，明确今后五年工程造价行业的发展目标，提出工程造价行业改革重点任务和近期工程造价行业发展的重点工作计划。例如，上海市已启动了“上海市工程建设造价‘十四五’发展规划”编制研究。在住房和城乡建设部工程造价行业“十四五”规划中，建议将“全过程咨询”“云造价”“BIM+造价”“造价咨询 +EPC”“造价咨询 +PPP”等工程造价新型业务模式体现到规划中，发挥规划的引领和前瞻性作用。

2. 坚持标准支撑，促进行业转型升级

加强工程造价行业标准体系建设，制定房屋建筑和市政基础设施建设项目全过程工程咨询服务技术标准、市场化的工程量清单计价标准、“互联网+BIM”全过程工程造价计量计价标准、建设工程总承包招投标的计量计价规则、典型工程指标指数编制规则、建设单位投资管理准则等造价计价标准规范，充分发挥标准的引导与支撑作用，促进工程造价行业的转型升级。

二、工程造价市场化改革步伐将进一步加快

我国市场化改革政策的实施，为深化工程造价市场化改革、推进住房和城乡建设领域治理体系及治理能力现代化等提供了重要支撑。工程造价改革以市场化、信息化、法治化和国际化为导向，坚持规范建筑市场秩序、保障工程质量安全、提高政府投资效益原则，减少政府对市场形成造价的微观干预，完善“企业自主报价，竞争形成价格”机制，更好地发挥政府在宏观管理、公共服务和市场监管方面的作用。

1. 弱化工程造价咨询资质进入实质性阶段

为贯彻落实国务院“放管服”改革要求，推进工程造价咨询企业资质审批制度改革，住房和城乡建设部制定了《住房和城乡建设领域自由贸易试验区“证照分离”改革全覆盖试点实施方案》（建办法函〔2019〕684号），明确在上海等地的自由贸易试验区取消工程造价咨询企业甲级、乙级资质认定，全国其他地区和试点省份除自贸区的其他地方，维持原政策不变。2019年12月31日，住房和城乡建设部标准定额司发布了《关于征求实行工程造价咨询企业资质审批告知承诺制意见的函》（建司局函标〔2019〕306号），全面实施工程造价咨询企业资质审批告知承诺制。

由此可见，弱化工程造价咨询企业资质是改革的大方向，将有效降低企业制度性交易成本，优化营商环境，激发市场活力和社会创造力。工程造价咨询行业将进入“拼人才、拼服务、拼实力、拼品牌”的新阶段。

2. 工程造价市场化改革稳步推进

2019年，住房和城乡建设部选取北京等省市启动了工程造价市场化改革试点。各省将从适应工程建设组织方式改革，完善工程总承包计价规则，推动全过程工程咨询；提升工程造价公共服务水平，推动工程造价数据库建设；对标国际规则，推动中外工程造价标准的有效衔接等几个方面重点实施工程造价管理市场化改革试点。

（1）加强工程造价数据库建设，构建市场化的工程造价指数指标体系。

《住房和城乡建设部关于北京市住房和城乡建设委员会工程造价管理市场化改革试点方案的批复》（建办标函〔2019〕324号）强调：“把构建多层级、结构化的工程造价指数指标体系作为工程计价依据破旧立新的重要突破口，尽快完成科学、智能和动态化的指数指标分析、形成与发布平台建设工作，为工程造价管理市场化改革探索总结可复制、可推广的经验。”

（2）坚持工程量清单市场化的方向，建立符合市场自主定价和企业自由竞价机制的工程量清单计价规范，编制市场化的房屋建筑工程工程量清单计价标准，推行全费用建设工程工程量清单计价模式。在现行适用于施工招投标阶段的工程量清单计价规则的基础上，制定适用于工程总承包招投标的计量计价规则。

（3）建立政府投资项目典型工程造价数据，制定类似工程指数法编制方法和规则。建立应用于投资估算、设计概算及招标控制价编制的工程造价指标指数数据库。探索工程总承包进行招标时，参考以往类似典型工程造价数据结合市场价格编制最高投标限价，引导市场主体做好工程造价数据积累与应用，为推动依据工程造价指标指数编制最高投标限价奠定基础。

（4）探索采取最低价中标和高额合同履约担保制度，完善相关约束制度和退出机制，为市场形成价格提供保障。

通过部分省市实施工程造价市场化改革试点工作，评估试点项目改革措施成效，梳理试点过程中好的经验做法以及存在问题，研究制定工程造价改革具体措施，形成在全国可复制推广的经验。

3. 企业职业责任保险试点继续深入

为推动工程造价咨询企业职业责任保险制度的建立和发展，提高企业职业责任赔偿能力，促进行业可持续发展，中国建设工程造价管理协会印发了《关于开展工程造价咨询企业职业责任保险试点的通知》（中价协〔2019〕73号），在北京市等地区及铁路、建设银行的工程造价咨询企业开展职业保险试点；鼓励和支持其他地区（专业、行业）结合实际情况，因地制宜，分类指导，灵活推广。推行工程造价咨询企业职业责任保险，有助于深化工程造价咨询企业管理体制改革，完善建筑市场环境，是工程造价市场化、国际化改革的重要制度保障。推行工程造价咨询企业职业责任保险，有利于提高企业的风险抵御能力和国际竞争能力，优化企业发展环境，推动工程造价市场化和国际化，促进工程造价咨询企业健康可持续发展。

三、推进全过程工程咨询服务将取得积极进展

《国务院办公厅关于促进建筑业健康发展的意见》（国办发〔2017〕19号）明确提出："培育全过程工程咨询，鼓励将投资咨询、勘察、设计、监理、招标代理、造价等企业采取联合经营、并购重组等方式提供工程建设全过程的咨询服务，旨在培育一批具有国际水平的全过程工程咨询企业。制定全过程工程咨询服务技术标准和合同范本。政府投资工作应带头推行全过程工程咨询，鼓励非政府

投资工程委托全过程工程咨询服务，在民用建筑项目中，充分发挥建筑师的主导作用，鼓励提供全过程工程咨询服务。”住房和城乡建设部于2017年、2018年先后确定了17个省（市/区）作为全过程工程咨询试点地区开展试点工作，部分试点地区已经建立了全过程工程咨询试点企业和试点项目清单。2019年3月国家发展改革委、住房和城乡建设部印发《关于推进全过程工程咨询服务发展的指导意见》（发改投资规〔2019〕515号），全过程工程咨询在全国范围内全面推广。

推行全过程工程咨询服务将在以下几个方面取得积极进展：

（1）深化工程领域咨询服务供给侧结构性改革，大力发展工程建设全过程咨询，明晰项目业主、招标、设计、施工、监理、造价等各有关参与方在建设工程造价确定与控制方面的职责。

（2）完善工程项目全过程的造价管理，重点是可研和设计阶段的造价管理，推进造价与设计的有机融合，落实限额设计和方案经济性比选，着重提升项目自身价值，实现以投资控制为核心的从确定造价目标到形成工程造价的全过程造价管理。

（3）完善全过程工程咨询管理制度，完善与全过程工程咨询相适应的工程造价管理体系和招投标、合同管理等制度和流程。建立全过程工程咨询服务技术标准，住房和城乡建设部建筑市场监管司2020年4月发布了《关于征求〈房屋建筑和市政基础设施建设项目全过程工程咨询服务技术标准（征求意见稿）〉意见的函》，发布了《房屋建筑和市政基础设施建设项目全过程工程咨询服务技术标准（征求意见稿）》，推动全过程工程咨询服务的标准化和规范化。其次，各试点省市通过制定建设项目全过程工程咨询服务指引（服务导则）、全过程工程咨询服务招标文件（格式文本）、全过程工程咨询服务合同（示范文本）、全过程工程咨询服务收费指导意见等制度，通过制定全过程工程咨询服务采购模式及收费标准，科学合理规范全过程咨询服务费、培育优质全过程咨询服务供应商、营造全过程咨询服务企业公平竞争的市场环境。

（4）加强对工程造价咨询企业的市场培育和监管力度。加强对工程造价咨询企业人才队伍的培训，提高企业的市场适应力。加强工程造价咨询行业的事中事后监管措施。开展工程造价咨询企业“双随机、一公开”监管，依法查处违法违规行为并公开结果。加强信用监管，完善工程造价咨询企业信用体系，逐步向社会公布企业信用状况，对失信主体加大抽查比例并开展联合惩戒。发挥有关行业协会自律作用，推动工程造价咨询企业依法依规开展工程造价咨询活动。建立企业服务质量评价体系。针对低价恶性竞争现象，建立可行且有效的质量评价标准和评价方法，定期或不定期地开展业务质量评价活动，并向公众发布评价结果，有效区分工程造价咨询服务水平，保障优质企业不受业内不正当竞争行为的影响，引导行业形成优质、优价的市场竞争环境。

四、“数字造价”有望成为造价行业转型升级的驱动力

随着科技的飞速发展，社会各行各业都在不断进行着更新和变革，大数据、云计算、人工智能等新一代信息技术正广泛应用于社会各行各业，改变人们的生产生活方式。我国正在大力推进数字化战略，数字城市、数字交通、数字建筑等数字化理念风起云涌，可以说我们已经步入了数字化变革的新时代。

“数字造价”作为数字技术与工程造价专业有效融合的行业战略，是造价管理成功的关键基础，是工程造价专业的创新焦点，是实现工程造价管理数字化的重要支撑，也是工程造价专业转型升级的核心引擎。数字造价管理是指利用BIM和云计算、大数据、物联网、移动互联网、人工智能、区块链等数字技术引领工程造价管理转型升级的行业战略。它结合全面造价管理的理论与方法，集成人员、流程、数据、技术和业务系统，实现工程造价管理的全过程、全要素、全参与方的结构化、在线化、智能化，构建项目、企业和行业的平台生态圈，从而促进以新计价、新管理、新服务为代表的理想场景实现，推动造价专业领域转型升级，实现让每一个工程项目综合价值更优的目标。

五、行业国际化水平将进一步提高

1. 实施工程造价咨询行业国际化发展战略，应构建系统的策划管控型造价咨询体系，实现行业咨询体系国际化；应利用现代信息技术打造数字化造价咨询平台，实现行业科技创新国际化；应积极引入行业国际标准体系，实现行业标准体系国际化。

以“一带一路”倡议为引领，以项目、资金、技术“走出去”为发展契机，鼓励工程造价咨询企业开拓国际市场，重点扶持一批大型企业走出去，探索通过

新设、收购、合并、合作等公司运作方式参与国际咨询业务，推动造价咨询企业提高属地化经营水平，实现与所在国家和地区互利共赢。继续推动造价工程师资格国际互认，开展工程造价标准的双边合作，为中国造价咨询企业进入国际舞台奠定基础。

2. 加速培育工程造价咨询企业的国际化视野和核心竞争能力，主要体现在以下五个方面：

（1）顶层设计方面，建议国家及行业管理部门加强工程造价咨询国际化发展战略研究，加快熟悉国际规则，加强国际交流与合作，促进工程造价咨询企业更好地了解与适应国际市场，推动工程造价咨询服务出口，提升行业国际影响力，培育一批品牌优势突出、有规模且具有国际竞争力的造价咨询公司。

（2）组织架构方面，鼓励造价咨询企业积极进行体制和机制创新，建立健全以决策程序、风险控制、人才培养、收益分配、执业网络协调为重点的内部管理制度，探索建立跨产业发展管理模式，鼓励工程造价咨询企业成立国际业务部门，开展国际化业务。

（3）人才培养方面，工程造价咨询企业应培养具有国际化视野的造价咨询人才，按照机构优化、专业精湛、道德良好的要求，有计划地培养领军人才、高端人才、国际化人才和复合型人才，逐渐从传统的技术型向综合型转变，实现复合型人才的培养和提升。完善人才激励机制，培养员工的主人翁精神。

（4）咨询技术方面，工程造价咨询企业应积极适应信息技术进步和精益建造要求，从传统的咨询手段逐步发展到应用 BIM 模型、大数据、“互联网 +” 等现代信息技术进行咨询。当前，现代信息技术正加快融入建筑行业，并进一步促进了组织变革和企业转型升级。工程造价咨询企业要适应新形势，打造数字化工程建设集成管理、综合咨询核心竞争力。未来工程建设的核心能力将不再是过程施工和产品制造，而是虚拟数字设计与建造能力、数字化的集成管理能力、数字化平台支撑能力。要共建共享数字化工作平台，适应未来发展需要。积极探索工程计价的新方法。如引入大数据技术，打造企业自成长型知识库；用 BIM 实现快速计量、价值管理，实现工期与成本关联，提升工程咨询快速服务能力。用数字化平台解决“管理 + 业务 + 商务”间信息运用不充分、交互不便捷等问题，给企业发展进行管理赋能、技术赋能、数据赋能，最终通过平台实现管理和技术标准化，实现数据资源化。

（5）服务能力方面，工程造价咨询企业应从局部化、碎片化的单一咨询服务逐步向开展以投资控制、价值管理、项目管理、资产管理为主线的全过程专业咨询服务转变。打造自身的信誉和工作平台，即企业良好信誉、项目的集成管理能力、数字化信息手段、实用的互联网平台。通过自身发展或跨区域、跨专业联合，实现经营的规模化。打造全面的项目策划能力、全过程工程咨询能力、全面项目管理能力和价值服务能力，实现业务的综合化。鼓励多元化发展，通过业务融通，组织架构创新等措施，支持鼓励工程造价咨询企业在做大、做强核心业务的同时，采取重组联合、业务合作、战略联盟等形式，推动行业业务结构和规模结构的调整，提高工程造价咨询国际化服务能力。积极适应中国建设“走出去”和“一带一路”倡议的发展要求，开拓国际市场，实现咨询服务市场的国际化。

第二部分

地方及专业工程篇

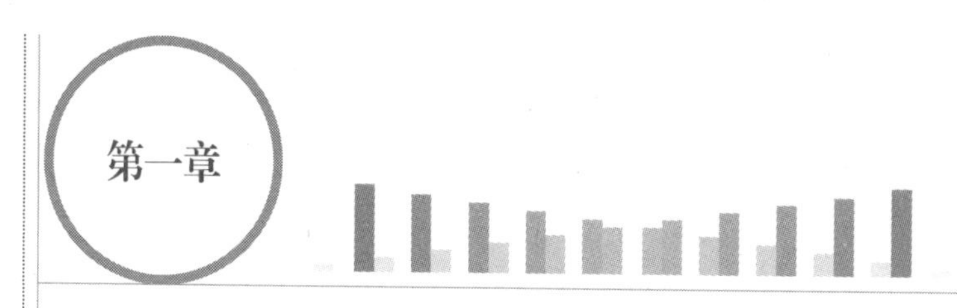

北京市工程造价咨询发展报告

2019年，北京市工程造价咨询行业保持良好发展态势，得益于北京市营商环境不断优化和人才集聚优势，北京市工程造价咨询企业在数量和规模、营业收入、从业人员数量，特别是专业人才队伍建设等方面全国领先。

与此同时，随着BIM、“互联网+”、大数据等新一代信息技术的发展，北京市工程造价咨询企业通过智慧咨询、技术创新和应用，有效提升了企业信息化管理水平和业务实施能力，加快推进了转型升级和高质量发展。

第一节　发展现状

一、企业规模持续增长

统计数据显示，2019年北京市上报统计报表工程造价咨询企业共计342家，上报总营业收入162.70亿元，其中工程造价咨询营业收入126.76亿元。

1. 企业营收保持年均20%的增幅

北京工程造价咨询企业总营业收入已连续三年增幅均保持在20%左右。工程造价咨询业务收入占总营业收入比例逐年上升，且增幅略高于同期总营业收入增幅。

2. 甲级企业数量全国领先

2019年，北京市拥有甲级资质的工程造价咨询企业数量占全市造价咨询企业数量的比重为82%，领先于全国平均水平。这些甲级企业工程造价咨询专项收入超过100亿元，占全市造价咨询企业造价咨询专项收入的比重近80%。

3. 企业发展规模不断壮大

"2019年工程造价咨询企业造价咨询收入排名"数据显示，前100名中，北京企业有34家，占比超过1/3；在前10名中，北京企业占7席；前4名均为北京企业。从历年排名看，多家北京企业稳居全国前10名乃至前3名。

前3名企业无论是总营业收入，还是造价咨询收入，均较上年有所增长。其中，前2名企业造价咨询收入较上年增长超过20%，保持良好的发展态势（表2-1-1）。

2019年北京市工程造价咨询收入前三名企业收入情况　　表2-1-1

	造价咨询收入（万元）	较上年增长（%）	总收入（万元）	较上年增长（%）
第一名	56986.60	28. 22	97652.51	50.78
第二名	53222.04	20. 72	55127.35	16.83
第三名	42915.34	2. 82	44546.26	3.91

和其他省份相比，北京工程造价咨询企业数量虽然不是最多的，收入规模却是全国最大的。2019年，在全部342家企业中，工程造价咨询收入超亿元级的有34家企业，占总数量的10%，其中收入最高的企业达到5.70亿元。

统计数据显示，第100名造价咨询企业总收入近3000万元，较2018年上涨40%。前100名企业的工程造价咨询营业收入总额超100亿元，占工程造价咨询营业收入总额的83%，占企业营业收入总额的65%；前100名企业营业收入近160亿元，占全国造价咨询企业营业收入总额的9%。

4. 专业细分市场发展良好

从咨询业务行业分布看，房屋建筑工程专业造价咨询仍为北京市工程造价咨询企业的主营专业，市政工程、城市轨道交通等专业工程造价咨询业务收入占比稳定，且涌现出单个专业工程造价咨询业务收入过亿元的企业，北京市部分工程造价咨询企业正向做专做精做强方向发展。在"2019年工程造价咨询企业造价咨询收入排名"统计的九大专业咨询排序前10名中，北京企业基本占据了4席，其中，在房建、市政、全过程工程咨询领域收入名列第一的均为北京企业。

从项目阶段看，结（决）算阶段咨询和全过程工程造价咨询营业收入占比最高，占比均超过 1/3。随着全过程工程造价咨询业务的推广，2017～2019 年北京市全过程工程造价咨询营业收入占北京市工程造价咨询营业收入比例在 30% 左右，超过同期全国全过程工程造价咨询营业收入平均占比。

5. 企业利润率保持稳定

2019 年，北京造价咨询企业营收总额占全国造价咨询企业营业收入总额的比重为 9%，同期利润总额占全国的 5%。尽管营业收入较上年实现了 20% 的增速，但企业利润总额却没有明显增长，增幅不到 1 个百分点。利润率为 6%，较全国平均利润率低 4 个百分点，且近三年营业利润率呈逐年下降趋势。

二、专业人才队伍发展壮大

2019 年，北京市工程造价咨询企业从业人员共 39890 人，较上年增长 17%，增速约为全国平均水平的 2 倍，连续 3 年保持上升态势。

截至 2019 年底，全市工程造价咨询企业从业人员中，拥有一级注册造价工程师职业资格的共 6942 人，占总人数的 17%，高于全国平均水平近 2 个百分点。其他专业注册执业人员 3007 人，占总人数的 7%。

2019 年，北京市工程造价咨询从业人员中拥有职称人数为 19365 人，占从业总人数的近一半。其中，高级职称人数 4633 人，占从业总人数的 11.61%；中级职称人数 9916 人，占从业总人数的 24.86%；初级职称人数 4816 人，占从业总人数 12.07%。中级和高级职称人员数量较上年均有超过 10 个百分点的增长。

三、服务首都经济建设

2019 年，北京市政府明确三大类共 300 项重点工程，集中精力推进 100 项基础设施、100 项民生改善和 100 项高精尖产业项目，总投资 1.3 万亿元，当年计划投资 2354 亿元，其中建安投资 1243 亿元。

围绕重点工程，北京市工程造价咨询企业充分展现专业服务能力，紧紧围绕建设单位对造价咨询服务的实际需求，持续做好重点工程服务支持和保障工作。参与了2022冬奥会场馆、北京城市副中心、大兴国际新机场、环球国际影城等重点工程，以及古建修缮、老旧小区改造、保障房工程、应急设施建设、城市管廊建设等公共设施工程。承担任务的造价咨询企业精心挑选骨干技术力量，组建专业实施团队，努力为重点工程建设提供可靠专业的咨询服务，确保重点工程建设和公共设施工程的进度。多支专业咨询服务团队屡获建设单位好评。

为更好地服务重点工程建设，帮助建设单位、施工企业以及咨询服务企业顺利开展工作，北京市建设工程造价管理处及北京市建设工程招标投标和造价管理协会对重点工程存在的计价难题、新技术和新设备应用情况等，开展了专题调研和咨询服务。多次与参建各方举行座谈会，了解重点工程结算中可能会发生的争议，进行风险提示，并结合有关规定提出了解决问题的意见建议。

四、响应“一带一路”倡议

在“一带一路”倡议带动下，依托央企海外建设项目，越来越多的北京工程造价咨询企业服务海外工程，成立了专业的服务团队，为其提供全寿命周期或全过程工程咨询，成功实现了业主方投资、质量、进度的控制目标。部分企业承担了多项国际工程造价和合同纠纷的处理业务，为维护中国投资和建设的合法利益提供了有效服务和保障。

在北京，不仅从事海外工程造价咨询服务的机构多，海外工程咨询专业人员多，海外咨询服务门类也多，积累了大量的丰富经验和典型案例。据不完全统计，北京工程造价咨询企业的海外工程造价咨询服务足迹遍布全球七大洲的近90个国家，累计服务项目230多个，服务范围涉及工程结算、招标代理及清单控制价编制、竣工财务决算、经济技术咨询、工程造价鉴定、概念设计、过程管理、专项审计、可研报告编制、全过程工程咨询等诸多门类。这些造价咨询公司通过海外驻场、招聘当地人才、设立海外分支机构等途径，呈现出业务实施本地化、咨询人才国际化、机构布局全球化的趋势。

为更好地服务工程造价咨询企业“走出去”，北京市建设工程招标投标和造价管理协会联合北京国际商会建筑业专业委员会、北京市建筑业联合会等7家行业协会，由具有国际业务优势的骨干会员单位出资承办，建筑业相关咨询、服务行业单位参与合作，共同发起成立了“一带一路”国际工程咨询服务平台，作为协会会员对外展示、国际工程信息沟通、风险防范、物流通关等业务的窗口，从设计、功能、板块、线上线下互动各个环节，以基础设施建设、国际产能合作为目标，以整合资源、防范风险为基础，开展国内外信息交流，在法规、合同标准等方面和国际接轨，实现国际工程全过程、全方位咨询服务。

第二节　发展环境

一、营商环境优化提升明显

《2019 中国城市营商环境报告》显示，在全国 36 个直辖市、省会（自治区首府）城市以及计划单列市中北京市名列榜首。北京在推动营商环境持续优化实践中发挥着引领作用，并有效带动了周边城市软环境的改善。在基础设施、人力资源、政务环境、普惠创新四个维度均排名第一，金融服务维度位居全国第二。

在工程建设领域，为畅通优化营商环境政策落地“最后一公里”，让参与工程建设的单位及时掌握最新政策措施，顺利推进重点工程建设，北京市住房和城乡建设委员会多次开展优化营商环境政策解读培训活动。培训围绕施工许可审批、竣工联合验收、工程招投标、工程质量测评抽查、施工安全分级管控、BIM 标准和应用、工程建设项目审批制度改革等方面内容，进行政策解读。

二、推进北京造价管理改革

2019 年 5 月 22 日，住房和城乡建设部批复同意《北京市住建委工程造价管理市场化改革试点方案》（建办标函〔2019〕324 号）（以下简称《试点方案》），标志着北京工程造价管理市场化改革试点工作正式启动。

此次试点工作的目标是建立健全北京市工程造价市场化形成机制，减少政府微观干预，深化工程造价管理供给侧结构性改革，践行工程造价管理更好地为工程质量和安全管理服务的价值理念，营造能适应工程造价市场化、国际化需要的企业成长和人才培育环境，为住房和城乡建设部进一步推进全国工程造价市场化形成机制提供可复制的经验。

按《试点方案》，试点工作分四个阶段分步实施，有序交叉，逐步推进。第一阶段为试点阶段，以特定的措施项目费为切入点，试行市场化方式定价；第二阶段为扩大试点项目阶段，增加试行市场化定价的措施项目；第三阶段为先“立”阶段，优化造价信息的同时，着力健全指数指标体系；第四阶段是后“破”阶段，在做好前三个阶段工作的基础上，按市场化原则完成现行预算定额修编、配套管理文件制定并颁发施行。

作为《试点方案》实施的重要内容，2019 年 6 月 1 日起，《北京市建设工程安全文明施工费管理办法（试行）》（以下简称《办法》）正式施行。试行办法体现了造价管理市场化改革新要求，是对安全文明施工费计价及其管理的一次完善。《办法》的起草制定紧密联系市场实际，通过多轮次专家评审并广泛征求市场主体和相关部门意见，历时一年时间完成。《办法》主要解决原费用标准的地域性差别化划分因素与安全生产、绿色施工标准化考评分级管理目标不协调，费用水平不符合当前大气污染防治和环境保护的新要求，费用管理原则不适应造价管理市场化改革的需要等问题。《办法》回归了安全文明施工费“低限管理”原则，加强了安全文明施工费计价与市场的有机结合，并对其管理规定进行了优化和创新。

三、地方标准建设贴近市场

2019 年 6 月，《北京市房屋建筑与装饰工程消耗量定额》TY01—31—2015 局部修订启动，着力解决调整人工消耗量问题，着重补充满足“四新”（新技术、新工艺、新材料、新设备）需要的项目，使其贴近市场实际，服务建筑业高质量绿色发展。

2019 年 11 月，北京市建设工程造价管理处完成了两个地方标准《建设工程造价数据存储标准》《建设工程造价技术经济指标采集标准》的落地实施，明确了工程造价数据存储标准和采集标准实现有机结合的具体要求。工程造价数据存储标准和采集标准的颁布实施，是北京市工程造价信息化建设的一个重要节点。

为深入贯彻《京津冀协同发展规划纲要》精神，加快推进京津冀建筑市场有效融合，全面落实住房和城乡建设部《关于进一步推进工程造价管理改革的指导意见》要求，京津冀三地住房和城乡建设主管部门共同编制的《〈京津冀建设工程计价依据——预算消耗量定额〉城市地下综合管廊工程》（以下简称《管廊定额》）自2020年1月1日起执行。《管廊定额》作为京津冀计价体系一体化定额编制的开篇之作，及时填补了京津冀三地综合管廊工程计价定额的“空白”，满足了京津冀三地建筑市场管廊工程计价的迫切需要，对北京城市副中心、大兴国际机场及临空经济区、河北雄安新区等重点区域建设具有积极的现实意义，有助于提升京津冀城市综合管廊工程造价确定和控制的准确性、合理性和科学性。这部共编计价依据是三地稳步推进京津冀一体化工作的“铺路”之举，也是深度融合京津冀建筑市场的重要基础，可以有效促进资源共享、信息互通，优化政府服务。

在北京市住房和城乡建设委员会的大力支持下，北京市建设工程招标投标和造价管理协会及北京市建筑业联合会编制完成了《建设工程人工材料设备机械数据分类标准及编码规则》T/BCAT 0001—2018。该成果荣获市住房和城乡建设委员会课题研究一等奖，并应用于《管廊定额》中。北京市建设工程招标投标和造价管理协会主编的《投标施工组织设计编制规程》（京建发〔2019〕218号）被北京市住房和城乡建设委员会和北京市市场监督管理局批准为地方标准，于同年7月1日正式实施。

四、工程咨询新技术不断涌现

随着新一代信息技术已经渗透传统产业链各环节，并深刻影响着其生产经营模式。对于工程造价咨询企业来说，如何利用互联网思维将生产流程有效打通，创造更有价值的全新产品，重塑产业结构，是一个无法回避的问题。

在北京工程造价咨询企业中，部分企业依托自主研发的工程管理创新技术和系统平台，借助资本、技术、人才共享，着力提升全过程工程咨询服务能力，将服务于立项、设计、招标、建造、竣工、运维等环节的工程建设和咨询以及软件研发企业连接起来，更好地服务于工程建设全生命周期。

目前，基于BIM、大数据、人工智能、物联网等新一代信息技术，围绕工程建设和咨询领域，构建技术研发、数据运营、专业培训、创客孵化等周边产业，一个全新的工程咨询生态圈已初见雏形。

第三节　工作情况

2019年北京市建设工程招标投标和造价管理协会以党的十九大精神和习近平新时代中国特色社会主义思想为指导，牢记服务为本的宗旨，发挥行业协会的桥梁纽带作用，通过着力打造信用体系、培训教育、纠纷调解、“一带一路”国际工程咨询服务、专家智库、信息数据等六大平台，以党建促进企业发展，加强企业文化建设，积极履行社会责任。

一、打造六大平台

依托多年积累形成的会员和专家资源，北京市建设工程招标投标和造价管理协会着力搭建了六大平台，为北京市工程造价咨询企业提供更加丰富和全面的服务。

1. 信用体系平台

信用体系平台囊括了工程招标投标和造价咨询领域相关专家、个人会员信用信息，通过信用评估、资信等级等向市场展示企业及人员的信用情况，构建并完善工程造价咨询信用体系。

在企业信用评价方面，在《北京市工程造价咨询企业信用评价管理办法（试行）》的基础上，北京市建设工程招标投标和造价管理协会开展了2019年度北京市工程造价咨询企业信用评价工作，共评选出106家5A信用企业，44家4A信用企业，18家3A信用企业，13家2A信用企业，5家A信用企业。

在个人信用平台搭建方面，北京市开展了优秀造价专业人员评选工作，评审出首批107位资深会员。协会还制定了单位会员年度积分管理办法，从会务、活动、培训、参与协会工作等方面，对企业会员参与情况进行积分，通过明确量化指标，完善了“先进单位会员”评价体系。

2. 培训教育平台

为做好政策解读宣传，加强从业人员管理，帮助造价咨询企业打造专业技术人才队伍，提升从业人员素质，北京市建设工程招标投标和造价管理协会搭建线上线下培训教育平台，开展了一系列内容丰富的培训活动。

北京市建设工程招标投标和造价管理协会开展了“优化营商环境政策解读和培训工作会”、2018年《北京市建设工程工期定额》和《北京市房屋修缮工程工期定额》培训等，累计超过1000人次参与。北京市建设工程招标投标和造价管理协会精选师资，针对行业热点，有针对性地开展了“BIM技术与工程咨询及项目管理专题高端培训”“中国与英联邦造价管理体系对比”“PPP项目审计指南宣贯及要点解析”“关于审理建设工程施工合同纠纷案件适用法律问题司法解释（二）”等线上线下形式多样的专题培训。

3. 纠纷调解平台

为进一步贯彻落实最高人民法院《关于人民法院进一步深化多元化纠纷解决机制改革的意见》，北京市建设工程招标投标和造价管理协会调解中心于2018年8月开始，分别与北京市各区法院、第二中级人民法院建立了诉调对接机制。

截至2019年底，调解中心共接收法院委派案件603件，案件总标的8.9亿元，送达131件，调解成功17件；自收案件6件，总标的1583万元。调解中心调解员与双方当事人进行沟通，耐心询问案情，了解双方的真实意愿，通过专业分析和劝导后双方达成一致意见，有效化解矛盾，提高办案效率，节省了诉讼时间和费用，同时维护双方当事人的合法权益，诉调工作初见成效。2019年协会调解中心还开展了经济纠纷调解中心案例整理工作，并启动案例集编写。

4. 国际服务平台

2019年，“一带一路”国际工程咨询服务平台组织行业企业参加了海外项目投资机遇推介会6个，参加国际贸易与建筑科技创新发展等12个论坛，并分别与肯尼亚、保加利亚、柬埔寨、阿尔巴尼亚、罗马尼亚5国驻华大使进行商贸洽谈，达成友好合作关系。平台代表还和北京市商业服务业联合会组成商贸团，拜访中国驻挪威、瑞典等国大使馆经商处，在北欧建立了海外合作律师事务所网点。此外，还组织部分会员单位代表、协会专家，赴俄罗斯、英国开展建筑咨询市场考察和调研。

5. 专家智库平台

专家智库平台以北京市建设工程招标投标和造价管理协会专家委员会为依托，充分发挥专家委员会作用，在调查研究、课题、论文、典型工程案例、优秀成果文件等方面，开展制度修编、活动组织、意见征集、信用评价、成果评审、评优表彰、教材编制等工作。

截至2019年底，北京市建设工程招标投标和造价管理协会专家委员会下设的6个专业委员会登记正式专家200名，备选库专家91名，并聘请了8名工程造价咨询领域资深人士为协会荣誉专家。协会组织专家参与“优秀工程造价成果奖”评选活动、造价咨询企业信用评价工作，开展资深会员申报审核和推选以及优秀个人会员复审等工作。

在协会专家委员会推动下，专家广泛参与《北京市建设工程招标投标和造价行业自律公约》《工程造价咨询企业信用评价管理办法》《工程造价咨询行业服务清单》等课题及文件的修编、审核工作，积极参与部委和行业协会编制的相关文件征求意见活动，为行业发展建言献策。全年参与征求意见活动专家300余人次，汇总征求意见近千条。

6. 信息数据平台

北京市建设工程招标投标和造价管理协会联合北京市建筑业联合会编写了《建设工程人工材料设备机械数据分类标准及编码规则使用指南》及《建设工程人工材料设备机械数据分类标准及编码规则》。此外，协会针对行业关心的装配式建筑数据信息，发布《关于调研装配式建筑部品部件优秀企业并征集相关案例编入〈北京建设工程造价信息〉的通知》，对北京地区部分代表性PC构件生产厂和在施项目进行了实地调研，并对PC构件计量计价方法的标准化进行了研究，发布了《北京市PC构件市场计量计价情况调研报告》。目前，协会正在对会员信息系统进行升级和改造，未来将贯通市公共资源交易中心、会员系统、评级系统等数据信息库。

二、社会效益显著

1. 充分发挥党建引领作用

2019年11月，北京市建设工程招标投标和造价管理协会对所属397家非公企业党组织建设情况进行了调查，全面了解北京市工程造价咨询行业非公企业党组织建设情况，为下一步有的放矢地开展行业党建工作提供基础依据。

170家非公企业单位会员反馈，在企业经营和咨询业务实施过程中，党组织引导和党员先锋模范作用为企业所重视，并得到了充分展示。170家企业中，有党员的单位共134家，党员人数共计1445人；超过1/4的企业建立了独立党组织；约六成企业能够正常开展党组织活动。

在此基础上，北京市建设工程招标投标和造价管理协会进一步收集企业党建工作、先进事迹以及在新冠肺炎疫情期间党组织和党员发挥先锋作用等情况，最终评定出16家非公企业党支部为北京市建设工程招标投标和造价管理协会"2019年度非公企业先进基层党组织"及8位党员为"2019年度非公企业优秀党务工作者"。

北京市建设工程招标投标和造价管理协会在加强自身党组织建设中，坚持"三会一课"制度和支部工作规范化，营造理论学习氛围，开展"不忘初心、牢记使命"的主题教育活动；定期组织革命传统教育活动等。协会还组织部分会员单位一同参加向兄弟省市的先进企业党支部学习交流活动；召开会员单位代表征求意见座谈会，听取企业对协会党建和行业管理方面的意见和建议。

2. 全面展现企业文化风貌

2019年是中华人民共和国成立70周年，北京市建设工程招标投标和造价管理协会在会员企业中开展了"我和我的祖国——庆祝建国70周年"征文活动，广大企业积极参与，最终评选出一等奖8篇、二等奖16篇和优秀奖40余篇。

为了丰富广大造价咨询从业人员的业务文化生活，提升会员企业凝聚力，北京市建设工程招标投标和造价管理协会牵头组织了合并后的首届"诚信杯"运动会和文艺比赛，全面展现从业人员健康向上的生活状态、多才多艺的文体特长，也充分展现了不同企业的文化建设风貌。

3. 推动企业履行社会责任

北京市建设工程招标投标和造价管理协会组织行业企业，积极履行社会责任，开展扶贫济困活动，多年来与北京市公益服务发展促进会合作。2019年，组织协会有关人员和部分爱心捐款单位代表赴贵州省六盘水市水城县第二小学严家寨校区等三所学校进行捐资助学活动。协会捐赠6万元，38家会员单位捐款33.33万元，共计捐款39.33万元，用于开展“心阳光1+1”“书香计划”“一对一助学成长计划”三个公益项目，并于当年10月全部落地完成。

（本章供稿：林萌、李仁友、刘维、王蕙萍、张大平、唐晓红、陈彪、张超、秦凤华、于敏）

第二章

天津市工程造价咨询发展报告

第一节　发展现状

一、数据分析

1. 从业人员数量增速放缓，高端人才占据主导

2019年度，天津地区共有76家造价咨询单位上报统计调查系统，其中甲级资质54家，占71%；乙级资质22家，占29%。本年末天津市工程造价咨询企业从业人数合计6501人，其中一级造价工程师864人，占13%；其他专业执业人员433人，占7%；具有职称（高、中、初级）人员4329人，占67%。

随着全国建设工程造价员资格的取消，全市相关专业人员存在缺失情况，与2018年的快速增长相比，本年度工程造价咨询企业从业人数增速放缓。

2. 营业收入基本持平

2019年，天津市工程造价咨询企业营业收入合计19.55亿元，其中造价咨询业务收入11.15亿元，占57%；招标代理业务收入4.22亿元，占22%；工程监理业务收入2.09亿元，占11%；项目管理业务收入1.28亿元，占6%；工程咨询业务收入0.81亿元，占4%。

2019年末，完成的工程造价咨询项目所涉及的工程造价总额7116.93亿元。

2019年，天津市经济环境稳定，造价咨询企业营业收入与2018年基本持平。

二、造价管理机构改革情况、协会工作情况

1. 造价管理机构改革情况

为充分行使工程造价管理职能，发挥造价管理机构作用，有利于造价管理机构和队伍建设不断适应新形势下建设事业发展要求，经天津市住房和城乡建设委员会同意、天津市编办批复，2015 年 8 月天津市建设工程定额管理研究站更名为“天津市建设工程造价管理总站”，对全市建筑、安装、市政等九个专业实施专业性管理。造价总站机构职能及主要职责是：

（1）贯彻执行国家规范和有关建设工程造价方面的政策、标准和规定，组织编制、补充、修订天津市建设工程各专业计价依据。

（2）制定天津市造价管理实施办法和实施细则，对本市各专业造价管理部门及区县的造价管理工作进行业务指导。

（3）实施全过程造价动态管理，测算人工、材料、机械台班价格市场水平，制定、发布人工、材料、机械台班价格调整办法。

（4）收集、分析和整理各专业工程造价资料，建立工程造价管理数据库，定期发布人工、材料、施工机械台班价格及造价指数信息，定期举办工程造价信息发布会。

（5）监督、检查全市工程造价计价依据的执行情况，负责对本市各有关部门在计价依据执行过程中的相关问题进行咨询解释。

（6）负责工程造价计价和竣工结算中的争议、纠纷调解工作，为司法部门提供工程造价经济鉴定依据。

2019 年底，按照天津市住房和城乡建设委员会事业单位机构调整总体部署，天津市建设工程造价管理总站整合进入天津市建筑市场服务中心，造价管理成为该中心一个职能部门。

2. 协会工作情况

在天津市国资系统行业协会商会党委的领导下，在天津市社团局、住房和城乡建设委员会及有关部门的指导下，以服务为宗旨，努力实现工作内容有亮点、工作效率有提高、工作方式有突破的目标。2019 年，协会被天津市社团局评为

"天津市先进社会组织"。

（1）完成了《天津市招投标行业发展报告》及《2018年中国招标投标发展报告（天津篇）》的编写工作。

（2）编制了《天津市建设工程造价咨询成果文件质量标准》（T/TJZJZBXH 001—2019）。编写了2册天津市二级造价工程师职业资格专业科目考试培训教材。

（3）完成了全年《天津工程造价信息》及《会员视窗》的编辑、发行工作。发布的价格信息更加符合天津地区市场实际情况。

（4）与市妇联、市文明办、市总工会联合开展了第二届"最美女造价工程师"评选活动。表彰天津市优秀咨询企业、优秀造价工程师和优秀招标项目负责人。

（5）开展了2019年度工程造价咨询企业信用评价工作。

（6）积极开展职业保险宣传工作，目前已有3家企业参保。

（7）为天津市高级人民法院推荐了47家建设工程造价司法鉴定评估机构。

（8）开展了"天津市第二届优秀工程造价案例图片"展览活动。

（9）加强自身建设，完善和细化各项内部管理制度。

三、行业发展概况

1. 行业发展水平

2019年，天津市造价咨询企业稳步发展传统造价咨询服务市场，其中，结（决）算阶段咨询收入2.81亿元；实施阶段咨询收入2.68亿元；前期决策阶段咨询收入0.76亿元。

全市造价咨询企业加快推行全过程工程造价咨询服务，2019年其收入已达4.23亿元。

与此同时，全市造价咨询企业也积极参与工程造价纠纷鉴定和仲裁咨询，致力于构建天津建筑业和谐发展的市场环境。2019年其收入为0.51亿元。

2. 参与重点项目建设、积极开拓造价咨询新业态

（1）积极参与各类重点项目建设，为全市固定资产投资活动提供造价服务保障。

2019年5月，天津市发展改革委等9部门印发了《天津市2019年重点建设、

重点前期和重点储备项目安排意见的通知》。其中，2019年拟安排重点建设项目274项，总投资9049亿元，年度投资计划1544.6亿元；拟安排重点前期项目138项，总投资2598亿元；拟安排重点储备项目96项，总投资3463.3亿元。

天津市造价咨询企业积极参与各类重点项目建设，为全市固定资产投资活动提供造价服务保障。2019年，协会对26家会员单位（甲级单位24家，乙级单位2家）进行了抽样调查，参与的重点项目见表2-2-1。

2019年重点项目参与情况　　表2-2-1

项目级别	具体项目
国家级重点项目	1. 国家会展中心项目造价咨询服务； 2. 空客天津A330宽体飞机完成和交付中心定制厂房项目全过程造价咨询服务； 3. 南水北调中线干线工程河南直管项目变更价差审查等
市级重点项目	1. 天津地铁4、5、6、7、10、11号线项目全过程造价咨询服务； 2. 2017～2019年中心城区老旧小区及远年住房改造项目全过程造价咨询服务； 3. 宁河区北淮淀生态移民（示范小城镇）农民安置用房建设项目全过程造价咨询服务； 4. 滨海文化商务中心项目全过程造价咨询服务； 5. 团泊、血液病医院（团泊院区）项目全过程造价咨询服务； 6. 细胞产品国家工程研究中心项目全过程造价咨询服务； 7. 梅江国际会展中心项目全过程造价咨询服务等
区级重点项目	1. 天津市滨海新区文化中心（一期）项目文化场馆部分建设项目全过程造价咨询服务； 2. 天津市北辰双青污水处理厂二期扩建项目工程量清单及招标控制价编制等

（2）承接全过程咨询服务，推动行业高质量发展。

参与抽样调查的26家会员单位承接的重点全过程咨询项目有：西部新城还迁区农民安置用房项目；启迪协信（天津南开）科技城项目；天津康汇综合医院项目；国家海洋局天津临港海水淡化与综合利用示范基地项目一期项目；中欧合作交流中心项目；2018年生态储备林二期项目；园景家园、鑫海家园项目；固安熙悦项目等。

（3）积极参与BIM运用咨询、PPP项目咨询、EPC项目咨询、环保工程咨询，不断开拓造价咨询新业态，服务全市建筑业和经济发展新领域。26家抽样调查会员单位承接项目如表2-2-2所示。

承接项目情况　　表 2-2-2

项目类别	具体项目
BIM 运用咨询服务项目	1.K1 快速路一期项目； 2. 天津渤化化工发展有限公司“两化”搬迁改造项目； 3. 朗诗太湖新建会展大楼项目； 4. 万华金融中心项目； 5. 京滨城际滨海西站市政配套项目等
PPP 项目咨询服务项目	1. 津石高速公路天津西段项目； 2. 兰州七里河安宁污水处理厂改扩建项目； 3. 津宝公路 (唐廊公路—九园公路) 建设项目； 4. 宝武公路 (平宝公路津围公路联络线) 改建项目； 5. 北辰区 2020 年农村生活污水集中收集项目等
EPC 项目咨询服务项目	1. 天津市红桥区 2019 年老旧小区及远年住房改造项目； 2. 天铁集团职工家属区三供一业维修改造大寺新家园 S 地块项目； 3. 北京天竺经纬跨境保税项目； 4. 江门市蓬江区水环境综合治理项目 (一期)——黑臭水体治理项目； 5. 唐河污水库污染治理与生态修复一期项目； 6. 安新县曲堤干渠排碱沟、瀑河、府河南侧排碱沟综合治理项目等
环保工程咨询服务项目	1. 宝坻区生活垃圾焚烧发电项目； 2. 天津宝坻区西部高压城市燃气管道项目等

3. 标准定额建设与课题研究

（1）参与各类预算基价、消耗定额编制工作

全市造价咨询企业充分发挥专业优势，参与 2020 届《天津市建筑工程预算基价》《天津市装饰装修工程预算基价》等 9 个专业预算基价的编审工作。

为深入落实京津冀协同发展战略，稳步推进京津冀工程计价体系一体化工作，助力京津冀区域建筑市场深度融合，企业还参与编制了《〈京津冀建设工程计价依据——预算消耗量定额〉城市地下综合管廊工程》。

（2）编制团体标准

为提高全市建设工程造价咨询成果文件质量，规范、统一文件格式，协会结合行业最新发展趋势和最新出台的相关法律、法规与规章制度，组织企业编制了《天津市建设工程造价咨询成果文件质量标准》。

（3）编制二级造价工程师培训教材

依据《全国二级造价工程师职业资格考试大纲》的要求，结合天津市2020版预算基价，编写了《建设工程计量与计价实务——建筑工程》和《建设工程计量与计价实务——安装工程》两册教材。经过多次讨论修正，目前教材编制任务已经基本完成。

（4）参与课题研究

天津市工程造价咨询企业发挥自身优势，参与了《全过程工程咨询实务与核心技术》《我国工程造价咨询"走出去"对策研究》《工程造价信息发展研究》等课题研究工作，为今后行业高质量发展指明了方向。

（5）加强信息化建设、自主研发专业系统软件

为加强信息化建设，提高内控管理运营效率，全市造价咨询企业纷纷自主研发各类专业系统。

为实现各项业务流程的安全化、系统化、简洁化，企业还自主研发了各类应用软件，并已取得计算机软件著作权。

4. 人才情况

（1）人才结构趋向高端化

2019年天津市工程造价咨询企业从业人数合计6501人，其中一级造价工程师864人，占13%；其他专业执业人员433人，占7%；具有职称（高、中、初级）人员4329人，占67%。

参与抽样调查的26家会员单位数据显示，从业人员中：本科学历人数占69%；硕士及以上学历人数占5%，行业人才结构趋向高端化。

（2）加强人才储备

人才是行业最宝贵的财富。为此，各企业纷纷采取建立人才储备库、储备培训体系；实行岗位轮换制；完善梯队管理等多种有效措施加强人才储备。

此外，全市造价咨询企业还与天津大学、天津理工大学多家知名院校建立校企联合实训基地，供多种实习岗位，举办各类讲座、专业技能实战培训、就业指导会，实现人才培养的资源合作。

四、行业党建、社会公益慈善

1. 行业党建

在天津市国资系统行业协会商会党委统一部署下，协会党支部开展了“不忘初心、牢记使命”主题教育活动。党建工作注重加强统筹协调，注重与会员单位上下联动，及时传递党建工作动态信息，研究部署重点任务，运用基层经验推动面上工作。定期梳理盘点整改工作进展情况，及时研究有关重要问题。建立长效机制，深化主题教育成果，引导造价行业党员切实增强“四个意识”、坚定“四个自信”、做到“两个维护”，引导党员干部把“不忘初心、牢记使命”作为永恒课题。

2. 社会公益慈善

践行社会责任，深化担当精神，全市越来越多的工程造价咨询企业意识到履行社会责任的价值，积极投身社会公益慈善事业，向残疾人提供工作岗位，相继开展扶弱济困、扶贫助学、文化捐赠等志愿服务，为促进社会经济发展、增强民生保障做出贡献。相关社会公益慈善活动如表 2-2-3 所示。

相关社会公益慈善活动　　表 2-2-3

单位名称	社会公益慈善活动
天津市建设工程造价和招投标管理协会	慰问蓟州下营道谷峪村和闯子岭村贫困户
天津广正测通工程造价咨询有限公司	帮扶东西部扶贫
天津津建工程造价咨询有限公司	援助甘肃贫困地区
天津普泽工程咨询有限责任公司	捐助甘肃卓尼地区并资助甘肃省平凉市贫困户学生
天津泰达工程管理咨询有限公司	捐助甘肃省天水市张家川县夏堡村
天津市泛亚工程机电设备咨询有限公司	为甘肃省平凉市东关街道兴合庄社区捐赠物品
中国建设银行股份有限公司天津市分行	购买扶贫商品，慰问敬老院、关爱自闭儿童
天津市森宇建筑技术法律咨询有限公司	购买青海省扶贫商品
天津房友工程咨询有限公司	向天津开发区慈善协会、天津市妇女儿童发展基金会捐款
天津市明正工程咨询有限公司	捐助天津市津南区小站镇、北闸口镇
天津市兴业工程造价咨询有限责任公司	向天津城建大学经济与管理学院捐赠“兴业咨询”奖学金，奖励优秀在校大学生

第二节　发展环境

一、社会环境

1. 放宽资质标准

住房和城乡建设部于2020年2月颁布了《关于修改〈工程造价咨询企业管理办法〉〈注册造价工程师管理办法〉的决定》，放宽造价咨询企业资质标准，并将注册造价工程师分为一级注册造价工程师和二级注册造价工程师。

2. 推进“证照分离”改革全覆盖试点工作

为贯彻落实住房和城乡建设部、天津市人民政府关于“证照分离”改革全覆盖试点工作部署，天津市住房和城乡建设委员会颁布了《市住房城乡建设委关于印发推进“证照分离”改革全覆盖试点工作实施方案的通知》（津住建政务〔2020〕14号），在自由贸易试验区范围内取消工程造价咨询企业资质认定。

3. 推进全过程工程咨询服务发展

为贯彻落实《国家发展改革委　住房和城乡建设部关于推进全过程工程咨询服务发展的指导意见》（发改投资规〔2019〕515号）文件，结合天津市投资领域“放管服”改革要求和实际工作情况，全市有关部门正在着手制定全过程工程咨询服务方案，支持工程咨询行业深化供给侧结构性改革，探索全过程工程咨询服务新模式。

4. 发布2020版预算基价

由天津市住房和城乡建设委员会批准颁发，天津市建筑市场服务中心主编的天津市2020版预算基价及《天津市建设工程计价办法》自2020年4月1日起施行。本版预算基价包括《天津市建筑工程预算基价》等9个专业。

5. 造价员短缺

2016年1月取消了全国建设工程造价员资格，相关专业人员的培训、认定、发证等工作全部停止。目前，天津市二级造价师考试工作尚未开展，全市造价从业人员存在缺失、专业配置不全等情况。

二、经济环境

2019年是天津实施战略性调整、推进高质量发展至关重要的一年。这一年，中共天津市委、市政府高度重视民生保障及各项社会事业，持续加大民生投入，持续推进各项民生工程，不断增进人民福利，市民收入、就业、社会保障和公共服务等各项社会事业持续发展，社会运行和发展态势良好。

1. 居民收入增速回升，消费结构不断优化促进造价咨询行业发展

天津全年经济增长保持稳定。居民收入增长总体稳定，增速略有回升。前三季度，全市居民人均可支配收入33642元，增长7.1%，高出全市经济增长2.5个百分点，比上半年加快0.1个百分点。居民消费支出保持平稳增长，消费层次和消费品质进一步提高，用于发展和享受型消费支出增速明显快于基本生活消费支出，文化消费成为居民消费新时尚。借此可以带动造价咨询企业开展相关业务。

2. 固定资产投资稳步增长，促进造价咨询业务量提升

全年固定资产投资（不含农户）比上年增长13.9%。分产业看，第一产业投资增长10.3%；第二产业投资增长17.4%；第三产业投资增长12.8%。分领域看，工业投资增长17.9%，基础设施投资增长13.6%，其中交通运输和邮政业增长23.4%。由此可见，在固定资产投资稳步增长的基础上，相关造价咨询业务量可跟进提升。

3. 就业质量继续提高，人才引育工作成效明显

全市大力实施就业优先政策，充分运用各种政策措施，加大岗位开发力度，支持企业稳定用工，推动创业带动就业，促进就业质量稳步提高。前三季度，全市新增就业37.23万人，完成全年计划的77.6%，同比增长1.28%；城镇登记失业率3.5%，低于全年3.8%控制目标。持续深入推进“海河英才”行动计划，实

施“海河工匠”建设工程，截至2019年11月30日，累计引进各类人才落户23.5万人。人才引进可以为造价咨询企业组织结构优化及高素质人员流入带来利好。

4. 多策并举为企业减负，推动经济快速发展

2019年，中共天津市委、市政府公布《关于进一步促进民营经济发展的若干意见》，从降低企业经营成本、缓解企业融资难融资贵、增强企业核心竞争力、营造公平竞争环境、依法保护民营企业合法权益、优化对民企的服务6个方面提出19条具体举措，破解了制约民营经济发展的突出问题，为企业减负，激发民营企业活力，推动经济快速发展。

三、技术发展环境

天津处于国家自主创新示范区、自贸区、“一带一路”倡议、京津冀协同发展、滨海新区开发开放五大战略机遇叠加的历史时期，大众创业、万众创新和加快打造科技小巨人升级版等重点工作都对科技成果转化和工程造价咨询企业转型升级提出了更高要求。伴随着数字技术的快速发展，数字造价管理应运而生。通过BIM、云计算、大数据、物联网、移动互联网、人工智能、区块链等数字技术，引领工程造价咨询服务由传统型向数字化转型，从而建立以新计价、新管理、新服务为代表的新型造价咨询服务领域。全市造价咨询行业大力推进BIM技术应用，提高造价数据可用性，为数据采集、数据分析及智能化应用提供基础服务，有效推动了工程造价市场化、信息化带来的数据形成与应用。

2019年为深入落实京津冀协同发展战略，稳步推进京津冀工程计价体系一体化工作，助力京津冀区域建筑市场深度融合，京津冀三地建设行政部门共同组织编制了《〈京津冀建设工程计价依据——预算消耗量定额〉城市地下综合管廊工程》，实现数据共享；天津市建设项目海绵城市设施验收通过并实施；发布《装配式内装修行业发展白皮书》，助推建筑产业转型升级，实现可持续发展。

技术市场是科技成果转化和产业化的主战场，是引入市场机制对科技资源进行优化配置的重要平台。多年来，天津的技术环境始终服务于促进科技与经济结合、促进企业创新主体地位确立的各项重要工作与实践，取得了一定的成绩，技术市场的制度、管理、服务体系日益健全。

四、监管环境

1. 深化审批制度改革，提高审批效率

为持续优化天津市营商环境，深化工程建设项目审批制度改革，提高审批效率，天津市住房和城乡建设委员会等12部门颁布了《市住房城乡建设委等十二部门关于印发天津市工程建设项目“清单制＋告知承诺制”审批改革实施方案的通知》（津住建政务〔2020〕16号），对全市工程造价咨询企业资质审批实行告知承诺制。

2. 积极开展行业自律

建立健全行业自律机制体系是造价咨询行业规范、有序发展的基本保障。协会倡导企业进行自我管理、诚信经营，并组织会员单位积极参与中国建设工程造价管理协会“工程造价咨询企业信用评价”工作，对申报企业实行动态管理，推进造价咨询行业健康持续发展。

（本章供稿：张顺民、沈萍、田莹）

河北省工程造价咨询发展报告

近年来，河北省工程造价咨询行业按照国家对行业发展的新要求，树立创新、协调、绿色发展理念，积极适应经济发展新常态，不断深化行业改革，尤其随着京津冀一体化政策的落地，各项工作有了长足发展。

第一节　发展现状

一、企业总体情况

2019年，河北省共有388家工程造价咨询企业，比上年减少2家。其中，甲级资质企业203家，增长9.14%，乙级（含暂定乙级）企业185家，减少9.31%；专营工程造价咨询企业174家，增长39.20%，具有多种资质工程造价咨询企业214家，减少19.25%。

2019年，全省拥有工程造价咨询企业数量较高的3个市分别是：石家庄市118家，唐山市53家，邯郸市39家。

二、从业人员总体情况

2019年末，河北省工程造价咨询企业从业人员17802人，比上年增长15.95%。其中，正式聘用人员16095人，临时聘用人员1707人，分别占全部造价咨询企业从业人员90.41%和9.59%。共有注册人员5147人，占全省造价咨询企业从业人员 28.91%。包含：一级注册造价工程师 3385 人（二级注册造价工程师均为外省转注人员，此数据未计入），其他注册执业人员 1762 人。专业技术人员 10523 人，比上年增长 5.35%。其中，高级职称 1884 人，中级职称 6513 人，初级职称 2126 人，高、中、初级职称人员占专业技术人员比例分别为 17.90%、61.89%、20.21%。

三、业务总体情况

2019 年河北省工程造价咨询企业整体营业收入为 40.01 亿元，比上年增长 22.32%。其中，工程造价咨询业务收入 20.34 亿元，比上年增长 12.81%，占全部营业收入的 50.84%；其他业务收入 19.67 亿元，增长 33.99%，占 49.16%。

近三年，河北省工程造价咨询业务收入前三位的专业分别为房屋建筑工程（占全部工程造价咨询业务收入 60%），市政工程（占比在 20%），公路工程（占比在 5%）。

近三年，河北省工程造价咨询阶段营业收入中，结（决）算阶段咨询业务收入占比最高，超过 40%；实施阶段咨询业务收入次之，超过 20%；全过程工程造价咨询业务收入再次之，不到 20%。

近三年，河北省工程造价咨询企业其他业务收入中建设工程监理业务占比最高，并且呈逐年上升的趋势；其次是招标代理业务，占比略有下降。

四、财务总体情况

统计报表显示，河北省 2019 年上报的工程造价企业利润总额 2.14 亿元，上缴所得税合计 0.25 亿元。

第二节　发展环境

河北省工程造价咨询企业总体数量基本稳定，发展集中在甲级资质企业的增加和专兼营企业数量的靠拢，这与雄安新区规划的提出，经济自贸区的设立，老旧城区、棚户区改造以及园林城市、景观城市建设等基础设施建设力度的加大给省内工程造价咨询企业带来了一定的发展空间有很大的关系。但纵观河北省工程造价咨询企业整体，其企业规模小、实力弱、行业研究少、缺乏核心技术竞争力，尤其大型综合体企业几乎没有，再加上紧邻京津，企业的业务能力与北京、天津抗衡度低，京津冀一体化更是加剧了这一问题。

人员方面，从业人员结构稳定，数量逐年递增，但高级专业人才占比偏低，并且造价专业注册人员反呈下滑的趋势，因此造成企业及从业人员水平的良莠不齐。

河北省工程造价咨询总营业收入逐年递增，工程造价咨询总营业收入与其他业务总收入比例相近。但河北省工程造价咨询企业业务还是以分阶段的专业性咨询为主，缺少综合竞争力，企业风险防范措施低；业务深度也主要涉足在设计、施工阶段，缺乏竣工后的跟进管理，工程造价咨询业务不能贯穿于整个工程，从而造成不能够对工程各个阶段进行有效管理，这些问题不仅带来安全隐患，还影响了工程质量的提高；现在工程造价咨询业务的服务费主要采用差额定率累进收费方法进行计算，缺乏统一的收费标准，使得市场秩序越来越混乱。同时，从数字上看，企业营业收入在增长，但是企业营业利润却在逐年下降，说明日益激烈竞争的外部环境，对企业造成了巨大影响，造成了企业经营成本的增加。

第三节　工作情况

河北省工程造价咨询行业在发展自身的同时，积极承担社会责任，履行社会义务，体现行业价值，在全省的经济建设和发展等方面做出行业贡献。

积极开展各项活动，进行爱国主义教育，激发企业的社会责任感，强化企业主人翁意识，2019 年 10 月中华人民共和国成立 70 周年之际，河北省建筑市场发展研究会在河北省园博园举行了迎国庆“一路走来，感恩有你”社会公益健步走活动，近 300 名企业代表和志愿者参加了健步走活动。

积极开展精准扶贫、脱贫工作，按照河北省委、省政府对精准脱贫工作的战略部署，河北省建筑市场发展研究会带领行业企业积极参与公益慈善事业，助力扶贫攻坚。2018 年研究会党支部及秘书处开展社会公益扶贫助学捐赠活动，54

家会员单位参与捐赠，共向保定市阜平县史家寨中学捐赠价值 11.8 万元的体育设备和学生校服；2019 年为解决史家寨村及其下属 4 个自然村的饮用水问题，研究会与河北慈善联合基金会、河北省住房和城乡建设厅扶贫工作队联合向会员单位发布社会公益捐赠实施方案，63 家会员单位和研究会全体员工共筹集善款 15.55 万元用于该村水井建设和设备采买。

在积极投身社会公益慈善工作的同时，河北省工程造价咨询企业还积极开拓服务渠道，为在校学生、应届学生提供实习、实训岗位，参与学校讲座，为学生开展就业指导会，提供技能培训，参与行业教育培训等工作。

（本章供稿：李静文、谢雅雯）

山西省工程造价咨询发展报告

第一节　发展现状

一、地区发展现状

1. 产业链状况

（1）服务范围向前后期延伸

工程造价咨询企业的服务范围正在从服务建设项目实施阶段向建设项目全寿命周期延伸，向前延伸的业态有投资估算编审、设计概算编审、设计方案经济评价分析和概算调整等；向后延伸的业态有运营期项目的财务评价、造价纠纷调解和鉴定、缺陷责任期费用审核、项目后评价等。

（2）需求与服务多元化

在推行全过程工程咨询政策的引导下，随着固定资产投资的增长，市场需求不仅包括工程咨询、PPP咨询、招标代理、造价咨询、工程监理、项目管理等传统业态，也包括全过程造价咨询、全过程工程咨询等新型业态，提供多种咨询业态服务的企业数量逐年增加，需求与服务呈现出多元化态势。

2. 从业状况

（1）行业集中度有所提高

2019年底，山西省具有工程造价咨询资质的企业共234家，企业性质均为有限责任公司。甲级企业111家，占全部企业的47.44%；乙级（含暂定乙级）企业123家，占全部企业的52.56%。

2016～2018年，企业总数依次为203家、230家、246家，经过2019年工程造价咨询市场专项治理，2019年底企业总数略有减少，但甲级企业数量及占比稳步增长。

（2）专营企业数量有所增加

2019年底，山西省具有工程造价咨询资质的234家企业中，专营的企业148家，占全部企业的63.25%；拥有多项资质兼营其他业务的企业86家，占全部企业的36.75%。

对比2018年底数据（企业总数246家，专营工程造价咨询企业112家，占比为45.53%；兼营其他业务的企业134家，占比为54.47%），专营企业数量有所增加，兼营企业数量有所减少。

（3）从业人员数量基本保持稳定

2019年底，山西省工程造价咨询企业人员总数7438人。具有职称的专业技术人员4706人，其中，高级职称643人，中级职称3371人，初级职称692人。共有一级注册造价工程师2103人。

2018年底，山西省工程造价咨询企业人员总数7569人。具有职称的专业技术人员4831人，其中，高级职称724人，中级职称3473人，初级职称634人。共有一级注册造价工程师2281人。

从以上数据对比可以看出，从业人员基本稳定，拥有中高级职称人员数量、一级注册造价工程师数量小幅下降。

（4）造价咨询企业地域分布差距较大

山西省234家工程造价咨询企业中，按工商注册所在地划分，省会太原属地管理的企业128家，占到了全省企业总数的54.70%；且甲级企业71家，占到全省甲级企业总数的63.39%。其他城市造价咨询企业的数量明显低于太原市，从业人员更愿意在经济相对发达且具有区位优势的地区就业。

3. 经营状况

（1）企业营业收入稳步增长

2019年度，山西省工程造价咨询企业营业收入合计18.45亿元，其中工程造价咨询业务收入12.17亿元，其他业务收入6.28亿元，相比2018年，增长比例依次为17.97%、12.89%和29.48%。营业收入按占比由高到低的业态依次为工程

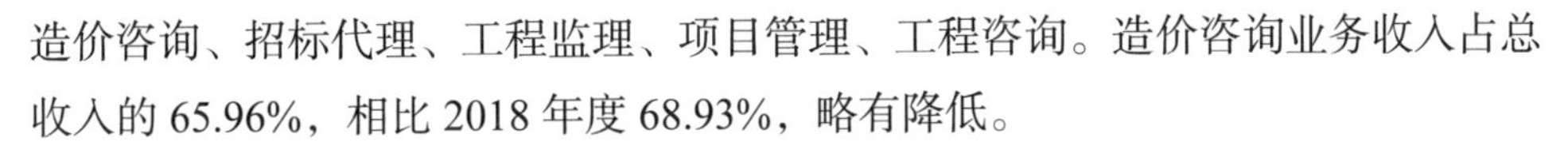

造价咨询、招标代理、工程监理、项目管理、工程咨询。造价咨询业务收入占总收入的 65.96%，相比 2018 年度 68.93%，略有降低。

（2）企业人均收入稳步增长

2019 年度，山西省工程造价咨询企业人均收入 24.81 万元，相比 2016～2018 年度人均收入 19.21 万元、19.21 万元、20.66 万元，稳步增长，但仍远低于 2018 年度全国造价咨询行业人均收入 31.31 万元。

（3）造价咨询业务收入分布

①按专业领域划分。2019 年度，全省工程造价咨询业务收入 12.17 亿元，其中，房屋建筑工程占比过半，且占比较 2018 年有所增长；房屋建筑工程、市政工程、矿山工程、公路工程、火电工程五大板块占比达 84.31%；矿山工程、城市轨道交通、火电工程、电子通信、新能源工程增幅明显。

②按建设阶段划分。2019 年度，全省工程造价咨询业务收入 12.17 亿元中，按建设阶段划分，占比由高到低的阶段依次为结（决）算阶段、实施阶段、全过程造价、前期决策阶段、工程造价经济纠纷鉴定和仲裁、其他。结（决）算阶段占比过半；结（决）算阶段、实施阶段、全过程造价三大阶段占比达 85.54%；全过程造价、前期决策阶段占比明显增加。

二、地区重点工作

1. 工程造价咨询市场专项治理

2019 年 7 月，山西省住房和城乡建设厅组织开展了工程造价咨询市场专项治理活动，取得了明显成效。

（1）造价咨询企业资质清理

因注册造价工程师人数不足，清理了一批资质不合格的工程造价咨询企业。共撤销 11 家乙级资质，另有 9 家企业主动申请注销资质。

（2）规范企业分支机构管理

要求在山西省从业的所有工程造价咨询企业的分支机构必须在山西省住房和城乡建设厅政务服务中心窗口办理备案手续。

（3）从业人员执业行为监督管理

对存在“挂证”行为的注册造价师进行梳理，对少数不符合《注册造价工程师管理办法》规定的人员予以注销资质。

2. 工程造价咨询企业社会信用体系建设

（1）开展企业信用等级评价

为指导工程造价咨询企业信用评价工作，规范工程造价咨询企业从业行为，山西省建设工程造价管理协会修订并印发了《工程造价咨询企业信用评价管理办法（试行）》。

2019 年，新增加的中国建设工程造价管理协会 AAA 等级的企业 2 家，AA 等级的 1 家，A 等级的 2 家；新增加山西省建设工程造价管理协会 AAA 等级的企业 1 家，AA 等级的 2 家，A 等级的 5 家。

（2）开展资深造价工程师评选活动

为表彰和激励长期致力于工程造价咨询的优秀造价工程师，培育行业领军人才，山西省建设工程造价管理协会组织开展了首批“资深造价工程师”评选活动，24 人荣获“资深造价工程师”称号。

3. 全过程工程咨询的培育、推行

（1）政府政策引导

2019 年 4 月 4 日，山西省住房和城乡建设厅发布了《关于加快培育我省全过程工程咨询企业的通知》（晋建市字〔2019〕73 号）。

2019 年 5 月 16 日，山西省住房和城乡建设厅发布《关于开展 2019 年度山西省全过程工程咨询企业遴选的通知》（晋建市函〔2019〕605 号）。

（2）协会具体推动

2019 年 5 月 15 日，山西省建设工程造价管理协会组织召开了“锐意创新，迎接挑战”全过程工程咨询推进研讨会。与会人员就全过程工程咨询的收费标准、业务范围、主要内容、核心价值、风险及应对，如何全面理解全过程工程咨询、如何构建业务体系等主题进行了研讨、交流。

2019 年 11 月 26 日，山西省建设工程造价管理协会发布《关于〈山西省建设工程全过程造价咨询应用标准（征求意见稿）〉征求意见的通知》，启动了全过程工程造价咨询应用标准编制工作。

（3）举办“企业开放日”活动

为了交流行业先进管理理念、成功经验和技术成果，2019 年 5 月，山西省建设工程造价管理协会举办了第二期“企业开放日”活动，来自全省勘察、设计、施工、工程咨询等会员单位 90 余人参加。

（4）企业积极响应

自从全过程工程咨询推行以来，工程造价咨询企业积极响应并结合自身情况积极拓展业务，通过资源整合、组建联合体等方式建立咨询服务团队，并以投资控制为切入点开展全过程工程咨询服务。

通过招投标网络服务平台信息分析，全过程工程咨询服务需求有所增长，服务形式呈现多样化态势，大部分项目由省内咨询企业组成联合体提供服务，少数项目由具有全部资质的外地企业提供服务。

4. 数字信息技术的应用

（1）政策支持、引导

2019 年 1 月 29 日，山西省住房和城乡建设厅发布了《关于发布〈建筑信息模型应用统一标准〉的通知》（晋建标字〔2019〕19 号）。

2019 年 9 月 9 日，山西省住房和城乡建设厅发布了《关于印发〈山西省建筑信息模型（BIM）技术应用服务费用计价参考依据（试行）〉的通知》（晋建标字〔2019〕176 号）。

（2）协会搭建平台

山西省建设工程造价管理协会开辟了 BIM 学术交流平台，行业专家不仅就 BIM 技术的应用范围和内容、BIM 基本知识及误区、BIM 三大标准及宣贯、BIM 设计制图标准实施、“BIM+”等主题进行了交流，还就国家最新扶持政策、各地出台的收费标准、BIM 与工程造价的关系、BIM 在全过程工程咨询中的应用、BIM 与建筑行业的未来、BIM 技术人员的职业定位等主题进行了交流。

（3）举办山西数字建筑年度峰会（2019）

2019 年 9 月，山西省建筑业协会、山西省建设工程造价管理协会联合主办了《数字建筑　云启未来——山西数字建筑年度峰会（2019）》，分设“数字施工论坛”和“数字造价论坛”，并举办了“数字化转型领导力闭门研讨会”，组织省内优秀项目现场观摩，旨在聚焦建筑行业数字化转型，研讨行业转型升级新模式，构筑行业发展新生态。

（4）需求与供给

省内公开招标的BIM技术和应用咨询服务较少，建设单位对BIM技术及其应用尚处于认知阶段，咨询服务需求量少，而省内成功应用BIM的项目也极少。

虽然工程造价咨询企业认识到BIM是未来必须掌握的技术，也积极拓展BIM应用业务和培养BIM技术人员，但是由于复合型人才紧缺，开展BIM咨询业务尚处于起步阶段；相对而言，施工企业积极性较高、投入也较大。

5. 举办工程造价专业技能竞赛

2019年，山西省建设工程造价管理协会举办了首届工程造价“广联达杯”专业技能竞赛，共有254家企业、1100余名工程造价人员参赛。从筹备到决赛历时3个月，产生团体一、二、三等奖和组织奖，个人“全省造价行业十佳技能标兵能手”。决赛直播关注人数达6万多人，在行业内引起了强烈反响。

6. 标准制定及应用

（1）定额计价依据与时俱进

自2018年1月《山西省建设工程计价依据》发布实施起，山西省住房和城乡建设厅结合绿色文明施工需要、市场劳务价格水平等影响，对定额计价依据实行动态更新，先后发布了定额人工费、三项费用（安全文明施工费、临时设施费、环境保护费用）、建筑工人实名制管理费等调整文件，使定额计价水平更加符合建筑市场实际情况。

（2）BIM技术应用收费和技术标准

2019年1月，山西省住房和城乡建设厅发布了《建筑信息模型应用统一标准》（晋建标字〔2019〕19号）。

2019年9月，山西省住房和城乡建设厅发布《关于印发〈山西省建筑信息模型（BIM）技术应用服务费用计价参考依据（试行）〉的通知》（晋建标字〔2019〕176号）。

第二节　发展环境

一、政策环境

1. 政府相关部门联动，推行施工过程结算

2019 年 3 月，山西省住房和城乡建设厅、发展改革委、财政厅联合发布了《关于在房屋建筑和市政基础设施工程中推行施工过程结算的通知》(晋建标字〔2019〕57 号)，对过程结算范围、建设资金到位、投资概算控制、工程款支付比例、办理结算时效性等作了详细规定。

这是山西省建筑业结算方式的重大变革，是有效解决“结算难”、缩短竣工结算时间的有效措施，也是优化市场环境、实现良性发展的重要保障。

2. 培育全过程工程咨询，引导企业转型

2019 年 4 月，山西省住房和城乡建设厅发布了《关于加快培育我省全过程工程咨询企业的通知》(晋建市字〔2019〕73 号)，推进工程建设组织模式改革，提出一系列政策措施培育全过程咨询企业，引导企业转型发展。

3. 加快推进 BIM 技术应用，规范服务收费

2019年9月，山西省住房和城乡建设厅发布了《山西省建筑信息模型（BIM）技术应用服务费用计价参考依据（试行）》(晋建标字〔2019〕176 号)。该文件按阶段给出了相应的基价和浮动范围，为规范服务费计价提供了参考依据。

二、市场环境

1. 地方固定资产投资保持平稳增长

2018 年，山西省地区生产总值达到 1.68 万亿元，增长 6.7%。全省固定资产投资增长 5.7%；2019 年，全省地区生产总值增长 6.3% 左右，全省固定资产投资增长 9% 左右。

从以上数据看，全省固定资产投资增长速度较快，工程造价咨询的需求也将

随之增长。

2. 新的造价咨询服务需求方

随着近几年PPP模式的大力推行，衍生了新的需求方——SPV公司，其属于建设单位性质，缺少固定的造价咨询从业人员，其业务不仅涉及PPP项目预结算，也涉及施工承发包预结算。

3. 全过程造价咨询的业务量增加

随着工程造价咨询服务需求量的逐步增加，加之全过程工程咨询的大力推行，造价咨询企业可以提供的服务也在向建设项目的前期和后期延伸，全过程造价咨询、全过程工程咨询的需求量同步增加。

4. 需求类别和供给方式多样化

在需求类别方面，既有传统的单项造价咨询，也有全过程造价咨询、全过程工程咨询；而在咨询服务方的选择方面，既有公开和邀请招标、竞争性磋商、竞争性谈判，也有直接委托、入围签订框架协议等方式。

5. 低价恶性竞争现象持续

为了降低成本，部分业主设置了较低的招标控制价或通过多轮谈判降价；部分企业为了承接项目，采取低价恶性竞争手段获取中标，中标后为维持利润，采取减少现场调研次数、降低质量标准等方式，反过来又造成业主认为其提供的咨询服务没有达到“物有所值”。

三、监管环境

2019年9月，山西省住房和城乡建设厅发布了《工程造价咨询市场信用管理办法》，将工程造价咨询企业和注册造价工程师的信用管理一并纳入监管范围，明确了资质管理、成果质量监督、业绩管理、行为管理等方面的具体内容，并根据评价结果实行差别化监管。

（本章供稿：郭爱国、李莉）

内蒙古自治区工程造价咨询发展报告

第一节　发展现状

一、基本情况

1. 全区企业情况

2019 年末，内蒙古地区共有 292 家工程造价咨询企业，比上年减少 4.26%，其中甲级资质企业 135 家，比上年增长 3.85%，乙级（含暂定乙级）157 家，减少 10.29%；专营工程造价咨询企业 155 家，增长 47.62%；兼营工程造价咨询业务且具有其他资质的企业 137 家，减少 31.50%。

2017～2019 年内蒙古自治区工程造价咨询行业发展平稳，甲级工程造价咨询企业数量呈上升趋势，乙级企业数量逐年下降，足以反映工程造价咨询企业整体素质普遍提高。

2. 地区从业人员情况

2019 年末，工程造价咨询企业从业人员 6846 人，与上年相比减少 9.58%，其中正式聘用人员 6216 人，占年末从业人员总数的 90.8%，临时聘用人员 630 人，占年末从业人员总数的 9.2%。

2019 年末，工程造价咨询企业专业技术人员 5011 人，较上年同比减少 10.47%，其中，高级职称人员 1148 人，中级职称人员 3120 人，初级职称人员 743 人，专业技术人员占年末从业人员总数的 73.2%。

2019 年末，工程造价咨询企业注册造价师人数为 2391 人，较上年同比减少

6.01%，占从业人员总数的 34.93%。

3. 地区营业收入情况

2019 年，工程造价咨询企业全年营业收入为 17.93 亿元，其中工程造价咨询业务收入 13.18 亿元，较上年同比增长 2.25%，占全部营业收入的 73.51%；其他业务收入合计 4.75 亿元，增长 16.14%，占全部营业收入的 26.49%。

工程造价咨询业务收入中，前期决策阶段咨询业务收入 1.02 亿元，占全年工程造价咨询业务收入的 7.74%；实施阶段咨询业务收入 1.96 亿元，占 14.87%；结（决）算阶段咨询业务收入 8.02 亿元，占 60.85%；全过程工程造价咨询业务收入 1.52 亿元，占 11.53%；工程造价经济纠纷的鉴定和仲裁咨询业务收入 0.44 亿元，占 3.34%；其他咨询业务收入 0.22 亿元，占 1.67%。

2017～2019 年，内蒙古自治区工程造价咨询企业的营业收入分别为 14.77 亿元、16.99 亿元、17.93 亿元，基本保持平稳增长，工程造价咨询企业总体呈健康发展态势。

4. 地区企业盈利情况

2019 年，内蒙古自治区工程造价咨询企业全年实现利润总额 1.96 亿元，应交增值税 0.81 亿元，上缴所得税 0.14 亿元。

2017～2019 年，内蒙古自治区工程造价咨询企业实现利润总额分别为 1.54 亿元、1.56 亿元、1.96 亿元，分别比上年增长 2.15%、1.54%、25.80%。

行业利润有所增长，但行业组织结构的改变、个人工作室的出现、恶意低价竞争等带来的冲击不可忽视。

二、综合发展数据分析

综上所述，内蒙古自治区工程造价咨询企业总体规模在扩大，企业数量趋于平稳，其中甲级工程造价咨询企业数量上升趋势明显，乙级工程造价咨询企业数量有所下降，从业人员就业稳定，营业收入有所增长。

2019 年内蒙古自治区工程造价咨询企业平均收入为 614.04 万元，较上年同比增长 10.23%；工程造价咨询平均收入 451.28 万元，增长 6.77%；人均收入为

26.19 万元，增长 16.71%。

三、造价管理机构改革情况

之前，内蒙古自治区工程造价监督管理机构为内蒙古自治区住房和城乡建设厅建设工程管理处，2019 年 1 月该处重新划分职能更名为建筑市场监管处，同时承担自治区工程造价监督管理。

2019 年 4 月，自治区住房和城乡建设厅成立标准定额处，负责自治区工程造价监督管理。

2020年3月，根据中共中央、国务院批复《内蒙古自治区机构改革方案》《内蒙古自治区机构改革实施意见》精神，自治区住房和城乡建设厅成立行政审批处，承担工程造价企业资质审批与相关注册人员审批工作；合并成立标准定额与节能科技处负责自治区工程造价咨询行业的监督管理，主要职能包括：负责监督国家工程建设标准和有关行业标准的实施，组织编制工程建设地方标准并监督实施，组织拟订建设项目可行性研究评价方法、经济参数、建设标准和工程造价管理制度并监督执行，拟订公共服务设施（不含通信设施）建设标准并监督执行。组织编制、发布并解释全区工程建设定额。负责工程造价监督管理，组织发布工程造价信息。负责工程造价咨询单位和人员的监督管理，负责二级造价工程师职业资格考试工作。组织开展全区工程建设标准执行情况及工程量清单计价执法检查。

四、行业协会工作情况

1. 协会概况

内蒙古自治区工程建设协会是内蒙古自治区内唯一承担工程造价咨询行业服务的非营利社会组织。2016 年 3 月经内蒙古自治区民政厅核准同意，将原内蒙古自治区建设工程造价管理协会更名为内蒙古自治区工程建设协会，原内蒙古自治区建设工程质量管理协会、原内蒙古自治区建设监理协会两个协会注销并入工程建设协会，同时吸收建设工程质量监督单位、招标代理机构、质量检测机构作为会员单位，已完成行业组织“政会分离”。

2019 年末内蒙古自治区工程建设协会已有会员单位 751 家，其中工程造价专业会员单位 265 家、工程监理专业会员单位 131 家、施工质量专业会员单位 240 家、招标代理会员单位 113 家、质量检测会员单位 2 家。秘书处设有四个职能部室（综合部、造价招标部、质量监理部、信息期刊部）和 4 个专业委员会（工程造价、工程监理、招标代理、施工质量），并设专家技术评审委员会，拥有"千人专家库"，服务于会员单位、政府及行政主管部门以及行业，有效促进行业有序健康发展。

2. 积极推进各项工作

自治区工程建设协会坚持"企业办会、会员自治、行业自律"的原则，有安排、有部署，抓实施、重效果，服务会员同时强化自身建设，截至 2019 年末全年累计完成 10 类 185 项工作。通过行业调研，保持协会工作可持续发展，为制定工作计划和实施措施提供方向性的思路和选择依据；行业内组织评优选先活动，提高社会各业认知度；参加各级行政管理部门、行业协会、企业精英和专家学者的行业间交流，聘请资深专家学者悉心讲解工作中面临的新情况、新问题；为行政部门当好参谋；进一步规范建设行业管理，2019 年举办"内蒙古自治区慧云杯工程造价业务技能大赛"，来自建设、工程造价、设计、招标代理、施工、工程监理、科研机构、大专院校等行业的1900多名选手和48个团队参加，加快了自治区造价行业人才培养；紧密围绕并积极促进与部级协会、其他兄弟省市协会间联动机制，探讨行业协会发展与服务；加大信息化建设力度，发挥行业协会的桥梁和纽带作用。

3. 及时发布行业指导性意见

为加强行业自律，规范执业行为，营造维护建设各方合法权益、促进行业健康发展的环境，自治区工程建设协会组织企业和行业专家经过市场调研、分析论证，参照国家、其他省市、自治区标准规范，多次召开专家论证会、审议会，构建标准体系，先后印发了《内蒙古自治区建设工程造价咨询服务收费指导意见（试行）》《内蒙古自治区工程建设全过程咨询服务导则（试行）》《内蒙古自治区工程建设全过程咨询服务合同（试行）》，为行业健康、可持续发展奠定了基础。

4. 加强行业诚信自律建设

2019 年，依据自治区工程建设协会《内蒙古自治区工程造价咨询行业自律公约》，在自治区范围内开展行业自律调查。参加中国建设工程造价管理协会信用评价标准修订、送审稿审议，全面开展自治区工程造价咨询企业信用评价工作，对有效推动企业诚信建设，提高行业公信力，推进行业自律体系和社会信用体系建设，加强和改进行业协会管理，促进建设市场经济健康发展具有重要意义。

五、行业党建

内蒙古自治区行业主管部门及行业协会深入学习贯彻党的精神，正确引导行业政治方向，鼓励企业采取单独组建、区域联建、行业统建等方式建立基层党组织，不断扩大党组织的覆盖面，开创以党建促发展的工作局面。造价行业非公党建发展共识已经形成，涌现出一批优秀基层党组织和优秀党员，截至 2019 年末，自治区内已有 65 家工程造价咨询企业建立了基层党支部，受到自治区各级党组织表彰，其中永泽建设工程咨询有限公司党支部被中共内蒙古自治区党委授予“内蒙古自治区先进基层党组织”，被中共内蒙古自治区非公有制经济组织和社会组织工作委员会授予“全区双强六好非公企业党组织”称号，为自治区造价行业党建工作开了好头、树立了榜样。

第二节　发展环境

一、市场环境分析

2019 年内蒙古自治区全年全社会固定资产投资比上年增长 5.8%。其中，固定资产投资（不含农户）增长 6.8%。在固定资产投资（不含农户）中，第一产业投资下降 9.8%，第二产业投资增长 9.6%，第三产业投资增长 5.9%。按项目隶属关系分，地方项目投资增长 4.3%，中央项目投资增长 49.6%。其中，2019 年全年房地产开发投资额 1041.9 亿元，比上年增长 18.0%，房地产业占固定资产投资（不含农户）约24.4%；制造业、电力、燃气及水的生产和供应业，水利、环境和公共设施管理业以及交通运输、仓储和邮政业占比均超过10%，5类行业累计占比83.8%。由以上数据可以看出内蒙古投资主要集中在房地产业、能源投资以及环境、城镇基础设施方面，这与内蒙古自治区能源丰富、基础设施落后以及生态环境建设新理念完全呼应。

2019年固定资产投资（不含农户）中民间投资比上年增长6.9%，占固定资产投资（不含农户）的比重为49.7%，受房价上涨及能源优势影响，主要集中在房地产业、制造业与电力、燃气及水的生产和供应业，与“十三五”开局年投资分布基本一致。由于民间资本在内蒙古房地产业投资占比高达42.2%，在“房住不炒”政策影响下，民间资本投资积极性可能会进一步降低。

总体而言，内蒙古地区经济增长极较发达地区单一，产业链水平提升工作进入关键、艰难时期，总体预计近年内蒙古固定资产投资规模将与现状持平。

二、技术环境分析

1. 造价咨询从业人员组成

内蒙古自治区造价咨询企业从业人员的知识结构、技术能力、执业水平不断提升。自治区现有本科院校16所，专科院校36所，造价咨询领域的毕业生源稳定，据不完全统计，自治区工程造价从业人员近4.3万人，正态分布集中在专科及以上学历，对内蒙古地区造价咨询技术力量起到稳定支撑作用。

2019年10月发布《内蒙古自治区二级造价工程师职业资格制度实施和监管规程（试行）》，加强了自治区二级造价工程师职业资格制度的实施与监管。

2. 与新技术的结合情况

内蒙古积极探索造价咨询与全过程工程咨询以及BIM技术的结合点，部分造价咨询企业积极引入BIM技术，利用BIM模型探索工程量清单、投资控制业务的开展，摸索、实施了基于投资控制的全过程工程咨询服务。随着互联网向传统细分领域的发展，工程造价行业有许多沉淀数据亟待挖掘，内蒙古地区造价咨询行业积极建立指标库，造价数据库，积极与国内知名公司加强合作，不断提升地方造价咨询技术水平，促进工程造价精准化，对地方造价咨询行业发展产生积

极影响。

三、监管环境分析

内蒙古自治区住房和城乡建设厅严格按照《工程造价咨询企业管理办法》（建设部令第149号）及《内蒙古自治区实施工程造价咨询企业管理办法细则》（内建工〔2017〕549号）的有关规定，受理造价咨询单位资质各类申报，2019年完成14批工程造价咨询企业资质申报审查。

进一步规范造价咨询企业市场行为，落实“放管服”改革，优化营商环境，治理行业乱象，着力解决企业生产经营过程中遇到的困难和问题，推进造价咨询企业健康发展。按照“双随机、一公开”，加强事中事后监管。加快推进数字化审批建设，积极配合信息平台建设，采集完善企业相关信息，提升信息数据质量，争取早日建成信息平台并投入使用，实现为企业从事相关业务提供信息支撑，让数据“多跑路”、企业和群众“少跑腿”。加强注册造价工程师的注册管理，严厉打击挂证行为。加强对造价咨询企业的监管，2019年下达整改通知书2份。

稳步推进二级造价工程师制度顺利实施。按照《住房和城乡建设部　交通运输部　水利部　人力资源社会保障部关于印发〈造价工程师职业资格制度规定〉〈造价工程师职业资格考试实施办法〉的通知》文件要求，为了稳步推进二级造价工程师职业资格制度在自治区顺利实施，自治区住房和城乡建设厅联合自治区人社厅、水利厅、交通厅先后起草印发了《内蒙古自治区二级造价工程师职业资格制度实施和监管规程（试行）》《关于成立内蒙古自治区造价咨询专家委员会的通知》《关于做好2019年度全区二级造价工程师职业资格考试考务工作的通知》，并成立了内蒙古自治区造价咨询专家委员会，建立了专家库。全区共计13827人参加二级造价师考试。2019年末全国共有7个省市（包括内蒙古自治区）开展了考试，内蒙古自治区的此项工作走在了全国的前列。

加快工程造价数据监测平台的建设，为进一步完善工程造价监管，充分利用工程造价全过程咨询的大数据，建立建设工程造价市场指数体系，丰富工程造价信息库内容，注重工程造价信息的深度加工整理，实现对各类建筑工程投资额的估算及带动的产业预测。根据建筑市场人工变化情况，借助工程造价监管平台数据及建筑工人实名制系统努力实现定额人工单价动态调整机制，工程造价信息监测平台逐步建成投入使用，已初见成效，2019 年底完成了 5 个试点盟市造价站按季度上报造价数据情况。

第三节　主要问题及应对措施

一、主要问题

1. 地区综合性咨询行业人才短缺

本地区综合性咨询行业人才需求将会越来越大，结合建筑行业对一些高素质人才的需求，工程造价咨询行业无法吸引更多的人才，咨询行业面临的一个现状就是综合型人才严重缺失。大多数企业的服务范围受到技术水平以及人员素质的影响，对于全过程咨询服务的开展很难胜任。

2. 企业缺乏综合咨询服务能力

造价咨询服务范围多局限于传统的建设项目各阶段工程计量计价，投资分析、合同管理、项目管理、索赔等工程造价管理服务能力不足，造价咨询企业还未形成全过程造价管理、动态控制的理念。随着全过程工程咨询服务的提出及发展，对工程造价咨询企业的要求逐步提升，开拓性、创新型的全过程咨询服务不足。

3. 信息化应用程度不高

本地区造价行业的信息化发展相对较弱，行业内的造价信息互联互通、数据共享及数据间的交换较差，工程计价信息及造价指标在行业内未进行有效地信息化处理，建立信息数据库的能力较弱。

4. 低价恶性竞争问题突出

本地区存在造价咨询企业资质挂靠现象，尤其是外埠企业挂靠尤为严重，行业监管不到位，部分企业诚信经营意识、自律意识差，投标竞价恶意降价，导致

业务实施过程中合同履约能力弱，咨询服务效率低下，工程项目成果质量无保障。

二、应对措施

1. 强化行业管理

工程造价咨询行业长期以来管理较为粗犷，从业人员素质相对较低，发生过程要素管控不力、资源匹配浪费等情况，行业改革须向现代科学化管理转型，行政主管部门、行业协会、企业应强化监督和管理，加强政策引领和企业跨界融合，结合自身资源，立足主业，提高投资效益，保障工程建设质量和运营效率，逐步实现全过程、全要素、全阶段的项目集成管理咨询模式。

2. 深化行业“放管服”、工程建设审批制度改革

着力减少行政审批层级，简化审批流程，提高审批效率，加快工程建设项目审批制度改革，推行承诺制，打破行业和区域壁垒，建立数据共享的网络信息服务平台，加强造价咨询企业“事中事后监管”，但应避免多头重复检查。

3. 依托政策法规助力

相关主管部门从政策、法规角度，有针对性地在企业分立、资质整合、税收补贴、项目绩效考核评价等方面出台措施，激发行业潜力，形成强烈的激励效果和推动作用。

4. 优化组织模式、控制法律风险

结合区域特点，鼓励造价咨询企业提供综合性、跨阶段、一体化的咨询服务，可以是单一企业发展，也可以是企业合并重组、联合经营，逐步形成“总协调单位主导、标准一致、职责范围一致、管控单元一致”的统一组织管理模式，同时在参与方职责范围一致性原则下，提升企业合同履约能力和承担相应的法律责任和风险的能力。

5. 提升信息化技术应用手段

大数据、互联网、云平台、智能机器人、BIM 技术等是行业现在普遍接触

的前沿性科技，科学化的管理就是用数据说话，数据呈现的最好方式就是实时动态，信息化技术手段在全过程不同阶段的数据呈现，能很好地为管理决策服务，是一个非常重要的技术性保障手段。

6. 加强行业诚信体系建设

促进行业监管与行业自律的有机结合，建立地区信用信息互联共享，完善守信激励失信惩戒机制，充分发挥行业协会的基础性、专业性、职业性优势，切实落实行业协会自律守则，提高从业人员守信意识、工程造价咨询企业诚信经营意识及自律意识，规范行业职业道德，建立以执业技术为基础、职业道德为支撑、社会监督为保障的诚信体系，全面提升工程造价咨询行业的社会信用度。由企业内控、行业自律、社会监督、行政监管共同组成的诚信体系，促进工程造价咨询行业的健康稳定发展。

7. 发挥行业协会在人才培养中的积极推动作用

通过行业协会组织协调，加强对从业人员的培养，尤其是造价工程师的继续教育，完善人才培养机制，与市场发展的实际需求相结合，及时转变发展观念，了解行业新技术、新形势的发展，以专业培训、考察调研、从业人员技能比赛、论文征集、咨询案例推荐等形式，结合地方人才优势，提高人才管理理念，拓展专业结构，提升人才职业技能与综合素质。

（本章供稿：杨金光、李洁、徐波、李金晶、姬正琴、徐一恭、陈祥、张文娟、韩兆辉、张心爱、李乐）

辽宁省工程造价咨询发展报告

第一节　发展现状

一、协会开展的主要工作

1. 行业发展创新工作

辽宁省建设工程造价管理协会除日常工作外，近三年主要做了如下创新性工作：

(1) 组建专家委员会，下设行业发展协调、行业自律、学术教育、纠纷调解4个分委员会，各分委员会按照各自工作管理办法开展工作。

(2) 创新信用评价管理模式，开展企业信用评价网上申报与评审，实施企业信用评价等级动态管理。

(3) 构建辽宁省工程造价咨询机构管理系统，为会员企业搭建业务分层级、项目全过程的管理平台。

(4) 建设辽宁省注册造价师继续教育平台，开展符合行业实际需求的课程选题，网络继续教育有序进行。

(5) 组织本行业资深专家、学者编写出版辽宁省二级造价师职业资格考试实务科目培训教材——《建设工程计量与计价实务（土木建筑工程）》和《建设工程计量与计价实务（安装工程）》两册。

(6) 在沈阳、大连等地为会员企业主要负责人和业务骨干举办大型学术报告和培训研讨会。

(7) 开展辽宁省建设工程造价咨询企业网络问卷调查工作，收集辽宁省工程造价咨询企业运行数据，掌握企业和行业发展实际情况。

2. 行业党建工作

全省造价咨询行业党建工作覆盖了省级协会、市级协会和企业三个层级。

辽宁省建设工程造价管理协会党支部通过上党课和开展丰富多样的各类党建活动，以实际行动促进党的各项政策、精神在本行业得到充分落实，切实做到立足实际、指导实践、推动工作，使协会各项工作取得明显成效。

大连市造价协会党总支的党建活动特色鲜明，被大连市委组织部表彰为全市非公党建先进典型。辽宁公信工程管理集团公司党委先后被沈阳市委、沈阳市委组织部等多个部门授予“先进党组织”“沈阳市非公社会组织党组织规范化建设示范点”等荣誉称号。

3. 公益慈善工作

全省造价咨询行业在为各产业部门和各投资主体的工程建设投资与造价管理提供专业咨询服务的同时，积极践行社会责任，回馈社会。2019 年夏季，辽宁省开原市突发龙卷风严重灾害，造成多人伤亡，经济损失巨大。辽宁省建设工程造价管理协会和会员单位响应省委、省政府号召，积极为灾区捐款 71.5 万元，帮助灾区人民渡过难关，重建美好家园。

据不完全统计，三年来，辽宁省建设工程造价管理协会和会员单位及个人为扶贫助困、赈灾抗疫等公益捐赠共计价值近 300 万元。

二、行业发展现状

1. 造价咨询企业数量

截至 2019 年底，全省共有 246 家工程造价咨询企业，其中甲级企业 117 家，占企业总数的 47.6%；乙级企业 129 家，占企业总数的 52.4%。专营工程造价咨询业务的有 211 家，除经营工程造价咨询业务外，还兼营其他业务的有 35 家。

2. 从业人员现状

（1）从业人员总体情况

截至 2019 年底，全省工程造价咨询行业在册从业人员共计 6976 人。具有专

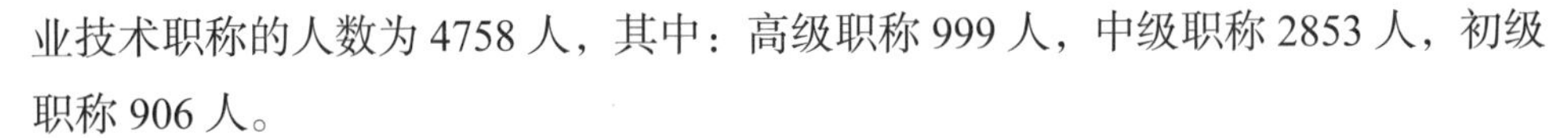

业技术职称的人数为 4758 人，其中：高级职称 999 人，中级职称 2853 人，初级职称 906 人。

（2）注册人员情况

全省注册造价工程师共计 4727 人，其中在工程造价咨询企业注册的一级造价工程师 2168 人。在工程造价咨询企业注册的其他执（职）业资格人员 443 人，说明部分企业正逐步拓展除工程造价咨询以外的其他业务。

（3）造价员情况

全省目前共有造价员 32964 人，颁发证书 37138 本。从等级上看，一级造价员 5323 人，占比 16.1%；二级造价员 4756 人，占比 14.4%；三级造价员 22885 人，占比 69.4%。从颁发证书的专业类别上看，土建专业数量最多，共计 22201 本，占比 59.8%；其余 6 类专业（水暖、电气、市政、装饰、仿古园林和工业安装）共计 14937 本，占比 40.2%（平均每类专业占比约 7%）。

3. 营业收入及其构成

2019 年，全省工程造价咨询企业营业收入完成 15.89 亿元，同比增长 9.8%，企业平均营业收入 645.93 万元，同比增长 19.2%。其中，工程造价咨询收入 12.88 亿元，占营业收入的 81.1%。人均营业收入 22.78 万元，同比增长 13.1%。实现利润 1.39 亿元，同比增长 62%。人均利润 2 万元，人均利润同比增加 0.8 万元，同比增长 66.8%。利润率 8.8%，同比增长 2.8 个百分点。

从专业类别看，房屋建筑工程共计完成 8.24 亿元，占总收入的 64%，市政工程完成 1.94 亿元，占总收入的 15.1%，该两项收入之和占总收入近 80%，其余 20 类工程项目收入均未超过 1 亿元，平均占总收入的比例为 1%。从服务工程建设阶段看，竣工结算阶段咨询共计完成 5.52 亿元，占总收入的 42.9%，全过程工程造价咨询收入完成 3.38 亿元，占总收入的 26.3%，实施阶段完成 1.73 亿元，占总收入的 13.4%，该三项收入之和占总收入 80%。

4. 企业信用等级情况

截至 2019 年 12 月底，全省共有 157 家工程造价咨询企业获得辽宁省信用评价等级，占企业总数的 63.8%。从参评企业资质等级看，甲级企业共 92 家，占甲级企业总数的 78.6%；乙级企业共 65 家，占乙级企业总数的 50.4%。从评价等级看，评价为3A的企业有68家，占评价企业总数的43.3%，评价为2A的企业有71家，占评价企业总数的45.2%，评价为A的企业有18家，占评价企业总数的11.5%。

截至2019年12月底，全省有29家工程造价咨询企业获得中国建设工程造价管理协会信用评价等级，其中3A等级有28家、A等级有1家。

第二节　发展环境

一、经济环境

1. 宏观经济环境

近年来，辽宁省坚持稳中求进工作总基调，贯彻新理念，实施新举措，推动全省经济社会保持平稳健康高质量发展。

2017、2018、2019年，全省地区生产总值分别为23409亿元、23610.9亿元、24909.5亿元，分别比上年增长6.9%、0.9%、5.5%；固定资产投资（不含农户）分别为：6676.7亿元、6890.3亿元、6924.7亿元，分别比上年增长-0.2%、3.2%、0.5%。

2019年，第一产业增加值2177.8亿元，比上年增长3.5%；第二产业增加值9531.2亿元，比上年增长5.7%；第三产业增加值13200.4亿元，比上年增长5.6%。人均地区生产总值57191元，比上年增长5.7%。

2. 建筑与房地产业经济形势

2017、2018、2019年，建筑业生产总值分别为3688.3亿元、3528.4亿元、3555亿元，分别比上年增长-6.1%、-0.43%、0.7%；房地产开发投资分别为2320.26元、2619.57亿元、2855.33亿元，后两年分别比上年增长12.9%、9%。

2019年，全省新开工建设项目4494个，比上年增加822个，完成投资增长28.4%。其中，亿元以上新开工建设项目699个，增加72个，完成投资增长31.4%。

二、技术环境

1. 工程计量与计价技术发展环境

以住房和城乡建设部发布的《建设工程工程量清单计价规范》、各专业工程量计算规范以及《辽宁省建设工程计价依据》为技术基础，采用现代信息技术方法和手段开发的各类计量、计价软件的普遍应用，极大地提高了工程造价咨询工作效率。

2. 行业管理技术发展环境

辽宁省建设工程造价管理协会先后开发了“辽宁省工程造价咨询机构管理系统”（简称“ERP 系统”）和“辽宁省建设工程造价咨询企业信用评价系统”（简称“信用评价系统”）。

ERP 系统为会员单位提供了一套集企业管理全方位、项目管理全过程、管理维度全要素、管理结果全数据为一体的工作平台，对造价咨询等业务从立项、分配、计划、编制、审核到归档进行全流程跟踪管理；通过业务流转过程中的数据积累，实现了信息资源的分析与共享。

信用评价系统，采用“互联网＋信用评价体系”的方式，实现了企业网上申请、信息填报、等级评价等功能。既减轻了企业申报工作负担，又克服了人为评分不准确、工作效率低等问题。

3. BIM 技术发展环境

全省现有工程造价咨询企业中，有近百家企业开展了 BIM 咨询的相关业务，不断探索将 BIM 技术与成本管控相结合的新思路，通过 BIM 技术手段，结合造价控制专业优势，将传统的计量计价业务向方案比选、设计优化、过程管控等业务拓展。

2019 年，8 家造价咨询企业参加了辽宁省首届建设工程全产业 BIM 技术应用大赛，其中 2 家获得一等奖。

4. 人才培养技术发展环境

近三年，辽宁省建设工程造价管理协会举办“装配式建筑产业化现状与发展趋势”“BIM 技术及其在建设工程中的应用”“建设项目全过程工程咨询方略”“现代咨询企业信息化、数字化管理”“建设工程造价纠纷调解案例分析”等高水平学术报告和论坛十余场。

造价师继续教育网络授课平台建设成效显著，课程选题兼顾实用性和前瞻性，授课形式力求多样性和新颖性，很好地保证了继续教育预期效果。

三、监管环境

1. 招投标过程监管

辽宁建设工程信息网对一定规模以上国有投资工程造价咨询等业务的招投标过程实施全程监管，资格预审公告、资格预审结果、招标公告、中标候选人、中标结果等信息均在网上公布。电子招投标交易综合服务平台得到推广应用，既规范了工程招投标文件内容和形式及招投标操作过程，又可通过数理分析发现招投标文件存在的“显性”和“隐性”缺陷与问题，实现了对工程招投标的有效监管。

2. 市场与诚信信息监管

辽宁省住房和城乡建设厅的“建设领域不良行为记录公布平台”和“建筑市场监管公共服务平台”对各类企业及从业人员的不良信息进行一定期限的公示。辽宁省建设工程造价管理协会网站设有造价咨询企业和从业人员个人信用信息公示窗口。

某造价咨询企业曾因出具的咨询文件规范性差被公示，并记入企业信用档案，数百名造价师因挂靠等行为被注销注册。

3. 信用评价结果管理

全省造价咨询企业信用评价起步于 2013 年。2017 年实现了企业信用等级网上动态申报与评价。2018 年开始，将省内评价与国家信用评价相对接。信用评价结果公示，并拓展应用到招标评标指标设置、司法鉴定等特殊业务咨询机构资格入围等方面，有效营造了诚信经营的行业氛围。

（本章供稿：齐宝库、梁祥玲、李义、吴宏伟、赵振宇、李丽红）

吉林省工程造价咨询发展报告

第一节 发展现状

一、造价管理机构改革情况

2019 年 5 月，根据中共吉林省住房和城乡建设厅党组的整改方案要求，吉林省建设工程造价管理协会由吉林省民政厅审批注销，正式与吉林省建筑业协会合并。合并后，经过全省会员及会员单位的大力支持和共同努力，各项工作有序开展。

二、协会工作情况

本着为会员服务的理念，吉林省建筑业协会工程造价专业委员会为会员免费开通了 2019 年度注册造价工程师网络继续教育。截至 2019 年末，共为 655 名注册造价工程师免费提供继续教育达 29070 学时，为企业减负的同时也促进了注册造价师继续教育更好更深入地开展。

为规范建设工程施工合同管理，更好地发挥工程造价咨询服务在解决建设领域经济纠纷中的作用，帮助会员企业及时有效地深入解读《最高人民法院关于审理建设工程施工合同纠纷案件适用法律若干问题的解释（二）》的新要求，吉林省建筑业协会工程造价专业委员会举办了专题培训班。

为响应振兴东北的号召，引导和推动吉林省各界加强工程造价专业人才培养，改善造价知识结构以及提升综合业务服务能力，适应市场化、法治化发展形势的需要，吉林省建筑业协会工程造价专业委员会与中国建设工程造价管理协会共同举办了工程造价业务骨干培训班。

为进一步提高吉林省建设工程造价领域信息技术及大数据应用水平，推动工程造价行业改革发展和技术进步，吉林省建筑业协会工程造价专业委员会举办了 2019 年吉林省第一届工程造价技能大赛，全省造价咨询企业、甲方、施工方、设计院、监理公司、招标代理、科研机构等从事工程造价专业的人员共计 1400 余人参加。经过初赛、决赛最终评选出土建专业、安装专业获奖单位各 6 个，同时评出 2019 年度吉林省工程造价行业十佳技能标兵。为吉林省工程造价行业发现人才、培养人才、储备人才提供平台。

为激励吉林省会员创先争优，促进行业健康发展，吉林省建筑业协会工程造价专业委员会开展了吉林省 2018 年度先进单位会员、先进个人会员评优选先活动。经过申报、评选、公示共有 48 家企业获得优秀造价企业荣誉称号，共有 83 人获得优秀造价师荣誉称号。

2019 年度经过吉林省建筑业协会工程造价专业委员会推荐及 3 名资深会员推荐的新资深会员共 18 名，均推荐成功并由中国建设工程造价管理协会公布名单。

根据相关文件要求，吉林省建筑业协会工程造价专业委员会制定了《吉林省工程造价咨询企业信用评价工作实施方案》。2019 年 9 ～ 11 月，开展了吉林省 2019 年度工程造价咨询行业信用评价工作，最终评出 44 家中国建设工程造价管理协会 AAA 企业。

吉林省建筑业协会工程造价专业委员会利用协会网站、微信公众平台和电子期刊等加强对行业政策、法律法规的宣传。微信公众平台自上线以来，备受会员关注。微信公众平台不仅发布建设工程行业热点问题、行业政策，同时为吉林省优秀造价企业提供展示风采的平台，促进企业交流，弘扬企业文化，让更多企业从优秀造价企业的经营中取长补短，促进工程造价行业共同发展。

新修编的 2019 版吉林省建筑、装饰、安装、市政工程计价定额及费用定额自 2019 年 3 月 1 日起施行。为贯彻执行 2019 年吉林省计价定额，更好地服务吉林省重大项目建设，8 月 22 日，吉林省建筑业协会工程造价专业委员会在延吉市举办了 2019 年版《吉林省建筑工程计价定额》深度解读培训会，共计 500 余人参会。本次宣贯会议使从业者进一步了解和掌握 2019 年版《吉林省建设工程计价定额》的内容。

第二节　发展环境

一、制定新收费标准，促进行业健康发展

随着国家基本建设项目投融资模式和组织建设方式的改变以及国家提倡建设项目全过程咨询，原吉林省收费参考文件已经不适应目前工程造价咨询单位提供全过程造价咨询服务的市场需求。特别是有些工程造价咨询单位恶意压价，导致现在吉林省市场上造价咨询服务收费混乱，无序竞争，严重影响咨询成果文件的质量。

为促进建设工程造价咨询行业持续健康发展，满足工程总承包、全过程造价咨询、BIM 咨询等新业态的需求，保证建设工程造价咨询成果的质量，吉林省建筑业协会工程造价专业委员会依据国家和吉林省建设工程造价管理相关规定，经过反复市场调研、成本分析、征求意见和专家论证，制定了《吉林省建设工程造价咨询服务收费标准（试行）》。在专家论证过程中，专家们直面行业难点、热点，各抒己见，在充分研究了吉林省《关于建设工程造价咨询服务收费的补充通知》（吉发改收管字〔2008〕505 号）和《吉林省物价局关于制定建设工程造价咨询服务收费正式标准的通知》（吉省价经字〔2003〕9 号）相关内容的基础上，针对吉林省造价咨询服务项目收费标准已经不符合市场实际情况的问题进行了深入分析和探讨，参考了全国其他省份造价行业收费标准，并结合行业现状及中国建设工程造价管理协会出版的《工程造价咨询企业服务清单》CCEA/GC 11—2019分析造价咨询服务成本要素，整合行业价格信息，对造价咨询服务项目、工程类型、收费基础及相应费率等提出了诸多切实有效的意见与建议。吉林省建筑业协会工程造价专业委员会从行业发展需求和企业经营实际出发，助力维护行业、企业合法权益，促进市场化转型发展，充分发挥协会的平台作用，为加强行业管理提供有力支持。

二、税收调整及社保缴费政策调整导致企业负担加重

由于税收政策调整，导致工程造价企业税收负担加重。工程造价咨询企业税率由原来的营业税税率3%调整为增值税税率6%，因工程造价咨询企业是第三方中介机构，没有可以抵扣的进项税发票，反而导致了税负的增加。

在社保缴费方面，由于企业员工社会保险缴费基数高，导致企业经营成本大幅上升。以前企业员工社会保险缴费以基本工资为基数缴纳，现要求以全部收入为基数缴纳，致使企业成本大幅上升，增加企业负担的同时，员工的获得感减少。

（本章供稿：龚春杰、柳雨含）

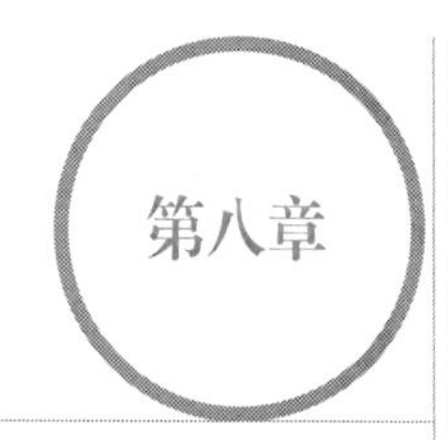

上海市工程造价咨询发展报告

第一节　发展现状

一、企业分布

据统计，2019 年底在上海市从事工程造价咨询业务的企业合计 192 家，其中上海企业 167 家（同比增加 12 家），甲级 128 家，乙级 39 家；另有外省市 25 家（同比减少 1 家），甲级 24 家，乙级 1 家。

2019 年新申请造价资质的企业数量达到 12 家，同时有 3 家企业造价咨询资质由乙级升为甲级。由于原《工程造价咨询企业资质管理办法》（办法已于 2020 年 2 月 19 日进行了修改）对乙级企业承接业务范围存在较大幅度的限制，造价咨询企业对于升级资质是非常重视的，每年都有一批乙级企业升级为甲级企业，上海工程造价咨询甲级企业数量远远多于乙级企业。

二、人员结构

根据统计调查数据显示，2019 年上海市工程造价咨询企业期末从业人员合计 12397 人，同比增长 6.79%，其中正式聘用人员 11573 人，临时工作人员 824 人；正式聘用人员中高级职称人员为 1313 人，中级职称人员为 3587 人，中级及以上人员占比达到了 42.34%。

2019 年，上海市工程造价咨询企业中一级注册造价工程师 3393 人，同比增长 9.84%。根据《住房和城乡建设部、交通运输部、水利部、人力资源社会保障部关于印发〈造价工程师职业资格制度规定〉〈造价工程师职业资格考试实施办法〉的通知》（建人〔2018〕67号），造价工程师分为一级造价工程师和二级造价工程师，但目前上海尚未开展二级造价工程师的考试工作。

近几年来上海市工程造价咨询企业注册造价工程师人数每年略有增长，而造价员人数从2016年开始逐渐减少，到2018年为1970人，主要原因是《国务院关于取消一批职业资格许可和认定事项的决定》（国发〔2016〕5号）文件中明确取消全国建设工程造价员资格证书，2019年造价员人数也不再列入统计调查数据指标中。

三、经济指标

1. 营业收入

根据统计调查数据显示，近几年上海市工程造价咨询收入总体处于不断增长态势，最近两年甚至保持了两位数的增长。

2019年上海市工程造价咨询企业营业总收入93.35亿元，同比增长13.51%其中，工程造价咨询业务收入合计54.57亿元，同比增长12.84%，占营业总收入的58.46%；招标代理业务收入为15.09亿元，占营业总收入的16.16%；项目管理业务收入为4.06亿元，占营业总收入的4.35%；工程咨询业务收入为3.35亿元，占营业总收入的3.59%；建设工程监理业务收入为16.28亿元，占营业总收入的17.44%。从以上数据可以看出，工程咨询企业的多元化、融合性逐步提高，具有工程造价咨询资质的企业多为多业经营，工程造价咨询业务仅占其业务的一部分。

2019年，上海市有11家工程造价咨询企业工程造价收入在1亿元以上（同比减少1家），有19家工程造价咨询企业工程造价收入在5000万～1亿元之间（同比增加6家），有22家企业造价收入在3000万～5000万元之间，造价收入在1000万～3000万元之间有50家，造价收入在500万～1000万元之间有23家，其余42家企业造价收入500万元以下。

上海市工程造价咨询企业规模多为3000万元以下的中小型企业，根据2019年统计调查数据显示，上海市工程造价咨询收入为3000万元以下的企业为115家，占企业总数的68.86%，合计工程造价咨询收入为11.3亿元，占总收入

20.71%。从另一方面来看，工程造价咨询收入3000万元以上的52家企业，占企业总数的31.14%，却占据了整个市场近80%的份额。

2019年前十名的企业工程造价咨询收入合计为21.42亿元，占据整个市场的39.25%。而近几年来，排名前十的企业工程造价咨询收入始终占据了整个市场的40%左右（表2-8-1）。

近5年上海市工程造价咨询收入前十名企业与全行业对比表（亿元）　表2-8-1

造价收入 年份	前十名	全行业	占比
2019年	21.42	54.57	39.25%
2018年	19.37	48.36	40.05%
2017年	17.83	41.03	43.46%
2016年	14.73	37.97	38.79%
2015年	14.03	34.34	40.86%

2. 造价业务分类

根据统计调查数据显示，2019年上海市工程造价咨询业务收入按专业类别分类，收入排名前五的专业分别是房屋建筑工程、市政工程、城市轨道交通工程、水利工程及公路工程。占比最多的房屋建筑工程，2019年收入39.86亿元，占总数73.04%；其次为市政工程，2019年收入6.57亿元，占总数12.04%；城市轨道交通工程收入1.39亿元，占比2.55%。另外，水利工程收入1.09亿元，占比提升至2%，排序由去年的第五名上升至第四名，同时公路工程收入1亿元，占比下跌至1.84%，在五项专业中最低。

近年来，上海市工程造价咨询业务中房屋建筑工程、市政工程、城市轨道交通工程始终排在前三位，而房屋建筑工程一直高居榜首。

2019年上海工程造价咨询业务收入按阶段划分，实施阶段/全过程工程造价咨询服务收入最高，合计29.66亿元，占比54.35%；其次是结（决）算阶段造价咨询服务，为21.73亿元，占比39.82%。

实施阶段/全过程造价咨询一直是工程造价咨询主要的业务范围，近些年来始终占工程造价咨询业务总量一半以上。

四、工程造价管理改革

1. 发布建设工程造价数据标准

为统一建设工程造价数据标准，实现建设工程造价数据在上海市各类建设工程中应用和管理，上海市住房和城乡建设管理委员会编制并发布了上海市工程建设规范《建设工程造价数据标准》，该标准的发布规范了建设工程造价成果文件电子数据格式，统一了不同工程造价软件的数据输出形式及内容定义，打破了软件之间的技术壁垒，促进了工程造价电子数据的积累、共享、交换。

2. 完成建设工程造价指标指数分析标准

为进一步规范建设工程造价指标指数的分类、分析与测算方法，统一各类建设工程指标指数分析表式，同时提高建设工程造价指标指数在宏观决策、行业管理中的指导作用，更好地服务建设工程相关主体，完成并发布了上海市工程建设规范《建设工程造价指标指数分析标准》。

3. 加强造价指标动态监测与发布

“2018 年度上海市绿色建筑典型工程造价指标”发布，该指标明确绿色建筑、装配式建筑内容和表现形式，满足建设工程指标指数分析要求，应用方便，操作性强，符合动态管理的需要，为项目批复、决策、使用提供依据，可通过网络直接下载，满足社会各方的需求。同时，根据已完成的建设工程项目，分析并编制了 29 个典型工程案例的造价指标，也根据社会关注的热点，增加了老旧公房加装电梯、钢结构装配式工程及保障房等项目的指标。

4. 推进长三角区域工程造价管理一体化

为深入学习贯彻习近平总书记关于推动长三角区域一体化发展的重要指示精神，长三角区域三省一市工程造价管理机构积极搭建合作平台，不断探索合作深度与广度，并签署了《长三角区域工程造价管理工作合作备忘录》和《推进长三角区域造价管理一体化发展规范造价咨询市场执业行为合作要点》。同时，长三角区域三省一市建筑安装人工市场价格及综合指数也正式发布。

5. 强化建设工程竣工结算文件备案

上海市建设工程竣工结算文件备案工作初见成效，备案量逐年递增，全市层面纳入“三价公开”（最高投标限价、中标价、竣工结算价）项目13110项，截至2019年12月，已累计完成竣工结算文件备案项目1454个，457项实现了三价公开。建设工程竣工结算文件备案管理工作是加强对国有资金投资项目管理、规范建筑市场主体行为的有效措施。为此，管理部门在督促备案的同时也将依据《上海市建筑市场管理条例》加强行政处罚力度。

6. 完善建设工程计价依据

2019年，上海市造价管理部门积极推进建设工程计价依据改革，完善建设工程定额计价体系，完成并发布了《上海市建（构）筑物拆除工程预算定额》《上海市室外排水管道工程预算组合定额》《上海市内河航道维护预算定额第二册设施维护工程》；同时，《上海市燃气管道工程概算定额（送审稿）》，以及修编的《上海市市政工程概算定额（送审稿）》和《上海市安装工程概算定额（送审稿）》都通过了专家评审；另外，《上海市海绵城市预算定额》已完成了征求意见，《上海市市政工程养护维修预算定额》修编工作也在稳步推进中。

五、行业协会工作情况

1. 举办沪川工程咨询第二届高峰论坛

2019年6月，“沪川工程咨询第二届高峰论”在上海隆重举行。论坛由上海市建设工程咨询行业协会与四川省造价工程师协会共同发起创立的，旨在深入研究全过程造价咨询专业发展，探索建设工程全过程咨询，推动工程造价咨询行业高质量发展，促进沪川两地工程造价行业的交流与合作。本次论坛以“基石与本源——造价咨询专业发展探索”为主题，意在“造价咨询企业不忘初心，回归本源”。论坛内容包括主旨演讲、主题演讲、分论坛，还安排了上海造价企业开放日活动、沪川两地青年从业者联谊活动等，不仅为沪川两地造价咨询企业、专业人士搭建交流平台，同时也为造价咨询行业青年从业者提供学习、交流的舞台。此次来自沪川两地造价行业350余名专家、学者、企业代表参加论坛。

2. 举办“2019 上海建设工程项目管理研讨会”

为了深入巩固和广泛宣传 2018 年开展的项目管理理论研究、实践总结、人才培养的丰硕成果，加强行业专业交流，上海市建设工程咨询行业协会于 1 月组织召开“2019 上海建设工程项目管理研讨会”。本次研讨会邀请了业内多位专家做专题演讲，并选取了上海市项目管理典型案例作交流分享。会上还正式发布了由协会主编出版的《建设工程项目管理服务大纲和指南（2018 版）》《上海建设工程项目管理案例汇编（2018 版）》，并举行了首期“上海市建设工程项目管理高级培训班”结业颁证仪式。

3. 推动上海工程造价咨询行业诚信体系建设

继 2018 年受上海市住房和城乡建设管理委员会标准定额管理处委托开展《在沪建设工程造价咨询信用评价方案研究》及《在沪建设工程造价咨询企业造价从业人员信用评价方案研究》后，2019 年为将课题成果落到实处，上海市建设工程咨询行业协会再次配合上海市住房和城乡建设管理委员会标准定额管理处开展诚信体系的研究工作，召开了多次信用评价体系研讨会及企业座谈会，结合行业实际，不断完善，为正式推出造价咨询信用评价做准备。

同时，2019 年，上海市建设工程咨询行业协会配合中国建设工程造价管理协会开展了 2019 年信用评价上海地区的初审工作。2019 年，上海市共有 26 家企业进行了申报，协会严格按照办法要求对申报内容进行了初审，并上报至中国建设工程造价管理协会，最终有 25 家企业被评为 AAA 级，1 家企业被评为 AA 级。

4. 参与《上海市建筑业行业发展报告（2019 版）编写》

上海市建设工程咨询行业协会积极参与编制上海市住房和城乡建设管理委员会主编的 2019 版《上海建筑业行业发展报告》。这本报告已经连续编制出版了 5 年，报告涵盖了行业主管部门的管理思路、专业行业分析以及典型企业的发展情况等，汇集了建筑业大量基础数据，全面反映了上海建筑业行业年度情况。协会积极提供了上海市的建设工程咨询行业的基础数据及典型企业，并参与撰写了建设工程咨询行业特点、行业发展的重点专题等。报告于 2019 年 11 月正式出版发行。

5. 成立上海市建设工程咨询行业协会青年从业者联谊会

上海市建设工程咨询行业协会青年从业者联谊会（简称“青联会”）是由上海市建设工程咨询行业协会单位会员中的青年从业者和行业内其他青年从业者自愿成立，隶属于上海市建设工程咨询行业协会的联谊会。经过一年的筹备工作，青联会于2019年4月举行了揭牌仪式，9月召开了成立大会暨第一届第一次成员大会。成立之后，已陆续开展多项主题交流活动，希望通过青联会的活动，吸引更多青年人才投身于建设工程咨询行业发展研究，树立行业青年从业者形象，引导青年人逐步成长为引领行业的中坚力量。

6. 自主研发网络教育平台

为使会员企业和广大执业人员更为便捷、有效地学习，推动行业专业学习的常态化、终身化，上海市建设工程咨询行业协会自主研发完成了“SCCA在线教育中心”网络教育平台。平台分为“公共版”和“职业版”，公共版面向全社会免费开放，提供行业相关的政策解读、专业讲座，实现教育资源的开放共享；职业版开设有针对性的职业培训和继续教育，还具有在线考试功能，为行业从业人员提供一站式、体系化的职业培训教育规划及课程。平台除了PC端，还可供移动端使用，微信小程序也同步上线，学员随时随地拿起手机就可以参与到学习当中来，让学习变得更为简单。在打造平台时，考虑到学习的有效性，观看视频不设置快进键，职业版要求百分之百学习完成才能参加考试。在开发平台功能时，为了加强对学员的监督管理，在学习和考试的过程中设置了人脸识别、打卡等辅助技术手段，保证远程教育质量。

第二节　发展环境

一、建筑业“放管服”改革继续深化

1. 全面推进工程建设项目审批制度改革

为全面推进工程建设项目审批制度改革，推动行业生产组织方式创新，加

快建筑行业转型升级，营造良好市场环境，上海工程建设项目审批制度改革再出新举措，积极筹备成立了上海市社会投资项目审批审查中心和上海建设工程仲裁院。

同时，上海市工程建设项目审批制度改革工作领导小组办公室会同各相关成员单位，重点聚焦评估评审等中介服务事项，研究梳理，分类制定改革举措，形成了《关于推进本市工程建设项目行政审批中介服务事项改革工作的若干意见》，提出对中介事项进行分类清理及管理，按照“清理取代、整合归并、精简规范”的方式分别对不同中介事项提出具体改革要求。

2. 优化营商环境实现新突破

营商环境是城市经济社会发展的重要软实力，也是核心竞争力。上海市住房和城乡建设委员会以优化审批作为主攻方向，通过转变政府管理服务理念、着力优化审批环节、提升审批效能、降低制度性交易成本，让企业办事变得更为便捷、高效。2019 年营商环境改革有了一定的突破，在世界银行十个评估指标中被公认为最难的一项“办理建筑许可”，由两年前排名 172 位跃升至 33 位，创下世界银行报告历史上单指标全球最高增幅纪录，上海作为统计权重 55% 的城市，见证了这一奇迹的诞生。同时，上海“办理建筑许可”3.0 版改革方案已经公布，方案明确，企业若要在上海设立社会投资项目，获得建筑许可经历的环节和时间，相比世界银行发布的《2020 营商环境报告》中国“办理建筑许可”流程进一步做了压缩。改革致力于实现“只登一扇门”“只对一扇窗”“只递一套表”“只录一系统”“只见一部门”，力争进一步提升世界银行营商环境报告得分及排名，在国家营商环境评价中保持全国前列水平。

3. 推行建设工程企业资质许可“证照分离”改革举措

上海市住房和城乡建设管理委员会在全市范围内推行建设工程企业资质“证照分离”改革举措，内容包括对在上海市注册的建筑业企业、建设工程监理、建设工程设计、建设工程勘察企业、建设工程质量检测机构等资质许可申请时（除涉及公路、通信、民航等方面的建筑业企业资质），都可采取告知承诺方式；另外，在上海市范围内，工程建设项目审批中不再对工程造价咨询企业提出资质方面要求；在自贸区范围内，取消工程造价咨询企业资质审批。

二、工程建设标准体系建设不断完善

1. 持续完善工程建设地方标准

上海市住房和城乡建设管理委员会持续完善工程建设标准体系，2019 年共征集到标准立项编制项目 59 项，确定列入编制计划 36 项，其中新编标准 24 项、修编标准 7 项、新编标准设计（图集）5 项。同时，颁布了《关于鼓励团体标准在本市工程建设中应用的通知》，鼓励工程建设团体标准发展，并以标准应用为切入点，着力做好标准应用信息公开、标准采信、实施监督等方面工作，推动团体标准在上海市工程建设中健康有序应用。

2. 推进工程建设标准国际化

为全面推进工程建设标准国际化工作，进一步提高我国工程建设标准水平，提升中国标准在国际市场上的认可度，推动工程建设标准走出去，在住房和城乡建设部、上海市住房和城乡建设管理委员会的指导下，“上海工程建设标准国际化促进联盟”于 2019 年 10 月正式成立。该联盟将持续推进工程建设标准国际化工作，尝试通过标准国际化带动相关领域的发展，把握“一带一路”机遇，让中国工程建设企业高起点、高水平、高效能地走向海外。

三、重大工程项目建设稳步推进

2019 年，上海市重大工程共安排正式项目 141 项，完成投资 1462.3 亿元，其中，科技产业类项目完成投资450.8亿元、社会民生类项目完成投资46.6亿元、城市基础设施类项目完成投资 556.7 亿元、生态文明建设类项目完成投资 154.2 亿元、城乡融合和乡村振兴类项目完成投资 253.9 亿元。上海交通大学张江科学园、修正生物制药医药产业园、上海市固体废物处置中心、国家海底长期科学观测系统、ABB 机器人超级工厂、复旦大学附属中山医院医疗科技综合楼、第六人民医院骨科临床医疗中心等 27 个正式项目开工建设；科创中心张江科学基础设施、上音歌剧院、老港综合填埋场二期、泰和污水处理厂、老港再生能源利用中心二期、周家嘴路越江隧道新建工程等 13 个项目基本建成。

2020年，上海市重大建设项目将聚焦科技产业、社会民生、生态文明、城市基础设施、城乡融合与乡村振兴等五大领域，共安排正式项目152项，其中年内计划新开工项目24项，建成项目11项；另外，安排预备项目60项。

四、新政策不断出台

1. 发布长三角一体化发展战略

2019年11月，《长三角生态绿色一体化发展示范区总体方案》发布，建设长三角生态绿色一体化发展示范区，是实施长三角一体化发展战略的突破口。长三角生态绿色一体化发展示范区率先探索把生态优势转化为发展优势、探索一体化发展新机制以及发挥示范区引领推广作用，从区域项目协同走向区域一体化发展制度创新，并梳理形成了包括重大基础设施、生态环保、产业创新和公共服务等四大类示范区“重大项目清单”。

12月，《长江三角洲区域一体化发展规划纲要》发布，这将指引和推动长三角高质量一体化发展，着力落实新发展理念，构建现代化经济体系，进一步完善中国改革开放空间布局。

2. 继续扶持建筑节能和绿色建筑

根据《上海市建筑节能和绿色建筑示范项目专项扶持办法》（沪建建材联〔2016〕432号）的执行情况，结合上海实际，上海市住房和城乡建设管理委员会、市发改委和市财政局在原办法的基础上进行了修订，形成了新的《上海市建筑节能和绿色建筑示范项目专项扶持办法》。新办法增加了超低能耗建筑示范项目重点扶持、调整了装配式建筑示范项目补贴方式、完善专项资金审核程序，将更好地推进上海市建筑节能和绿色建筑的相关工作。

3. 推出“新基建”行动方案

上海市政府印发《上海市推进新型基础设施建设行动方案（2020—2022年）》，该方案以习近平新时代中国特色社会主义思想为指导，把握全球新一轮信息技术变革趋势，立足于数字产业化、产业数字化、跨界融合化、品牌高端化，高水平推进5G等新一代网络基础设施建设，持续保持光子科学等创新基础设施国际竞争力，加快建设人工智能等一体化融合基础设施。提出到2022年底，推动全市新型基础设施建设规模和创新能级迈向国际一流水平；目前，初步梳理排摸了未来三年实施的第一批48个重大项目和工程包，预计总投资约2700亿元，包括新建3.4万个5G基站，新建一批科技和产业基础设施，新建10万个电动汽车充电桩，新增1.5万台以上智能配送终端等。

（本章供稿：徐逢治、施小芹）

第九章

江苏省工程造价咨询发展报告

第一节　发展现状

工程造价咨询业的市场环境近年来发生了很大变化，江苏省的大多数造价咨询企业成立于国家宏观政策要求的中介机构脱钩改制以后，经过二十余年的历程，逐步发展、壮大，在建设投资持续增加的条件下，江苏省的工程造价咨询企业秉承服务基本理念，对合理确定和有效控制工程造价，提高工程投资效益起到了不可或缺的作用，也成为江苏省现代服务业的重要组成部分。

一、基本情况

1. 江苏省工程造价咨询企业总体情况

（1）企业结构不断优化，工程造价咨询企业总量持续增长

近三年全省工程造价咨询行业规模不断扩大，企业总量持续增长。根据2019年统计数据显示，全省工程造价咨询企业共计721家，较上年增长2.56%。其中，甲级工程造价咨询企业408家，较上年增长4.62%，占比56.59%；乙级工程造价咨询企业313家，较上年持平，占比43.41%。甲级资质企业相比乙级资质企业多95家，差额约占整体13.18%。全省工程造价咨询企业总量和甲级资质企业数量实现双增长，工程造价咨询企业结构不断优化。

虽然全省大部分地区工程造价咨询企业总量和甲级资质企业数量均有所增加，但各市发展不均衡问题依然存在，工程造价咨询企业的整体水平有待进一步提升。2019年，全省拥有工程造价咨询企业数量较高的3个市分别是南京、苏

州、无锡，分别为179家、111家、58家，其中南京和苏州拥有工程造价咨询企业总量远超其他市。2019年，南京、苏州、无锡和常州4个市的甲级资质企业数量排名全省前3位（无锡、常州并列），分别为128家、66家、38家，相比去年未发生较大变化。

通过上述数据可以看出，全省工程造价咨询企业数量规模及其变化趋势差别较大。总体上，大部分市工程造价咨询企业规模扩大，2019年企业数量呈上升态势的市有7个，其中连云港和泰州发展势头迅猛，增幅分别为19.05%和13.51%。

（2）多元化发展趋于稳定，具有多种资质企业占比小幅回落

受全过程工程咨询浪潮影响，近年来越来越多的工程造价咨询企业发展工程监理、招标代理等业务；同时也有许多主营其他业务的企业转型发展工程造价咨询业务。721家工程造价咨询企业中，有248家专营工程造价咨询企业，比上年增加249.30%，约占34.40%；具有多种资质的工程造价咨询企业有473家，比上年减少25.16%，约占65.60%。其中，专营企业相比具有多种资质企业少225家，差额约占整体31.20%。多元化发展在行业占据主导地位。

通过上述数据可以看出，受全省工程造价咨询企业总体数量增加的大趋势影响，专营企业与具有多种资质企业数量均有增长，具有多种资质工造价咨询企业的数量远超专营工程造价咨询企业，但具有多种资质企业数量占全部企业比例已趋于平稳，且出现小幅回落。

（3）市场化发展成果显著，有限责任公司占据主要地位

为进一步响应国家“放管服”政策，实现行业市场化发展目标，一些国有独资公司及国有控股公司向有限责任公司转型。721家工程造价咨询企业中，712家有限责任公司，约占全体企业数量的98.75%，其他登记注册类型企业仅占全体企业数量的1.25%，其中包括8家国有独资公司及国有控股公司、1家合伙企业。

通过上述数据可以看出，全省绝大多数工程造价咨询企业均登记注册为有限责任公司，在数量上占据主要地位。除有限责任公司外，大多数为国有独资公司及国有控股公司和合伙企业，各类企业数量均有所减少。

2. 江苏省工程造价咨询行业业务总体情况

2019年江苏省工程造价咨询行业整体营业收入为172.17亿元。其中，工程造价咨询业务收入82.12亿元，占全部营业收入的47.70%。同时，若按工程建设的阶段划分，2019年全省前期决策阶段咨询业务收入4.53亿元，实施阶段咨询业务收入14.29亿元，竣工结算阶段咨询业务收入37.57亿元，全过程工程造价咨询业务收入21.98亿元，工程造价经济纠纷的鉴定和仲裁咨询业务收入2.23亿元，各类业务收入占工程造价咨询业务收入比例分别为5.52%、17.40%、45.75%、26.77%和2.72%。此外，其他工程造价咨询业务收入1.52亿元，占1.84%。与2018年相比，各阶段业务收入同样略有增长。

整体而言，2019年全省造价咨询企业业务状况稳定，员工队伍稳定，年收入稳中有升，全员劳动生产率比2018年普遍有所增长，企业效益普遍明显提高。2019年江苏省造价咨询企业年收入过亿元的企业个数比2018年增加了7个，年收入超过8000万元不足1亿元的也比2018年增加了3个，2019年全省造价咨询企业的个数比2018年增加了20余个。因此造价咨询行业对经济形势可以持乐观态度。

二、人才队伍建设

2019年，江苏省工程造价咨询全行业继续积极贯彻党和国家科技兴国和人才强国战略，积极开展人才队伍建设工作，工程造价从业人员综合素质不断增强，工程造价咨询行业服务水平不断提升。行业从业人员数量稳中有增，人才队伍建设持续向好。

1. 从业人员现状

（1）行业人员结构趋于稳定，从业人员数量稳步增长

2019年，工程造价咨询企业数量规模扩大，工程造价咨询企业从业人员数量随之增多。其中，正式聘用员工占比增加，行业正向更加稳定的方向发展。2019年末，工程造价咨询企业从业人员30878人，比上年增长13.83%。其中，正式聘用员工29506人，占95.56%；临时聘用人员1372人，占4.44%。

2017～2019年，工程造价咨询企业从业人员分别为25197人、27126人、30878人。其中，正式聘用员工分别为24038人、25851人、29506人，分别占年末从业人员总数的95.40%、95.30%、95.56%；临时聘用人员分别为1159人、1275人、1372人，分别占年末从业人员总数的4.60%、4.70%、4.44%。

近三年全省工程造价咨询企业从业人员总数逐年上升，且增长态势趋于平缓，其中正式聘用员工数量逐年上升，说明该行业发展趋于稳定，从业人员结构不断趋于优化，有利于工程造价咨询企业提升管理水平和服务质量。

（2）注册造价工程师增速放缓，行业技术人才结构不断改善

随工程造价咨询行业规模扩大，注册造价工程师需求量逐年增长。但资格考试难度逐渐增加以及国家整治“挂证”现象使得注册造价工程师增速放缓。2019年末，工程造价咨询企业共有注册造价工程师8886人，比上年增长1.84%，占全部造价咨询企业从业人员28.78%。其他专业注册执业人员3669人，占比11.88%。

2017～2019年，工程造价咨询企业中，拥有注册造价工程师分别为8128人、8522人、8886人，占年末从业人员总数的32.26%、27.60%、28.78%。

2017～2019年，全省工程造价咨询企业拥有注册造价工程师的数量逐年上升，同时拥有其他专业注册执业人员数量也在逐年增长。表明全省工程造价咨询企业专业人才总量连年增长，专业化程度不断提升，一定程度上说明该行业技术人才结构得到较好改善。

（3）行业人才质量逐年提升，高端人才比例不断攀升

2019年末，工程造价咨询企业共有专业技术人员20922人，占全体从业人员比例为67.76%（其中，高级职称人员4789人，中级职称人员10868人，初级职称人员5265人，各级别职称人员占专业技术人员比例分别为22.89%、51.95%、25.16%）。

2017～2019年，工程造价咨询企业共有专业技术人员分别为18128人、19371人、20922人，占年末从业人员总数的66.83%、71.41%、67.76%，2019年较2018年上涨8.01%。其中，高级职称人员分别为3863人、4326人、4786人，占全部专业技术人员的比例分别为21.31%、22.33%、22.89%，2019年较2018年上涨10.70%。2017～2019年，全省工程造价咨询企业拥有专业技术人员规模呈上升趋势。其中，高级职称人员的规模呈现出一定程度的增长，但其占

全部专业技术人员的比例基本不变。中级职称人员依然占比最高，初级职称人员次之。因此，在当前情况下应努力改善工程造价咨询行业高端人才比例结构，促进行业人才结构快速升级。

2. 提高人才专业素养，调整人才选拔机制

结合江苏省高等院校发展现状得知，仅部分院校增设工程造价专业，很大一部分院校并没有开设此专业，对行业的整体发展不利。为了更好地提升造价咨询行业人才的综合素养，政府有关部门进一步完善教育体系，根据人才培养情况，制定出科学的奖励政策，并根据行业发展情况，与高校沟通，制定出完善的人才培养计划，为行业的可持续性发展提供良好保障。

同时，全省针对现有的企业组织模式，进行科学改进与创新，并采取相应制度，进一步提高企业自身的风险防范意识，强化企业抵抗风险的能力。对管理人才选拔机制进行优化，调整既有的人才选拔机制，根据人才的综合实力，以及行业的发展目标，调整考试内容，满足行业的可持续性发展要求。

3. 加强人才培训，提高行业整体素质

（1）全省举办造价鉴定规范和合同纠纷案件适用法律实训研讨会

2019 年 5 月，江苏省工程造价管理协会在南京市连续举办了 2 期实训研讨会，每期2天，全省各地共有200多人参加。会上讲解了《工程总承包项目实操》《建设工程造价鉴定规范》《建设工程造价鉴定规范》《“施工合同司法解释（二）”对造价咨询服务的影响》，并组织了交流与讨论，互动气氛热烈。

（2）全省组织参加浙江数字造价高峰论坛

10 月 17 日～18 日，浙江、上海、江苏、安徽的有关管理部门和有关协会共同组织，在杭州联合举办了“2019 年长三角区域‘数字造价·数字建筑’高峰论坛”。江苏造价管理总站和造价协会组织部分造价咨询企业参加了长三角区域高峰论坛。

（3）全省举办全过程工程咨询业务骨干研讨班

受江苏省造价管理总站委托，江苏省工程造价管理协会于 2018 年 12 月 18 日在南京市举办了全过程工程咨询业务骨干研讨班，就《全过程工程咨询政策解读》《造价咨询企业开展全过程工程咨询的运作分析》《全过程工程咨询实务交流》

《基于 BIM 技术的全过程工程造价管理》《工程项目全过程投资管理系统》进行了讲解分析。造价咨询行业对全过工程咨询分发关注，因此报名十分踊跃，全省各地共有 488 人参会听课，并交流和互动。

（4）全省完成 2018～2019 年度造价师入网接受继续教育

关于造价从业人员远程教育，国家规定两年一个继续教育周期，每个造价师在一个继续教育周期内必须完成60个学时的继续教育任务，其中必修课30学时，选修课 30 学时。全省按照要求积极开展造价师继续教育工作。

（5）全省 2019 年度工程造价职业技能竞赛取得圆满成功

2019 年江苏省住房和城乡建设系统工程造价技能竞赛在南京举行。全省工程造价行业经过 4 个多月的竞赛准备，共有 13 个市职业代表队 195 名职业选手参加"江苏省工程造价职业技能竞赛"，19 个职业技术院校学生代表队 57 名选手参加"江苏省高职院校工程造价职业技能竞赛"和"江苏省中职院校工程造价职业技能竞赛"。

三、协会、党建工作

1. 完成中国建设工程造价管理协会信用评价课题研究，顺利通过课题验收

2018 年，江苏省工程造价管理协会受中国建设工程造价管理协会委托，开展信用评价课题研究。课题组对国内 31 个省、市、自治区造价咨询行业状况和造价咨询企业信用评价工作状况进行了调查，并对既有的造价咨询企业信用管理办法和评价标准进行了分析，按照国家"改革开放"的大方向和"信用中国"的大思路，以及"促进行业进步、培养市场信用"的大目标，按照"市场信用的基本概念，坚持统一标准，兼顾地区差别"的大方针，充分听取各种意见，充分暴露各种矛盾，充分研究信用评价与被评价关系，通过多次讨论完成了课题的成果文件《中价协造价咨询企业信用评价管理办法》和《中价协造价咨询企业信用评价标准（评价内容和评价分值）》。

2019 年 11 月 6 日，中国建设工程造价管理协会在广州召开了行业自律委员会工作会议暨课题专家验收会，对《工程造价咨询行业信用信息管理及制度研究》进行了评审并通过了验收。

2. 江苏省工程造价咨询行业文化建设情况

江苏省工程造价管理协会高度重视行业的精神文明建设和企业文化建设，积极塑造行业形象，打造企业品牌，加强经验总结，精神文明建设硕果累累，企业文化建设活动丰富多彩。理事会每年有计划地举办职工乒乓球大赛、职工羽毛球大赛、职工书画摄影展、职工文艺汇演、职工掼蛋比赛和男子篮球代表队比赛，既丰富了职工文化体育生活，又促进了地区之间和会员单位之间的交流。造价咨询行业的职工文化体育活动有着较好的群众基础，各项活动都组织有序，展现了造价人的风采。

2019 年 6 月 22 日，职工掼蛋大赛在常州举行，赛事由常州市工程造价管理协会承办。全省 13 个市（除盐城、宿迁外）有 11 个市经过市级选拔赛组成了代表队，共有 208 名（104 对）选手参加了比赛。经过一天 4 轮的激烈角逐，共有 60 名（30 对）选手获得名次和奖项，有 3 个市的代表队总成绩领先获得团体名次和奖项。

2019 年职工乒乓球羽毛球大赛于 10 月先后在南通、苏州、扬州举行分区赛，全省共有 12 个市（除宿迁外）的 142 名造价咨询行业的从业人员作为运动员参加了比赛，其中有 68 名运动员出线，于 11 月中旬在泰州赛区参加了总决赛。江苏省工程造价管理协会对分区赛和决赛中获得名次的运动员都颁发了奖牌和证书。

3. 加强协会管理的信息化水平，全面升级改造有关管理平台

为满足便捷、高效、及时、共享的要求，提升会员管理、信用评价、教育培训、党建工作、技能竞赛等工作的信息化管理水平，2019 年采取三项措施。

（1）对协会官网和远程教育平台进行升级改造。调整了栏目菜单，优化了版面功能，增强了后台管理。协会官网和远程教育平台升级改造已经于 2019 年底完成，并投入使用。

（2）开发办公信息化管理系统（OA 系统）。实现秘书处办公信息、会员管理信息、会员服务信息和继续教育管理信息一体化管理。经江苏省住房和城乡建设厅批准，OA 系统已投入使用。

（3）升级改造江苏省造价管理总站市场监管监测信息系统。江苏省造价管理

总站现在运行的市场监管监测信息系统因为年久老旧，许多模块已经失去功能，后台数据冗余较多，数据错误频发，运行不稳定，安全无保障，与造价总站的数据交换和共享不得实现，因此迫切需要进行全面和彻底的升级改造。在江苏省住房和城乡信息中心的大力支持下，系统已经升级并投入使用。

4. 改进协会工作，提升会员服务水平

（1）开展协会相关服务工作的调研

为更好地服务造价咨询企业，江苏省工程造价管理协会向各市造价协会、各造价咨询会员单位发函，就江苏省造价咨询企业使用 ERP 办公系统、造价师继续教育、《江苏省工程造价管理》期刊、各市协会基本情况及教育分会年度工作等方面进行了调研。反馈的意见对于江苏省工程造价管理协会改进工作很有参考价值。

（2）积极推广“速得”信息价查询系统

2019 年，江苏省工程造价管理协会继续以集中采购的方式采购“速得”的建筑材料价格查询服务和每个会员企业 50 条的人工询价服务。截至 2019 年底，“速得”材价信息查询系统的企业用户数量达到了 804 家，比 2018 年增长了 13%；个人用户数量 20865 人，比 2018 年增长了 14%。材价查询免费公开数据总数量达到 1515 万条，人工收费查询数量达到 108640 条。

（3）开展标准版本造价咨询企业信息管理系统（ERP）推广应用调研

江苏省造价咨询企业有近千家，但是企业的信息管理水平不高，为了提升全行业的信息管理水平，同时避免企业重复投资、重复开发，江苏省工程造价管理协会在前几年就推广标准版的造价咨询企业信息管理系统（ERP），使中小造价咨询企业都能共享信息管理系统成果。

5. 加强全省行业协会党建工作

2019 年，全省行业协会党委认真贯彻全面从严治党，加强党的基层组织建设的要求，积极开展党建工作，完成了各项工作计划。2019 年，党委有所属党的基层组织 19 个（其中，年内新批准成立造价企业成立党支部 1 个），党员 204 个，其中含按期转正预备党员 2 名。

（1）开展“不忘初心、牢记使命”党课教育会

2019 年 7 月在南京开展了“不忘初心、牢记使命”党课教育会，行业协会党委所属支部的党员和入党积极分子 116 人参加了此次教育会，观看了“不忘初心、方得始终”主题演讲的录像，对“不忘初心、方得始终”有了深刻理解。4 名支部书记结合自身经历，演讲了党员模范作用的发挥和对不忘初心的心得体会。

（2）考察交流党建工作经验

2019 年 8 月，江苏省中介行业协会党委组织所属各支部负责人、部分市协会工作人员和党建工作做得比较好的企业党组织负责人一行 31 人，在南京、重庆进行党建工作现场考察和学习交流活动，学习了南京市建设工程造价监督站和重庆市建设工程造价管理协会党建工作的好经验、好做法。考察团一行在重庆还先后参观了渣滓洞、白公馆、红岩革命纪念馆、中国民主党派历史陈列馆，接受了教育，缅怀了先烈，感悟了历史。

（3）开展共产党员“亮身份、树形象、做表率”活动

从 2019 年 9 月 1 日起，要求各支部所有党员在工作时间需佩戴党徽，办公桌或工作台上需放置党员工作牌。对党委评比表彰的“优秀共产党员”“优秀党务工作者”，由行业党委办公室统一制作和颁发荣誉证书及铭牌，由各支部收存展示。党员亮身份，不是党建工作的目的，目的是树形象，做表率，发挥好党员的先锋模范作用。

（4）开展党建工作和支部活动情况检查

2019 年 12 月，中介行业党委组织年度党建工作和支部活动检查，促进基层党组织党建工作规范化。经检查，行业协会党委所属 19 个基层党支部党员活动正常，“三会一课”制度完善，组织生活记录本管理规范，相关活动台账内容丰富，有的支部还克服党员集中活动困难的情况，建立了党建工作联络群，通过线上的方式加强党员联络，组织党员学习。

（5）开展“我和我的祖国”征文和“学习强国”检查评比工作

为庆祝中华人民共和国成立 70 周年，2019 年 11 月江苏省中介行业协会党委发文在全省造价行业中开展“我和我的祖国”征文活动，对征集到的二十多篇文稿组织了评选。同时，从 2019 年 8 月开始，党委办公室每月对参加“学习强国”活动的党员进行学时排名，江苏省中介行业协会党委对优秀同志予以表彰和奖励。

四、履行社会责任

2019年，江苏省工程造价咨询行业持续践行社会责任，不断深化社会责任意识和担当精神，越来越多的工程造价咨询企业意识到履行社会责任的价值，在履行社会责任方面取得显著成效。

1. 参与公益慈善事业

省内全行业企业不断强化公益理念，积极投身社会公益慈善事业，相继开展扶弱济困、扶贫助学、文化捐赠、志愿服务等社会公益工程，在教育、医疗、环保、文化、卫生等多个领域形成合力，为促进社会经济发展、增强民族保障做出了显著贡献。

自2019年新冠肺炎疫情发生以来，江苏造价行业涌现出一大批爱心企业和爱心人士，捐款捐物支持和参与疫情防控，累计捐献800余万元。省慈善总会已向捐赠人开具由财政部门统一监（印）制的捐赠票据和捐赠证书。

同时，为主动响应国家发展改革委等15部委发出的《动员全社会力量共同参与消费扶贫的倡议》，江苏省工程造价管理协会积极鼓励会员单位参与社会公益活动，履行社会责任。经江苏省慈善总会批准，协会开展了2019年江苏省造价行业公益活动。活动内容主要是会员单位现场认购贫困地区的农副产品，通过消费扶贫方式帮助江苏徐州丰县的部分低收入人口，总计75家会员单位参与本次活动，筹集善款约31万元。

2. 开拓公益服务渠道

江苏省工程造价行业咨询企业不断强化专业服务水平，在开拓公益咨询服务渠道、推进校企交流平台搭建等方面取得了突破性进展。

2019年，江苏省工程造价咨询企业累计为学生提供实习岗位500余个，江苏省工程造价管理协会和南京交通职业技术学院合作组织的工程造价专业（安装方向）现代学徒制班已经连续四年办班，很受用人单位的欢迎，缓解了安装专业人才紧缺的问题；与学校合作举办讲座20余次；与学校联动开展就业指导会20余次；为学生提供技能培训100余次；与学校进行联合毕业设计10余次；参与行业有关课题研究数十项；组织行业相关教育和技能培训100余次。

第二节 发展环境

一、经济环境

江苏省全年实现地区生产总值99631.5亿元，按可比价格计算，比上年增长6.1%。其中，第一产业增加值4296.3亿元，增长1.3%；第二产业增加值44270.5亿元，增长5.9%；第三产业增加值51064.7亿元，增长6.6%。全省人均地区生产总值123607元，比上年增长5.8%。劳动生产率持续提高，平均每位从业人员创造的增加值达209837元，比上年增加13790元。产业结构加快调整，全年三次产业增加值比例调整为4.3∶44.4∶51.3，服务业增加值占GDP比重比上年提高0.9个百分点。

全省建筑业稳定发展。全年实现建筑业总产值33103.6亿元，比上年增长7.3%；竣工产值24459.2亿元，增长8.5%；竣工率达73.9%。全省建筑业企业实现利税总额2402.9亿元，增长5.2%。建筑业劳动生产率为36.3万元/人，增长8.1%。建筑业企业房屋建筑施工面积255297.7万m^2，增长2.5%；竣工面积77899.5万m^2，增长4.1%，其中住宅竣工面积57633.1万m^2，增长5.9%。

2019年1～11月，全省固定资产投资同比增长5.1%，增速较2019年前10个月提高0.2个百分点。江苏的固定资产投资完成总额在全国继续保持第一位。因此，建设系统各行各业，包括造价咨询行业在2019年中没有受到宏观经济下行的压力，依然保持着增长的势头。

二、市场环境

1. 市场需求环境

“十三五”期间，江苏省工程造价咨询业市场容量持续不断增长。同时，江苏省建设工程“十三五”质量发展规划纲要中也明确指出，工程造价管理要以合理控制造价、规范计价行为、提高投资效益、构建“工程全寿命周期成本”的理

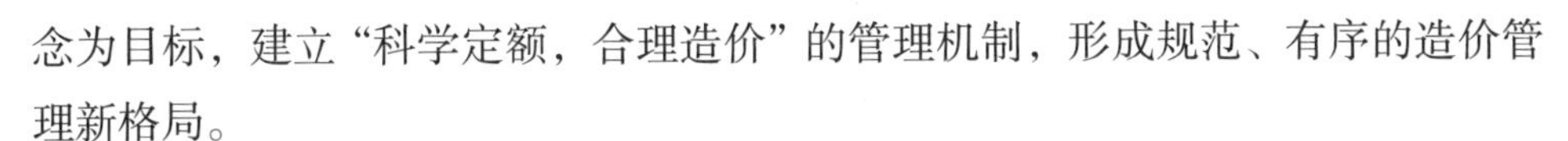

念为目标，建立“科学定额，合理造价”的管理机制，形成规范、有序的造价管理新格局。

“十三五”期间，江苏省政府投资项目投资呈显著增加趋势，随着国家对政府投资项目监管力度的加强，要求全工程跟踪审计的项目越来越多，也为工程造价咨询业进一步开展全过程工程造价控制业务提供了机会。

2. 市场供给环境

（1）复合型工程造价人才素质全面提升

工程造价咨询业从业人员的素质、服务质量及服务能力是咨询单位提供咨询服务的根本。现代工程造价管理咨询是一项涉及工程技术、经济、管理、法律等多学科的专业性很强的活动，因而需要大量以工程技术为基础，掌握工程经济、管理、法律等方面知识和技能的复合型人才。特别是随着全过程、全寿命周期造价控制业务等新业务的拓展，工程造价咨询业的从业人员只有具备比较高的综合素质、比较合理的知识结构和较宽的知识面才能适应市场的要求。同时，掌握现代工程造价相关软件工具成为从业人员必备的技能，良好的思想修养和职业道德成为从业人员必备具备的基本素质。

（2）信息技术快速发展

随着计算机信息技术的广泛应用，对于工程造价咨询行业而言，通过信息化手段进行造价数据处理和管理以及智能化的造价数据管理，很大程度上缩减了计算时间，提升了工作效率，使工程造价咨询行业的信息化水平得到快速提升。尤其是以 BIM 技术为代表的信息技术的发展与应用，为全过程工程造价咨询服务的开展提供了有效的技术支持。

（本章供稿：金常忠、沈春霞）

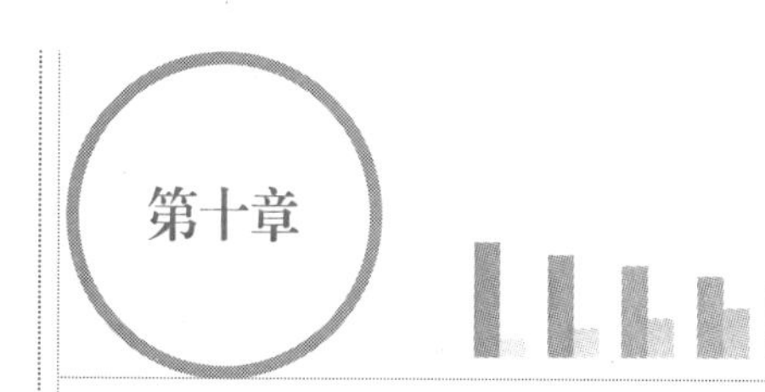

浙江省工程造价咨询发展报告

第一节　发展现状

2019年是深入学习贯彻习近平新时代中国特色社会主义思想和党的十九大精神的重要一年，是决胜全面建成小康社会的冲刺之年，也是中华人民共和国成立70周年，随着浙江省经济由高速增长转向高质量发展，新型城镇化、美丽乡村、亚运会场馆及配套项目建设为固定资产投资注入了新的经济增长点。工程造价咨询行业坚持以供给侧结构性改革为主线，以追求质量和效益为目标，为推动行业高质量发展做出了不懈努力，取得了显著成效。2019年全省417家工程造价咨询企业完成工程项目投资造价总额达4.26万亿元，企业造价营业收入总额74.04亿元，工程造价咨询企业有36690人从事工程造价咨询业务。

一、企业统计数据分析

1. 总体情况

（1）截至2019年底，全省共有造价咨询企业417家，新增企业数量12家；其中甲级企业数量296家，比上年增加18家，甲级企业占全省企业总数的比例为71%，乙级企业数量121家，占全省企业数量的29%。

省外企业在浙江省设立造价咨询分公司98家，全省企业在省外设立分公司超过71家，在各市设立分公司（办事处）超过1181家。

随着新修改的《工程造价咨询企业管理办法》，降低了资质条件，以及承诺制的实施，已有一批新的造价咨询企业成立。

（2）2019 年底全省规模企业（造价咨询业务收入超千万元的）数量 167 家，比上年增加 23 家，增长幅度 16%；规模企业占全省企业总数的比例为 40%。产值突破亿元的企业有 12 家，接近亿元的企业 6 家，均比去年大幅度增加，超过 2 亿元的企业有 3 家，主要集中在杭州、宁波、台州三地。

（3）全省工程造价咨询企业中有 122 家专营工程造价咨询企业，占全省企业的比例为 29%，兼营工程造价咨询业务且具有其他资质的企业有 295 家，占全省企业的比例为 71%。按企业登记类型划分，国有独资公司及国有控股公司 3 家，有限责任公司 407 家，合伙企业 7 家。

2. 从业人员情况

（1）2019 年底，工程造价咨询企业从业人员共 36690 人，较上年增加 6001 余人，其中正式聘用员工 35208 人，占 96%，临时聘用人员 1482 人，占 4%。

（2）2019 年底，全省共有一级注册造价工程师 10790 人，其中注册在工程造价咨询企业 5670 人，占造价工程师总数的 53%，占全部造价咨询企业从业人员的 15%。一级注册造价工程师总人数较上年略有下降，主要原因是根据新发布政策，严格清出挂证人员。

2019 年全省参加一级注册造价工程师考试报考人数 22180 人，通过 1777 人，合格率同比降低 2 个百分点，其中建筑工程合格 1345 人，安装工程合格 258 人；全省第一次组织二级造价工程师考试工作，共有 43000 余人报考，实际参考 31947 人，共有 8881 人通过考试，其中建筑工程课程 9064 人实际参考，合格人数 5630 人，合格率 62%；安装工程课程 2012 人实际报考，合格人数 1410 人，合格率 70%；基础理论课程 19736 人实际报考，4745 人合格，合格率 24%。

（3）2019 年底，全省工程造价咨询企业共有专业技术人员 21358 人，其中高级及以上职称 3672 人，中级职称 10464 人，初级职称 7222 人，各级别职称人员占专业技术人员比例分别为 17%、49%、34%。

3. 行业收入情况

（1）2019 年全省工程造价咨询企业完成的工程造价咨询项目所涉及造价总额达 4.26 万亿元，较上年增加了 1.16 万亿元，增幅达 37%。

（2）2019 年工程造价咨询企业的营业收入为 129.23 亿元，其中，工程造价咨询业务收入74.04亿元，比上年增加14.86亿元，增长幅度25%；企业平均产值3099.04万元，比上年增加639.43万元，增长幅度26%；人均产值35.22万元，比上年增加2.68万元，增长幅度8%。

（3）工程建设各阶段业务收入均有所增长，业务范围不断拓展，房屋建筑工程为主要收入，占总体收入的67%，在水电、公路、市政、城市轨道交通工程等专业领域的份额均有所提升。

其中前期决策阶段咨询业务收入4.75亿元，实施阶段咨询业务收入14.61亿元，竣工决算阶段咨询业务收入32.76亿元，全过程工程造价咨询业务收入19.26亿元，工程造价经济纠纷的鉴定和仲裁的咨询业务收入1.58亿元，其他收入1.08亿元。

二、2019年造价管理工作情况

1. 坚定不移推进全面从严治党

（1）持续压实管党治党责任

根据浙江省住房和城乡建设厅党组《关于落实全面从严治党主体责任检查反馈意见的整改方案》要求，按照“全心贯彻、全盘接受、全力整改、全面到位”的要求，以最坚决的态度、最有力的举措抓好整改工作。及时调整省站党支部支委班子成员，进一步加强干部队伍建设，制定出台《中层干部选拔任用管理办法》。

（2）坚决筑牢反腐倡廉底线

组织召开全省工程造价管理机构工作研讨会，认真学习贯彻浙江省住房和城乡建设厅党风廉政建设形势报告会精神，围绕造价行业有关问题进行了剖析，对全省工程造价行业下一步党风廉政建设提出了新的要求。向全省造价管理机构印发《关于进一步抓好廉政风险排查完善防控措施的通知》，全面排查廉政风险隐患，特别查找造价信息采集发布、造价纠纷调解、评优评先管理等重点项目及公务采购、财务报销等“三重一大”方面的风险点，进一步建立健全各项规章制度，把清廉建设情况作为各级造价管理机构目标考核的重要内容。总站梳理廉政风险点11个，对应的防控制度25项，全省各市造价管理机构根据职能和责任，梳理廉政风险点129个，制定具体对策和措施177项。认真组织开展“警示教育月”活动，组织全体干部职工赴省廉政教育基地参观学习。

（3）深入开展主题教育活动

根据浙江省住房和建设厅党组主题教育领导小组工作部署，及时组织学习中央、省委和厅党组有关文件，领会把握主题教育精神，拟定主题教育实施方案和计划安排，成立了主题教育领导小组及办公室。认真开展读原著学原文悟原理，组织集中研讨学习 8 次、专题党课 3 次、开展主题党日活动 3 次，召开全省造价管理机构主题教育意见征询暨半年工作座谈会，推动学习贯彻习近平新时代中国特色社会主义思想往深里走、往心里走、往实里走。组织赴杭州、宁波等地开展行业党建、计价管理、造价信息、咨询行业管理等调研，研讨推进工程定额的信息化及动态管理，研究解决过程结算施行过程中的困难，对企业反映的问题及时进行了反馈。

2. 坚定不移深化造价管理改革

（1）修订出台《浙江省建设工程造价管理办法》

配合浙江省住房和建设厅修改完善《浙江省建设工程造价管理办法》（以下简称《办法》）。2019 年 8 月 2 日，《办法》经浙江省人民政府第 26 次常务会议审议通过，以浙江省人民政府令第 378 号发布，自发布之日起施行。新修订的《办法》立足工程造价管理工作特点，充分吸收“最多跑一次”改革成果，在深化行政审批制度改革、落实政府数字化转型要求、构建以信用为核心的监管体制、强化事中事后监管等方面进行了完善和充实。

（2）加快推进长三角区域造价管理一体化

联合上海、江苏、安徽造价管理机构，确定建筑安装人工价格指数编制原则与方案，根据共同商定的建筑人工工种清单发布目录，发布长三角区域建筑安装人工价格与综合指数，实现建筑安装人工价格信息的资源共享。牵头组织召开了长三角区域工程造价管理一体化第三次联席会议，共同签署《推进长三角区域造价管理一体化发展规范造价咨询市场执业行为合作要点》，并就加强长三角区域造价管理规则共定、信息共享、管理共商、人才共育达成了共识。

3. 坚定不移完善计价依据体系

（1）顺利开展 2018 版计价依据第二阶段编制工作

组织成立《浙江省建设工程计价依据（2018 版）》第二阶段编制项目的各专

业定额编制组，印发《浙江省建设工程其他费用定额》《浙江省建筑工程概算定额》等7部定额编制实施方案，召开编制工作会议及编制小组会议，按计划开展相关编制工作。

（2）循序渐进推进计价依据改革

为探索全省工程造价管理改革与发展，创新计价依据编制与管理方法，提高工程定额编制的及时性和准确性，强化工程定额应用的针对性和时效性，更好地为全省工程建设提供基础性保障服务，起草了《浙江省计价依据动态管理办法》，将对全省目前相对静态的计价依据管理模式改革为全面动态管理，建立由社会广泛参与并根据市场实际需求对浙江省计价依据进行动态调整或编制补充定额的工作机制，实现全省计价依据的市场化、动态化、专业化和信息化。

（3）助力建筑业“营改增”顺利实施

根据《住房和城乡建设部办公厅关于重新调整建设工程计价依据增值税税率的通知》和《财政部税务总局海关总署关于深化增值税改革有关政策的公告》要求，起草完成《关于增值税调整后我省建设工程计价依据增值税税率及有关计价调整的通知》（浙建建发〔2019〕92号）。针对“营改增”后企业税负变化等相关问题赴浙江省国税局开展调研，参加浙江省住房和城乡建设厅、浙江省国税局组织召开的建筑业企业关于“营改增”后企业税负等相关问题的座谈会，进一步了解建筑业企业“营改增”后企业税负情况。

4. 坚定不移推进数字化转型

（1）构建造价信息数字化平台

为进一步推进全省造价行业数字化转型，提升造价管理和服务能力，2019年1月启动造价信息数字化管理平台的研究建设工作。在规范全省价格信息统一编码的基础上，初步实现了全省各市2019年以来人工、材料价格的动态变化、价格水平横向及纵向的对比、造价综合指数的走势及分析建议等的实时展现，工程造价数字化转型向前迈进。

（2）深化指数指标测算发布

为充分发挥工程造价指数指标的宏观指导作用，配合2018版计价依据的贯彻，顺利完成了2019年全省房屋建筑造价综合指数测算模型的调整及指数在新老定额版本的衔接计算，按月组织开展浙江省房屋建筑工程综合造价指数和单项造价指数的测算与发布，并对价格进行点评分析。开展劳务市场人工工种权数及价格的调研工作，按月测算并发布全省人工综合价格指数，满足执行2010版计价依据的在建工程价款结算动态调整的需要。结合品牌企业培育，设计完成工程造价咨询成果指标分析必需的一系列表格，分房屋建筑、安装市政、园林、装配式建筑等不同工程类型工程概况及项目特征表，并组织专家对613个培育项目进行了评审，优选272个工程项目入库。

（3）强化信息公共服务，编辑发布《价格信息》专刊

制定发布《全省信息价统一发布标准（试行）》（一）和（二），统一信息价编码、名称、型号规格、单位，进一步推进全省价格信息数据的共享。创新构建全省各市人工信息价测算的计算模型，规范相关工作流程。每月定期采集测算发布安装材料、火工、保温、绝热、防腐材料，市政、园林绿化及仿古建筑工程专用材料信息和相应的指数，按季度汇总各市发布的人工及主要材料价格信息。通过“浙江造价信息网”，免费向社会提供《浙江造价信息》电子期刊，全年向建设市场提供人工、材料、机械台班等各类计价要素信息17万条。

5. 坚定不移加强行业服务监管

（1）着力优化造价咨询企业服务

认真贯彻落实习近平总书记在民营企业座谈会上的重要讲话精神，赴省级有关部门及各市调研，收集整理关于全过程工程咨询开展情况及当前造价咨询企业在招投标过程遇到的问题，研究消除市场壁垒、营造公平环境的举措，为造价咨询企业做好服务工作。调研全省造价咨询企业分支机构开设情况，分析主要原因，研究对策措施。举办2019长三角区域“数字造价·数字建筑”高峰论坛。邀请行业顶尖专家授课，为论坛参与者传递建筑行业最具价值的数字化发展趋势，构筑数字造价领域智慧碰撞与沟通交流的平台。

（2）破解事中事后监管难点

改版升级企业及个人信用能力动态评价系统，实时更新资质及人员情况，完善咨询企业信用体系建设，营造诚实守信的市场环境氛围。制定全省造价咨询企业培育活动办法，全省共有150余家企业参与，评选出16家品牌企业及65家优秀企业。开展咨询企业成果文件质量检查工作，按照“双随机”的要求，对27家企业2018年1月1日后编制的成果文件进行检查，并将成果质量检查与企业

动态信用管理有机结合，有力地维护了工程造价咨询市场秩序。

（3）修改完善调解办法，加强造价纠纷调解

修改完善《浙江省建设工程结算价款争议行政调解办法》，进一步规范工作程序、防范廉政风险。组织召开各市工程价款结算纠纷调解制度及调解情况的座谈会，分享行政调解工作经验，研究解决工作难点，结合各市特点完善流程制度，规范行政调解行为，进一步发挥行政调解工作优势。带领业内专家赴绍兴、台州、温州等7个地市开展建设工程价款结算纠纷调解送服务工作，共调解项目13个，项目总金额45.09亿元，涉及调解金额1.26亿元。截至2019年底，全省累计受理调解项目334个（含送服务项目）。其中，口头调解306个、出具书面意见28个、涉及国有投资252个；累计受理项目金额584.34亿元（其中国有投资项目450.69亿元），调解金额11.06亿元；调解成功率98%。省站全年受理调解项目28个，其中口头调解22个、出具书面意见6个、涉及国有投资23个；累计受理调解项目金额60.10亿元，调解涉及金额2.30亿元（涉及国有投资项目1.93亿元）；调解成功率95%。

（4）深入开展施工合同履约检查

为维护建筑市场秩序，推进工程建设领域的信用体系建设，加强施工合同管理，规范建设工程合同当事人的市场行为，组织开展施工合同履约检查。共抽查全省各市33个在建工程，其中16个公共建筑、10个保障性安居工程、6个住宅工程、1个市政工程，共计建筑面积251.14万m^2，工程造价79.26亿元，平均中标下浮率为8.6%。

6. 坚定不移促进行业人才培养

（1）全力配合二级造价工程师考试

配合完成二级造价工程师考试管理办法的起草、公示、发布等各项工作，制定全省二级造价工程师考试教材编制方案，顺利完成教材编制、发行工作，配合组织完成二级造价工程师考试命题工作。本年度一级造价工程师报考人数22180人，二级造价工程师报考人数43814人，均为历史最高水平。

（2）积极选树“最美造价人（集体）”

根据浙江省住房和城乡建设厅《关于组织做好2019年度“践行核心价值观、争做最美建设人”主题实践活动有关事项的通知》精神，在全省工程造价行业组

织开展“最美造价人（集体）”评选推荐工作。通过市地推荐、网络展示、专家评审，活动领导小组研究确定并经社会公示，评定“最美造价人（集体）”各10个，并推荐上报“最美建设人（集体）”各2个。

第二节　发展环境

一、市场环境

全省工程造价咨询业是随着我国社会主义经济体制改革发展和完善而产生并发展的，起步于20世纪90年度后期，经历了从无到有并逐步规范壮大的过程，在浙江省工程建设发展中起到了积极的作用，取得了显著成就。

1. 企业数量较快增长

近几年全省工程造价咨询企业发展迅速，形成了一批综合实力较强的企业，企业数量总数占全国造价咨询企业数量的5%。企业中有航母级的大公司、也有舢板式的小企业，有大而全的公司，也有小而精企业，构成了比较完整、运行顺畅的行业结构体系。

2. 行业收入快速提升

工程造价咨询收入从2006年6.8亿元到2019年底的74.04亿元，综合实力排在全国的第三位，且行业中的各企业发展已经形成了一个良好的梯队。特别是近几年来，平均每年以15%～20%的增幅增长。

3. 行业动力持续推动

造价咨询业务范围不断拓展，从开始的房屋建筑工程和市政工程为主到目前在水利、电力、公路、城市轨道交通工程以及其他大建设领域的份额有明显提升。工程造价咨询业务结构提升明显，传统的结算审核业务比例开始下降，全过程造价咨询服务及全过程工程咨询服务业务占比不断攀升，全生命周期、BIM、信息服务等新的增长点不断涌现，业务结构向中高端咨询业迈进。

4. 行业秩序明显规范

近几年，行业主管部门通过建立一系列规章制度，不断规范行业管理。特别注重企业成果质量，通过定期检查、随机抽查、投诉督查、信用评价等手段，使企业成果质量明显提高。企业对待这些检查，从抵触到欢迎、从回避到自纠、从应付到认真，一步一步地转变，说明质量意识、信誉意识、品牌意识已经深入到了每一家企业的心里。随着监督管理力度的加强，全省造价咨询行业秩序更为规范，不良行为明显降低。部分企业品牌已经在全国打响，有的甚至参与到了“一带一路”建设的国际大潮中。

5. 人才队伍不断加强

全省从 1997 年首批认定的 23 名造价工程师到 2019 年达到 10790 人。通过各种培训、竞赛、选树活动，联合浙江大学、浙江建设职业学院、绍兴文理学院等省内高校，建立后备人才、基础人才、骨干人才、领军人才等合理的人才梯队队伍，通过优秀造价工程师评选、金牌造价工程师竞赛等，形成了专职化的工程造价咨询企业人才队伍。

二、造价咨询企业面临的形势

全省工程造价咨询企业随着建筑业的改革与发展，也面临许多问题。

(1) 发展机遇与挑战并存。“十三五”期间，我国、浙江省经济长期向好的基本面没有改变，发展前景依旧广阔。国家层面有“一带一路”建设、海绵城市建设、城市管廊建设，浙江省有五水共治、建筑工业化、工程总承包、住宅全装修，杭州、宁波、绍兴、温州等大规模的地铁建设以及 2022 亚运会大规模的基础设施建设，为工程造价咨询企业带来更多的机遇。为固定资产投资、建筑业发展释放出新的动力、激发出新的活力，为造价咨询行业带来了新的增长点。

(2) 希望与困难同在。全省造价咨询行业每年增幅稳定、增幅明显，各方面有了大进步、大提升，行业呈现出良好的发展态势。但是，困难矛盾也较为突出。经济增速换挡、结构调整阵痛、动能转换困难等问题，使得建设行业紧缩风险加大，造价咨询行业发展开始进入了严峻的瓶颈期。例如，发展目标出现瓶颈，有的企业发展规划开始迷茫；人才储备出现瓶颈，高端人才流失、后续人才跟不上、专业人才引不进、人力资源成本飞涨的情况普遍存在；管理手段出现瓶颈，管理理念跟不上发展、架构开始陈旧等。

（3）危机和转机相依。有两方面危机，第一个危机是行业内部的大与小的危机。全省造价咨询行业内 29% 的规模企业占据了 75% 的业务收入，造价咨询收入 200 万～500 万元的有 101 家，200 万元以下的有 64 家；杭州、宁波两地企业数量占企业总数的 50%，地区分布受经济条件限制影响较大。第二个危机是行业与行业竞争的危机。国家发改委、住房和城乡建设部印发了《关于全过程工程咨询发展的指导意见》，鼓励投资者在投资决策环节委托工程咨询单位提供综合性咨询服务，统筹考虑影响项目可行性的各种因素，增强决策论证的协调性。鼓励建设单位委托咨询单位提供招标代理、勘察、设计、监理、造价、项目管理等全过程咨询服务，满足建设单位一体化服务需求，增强工程建设过程的协同性。全过程咨询改变了此前的碎片化的分段管理模式，也意味着市场更加开放，这么多行业都会将此作为新的经济增长点，竞争将十分激烈。目前造价咨询业务来源较单一等问题仍较突出，很多咨询企业甚至是大型企业开展全过程咨询能力还十分有限，思维模式还没有更新。全过程咨询将倒逼企业深挖潜力、强强联合、强弱互补、跨界拓展。

（本章供稿：邵铭法、陈奎、丁燕）

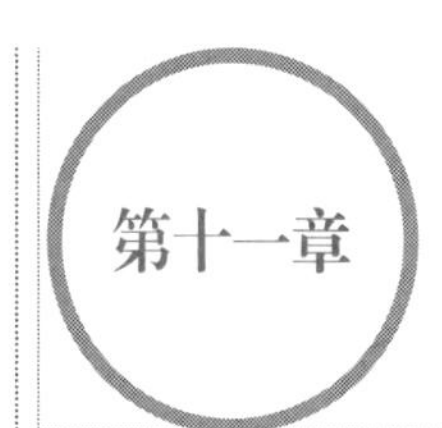

安徽省工程造价咨询发展报告

第一节　发展现状

一、企业总体情况

2019 年度安徽省共有工程造价咨询企业 453 家，较上年度增加 4.62%。其中：甲级工程造价咨询企业 169 家，较上年度增加 9.03%，占 37.31%，占比上升 1.51 个百分点；乙级工程造价咨询企业 284 家，较上年度增加 2.16%，占 62.69%，占比下降 1.51 个百分点。其中，只取得工程造价咨询资质的企业 238 家，较上年度增加 56.58%，占 52.54%，占比上升 17.44 个百分点；具有多种资质的企业 215 家，比上年下降 23.49%，占 47.46%，占比下降 17.44 个百分点。

二、从业人员总体情况

2019 年度，安徽省工程造价咨询企业从业人员 21025 人，比上年增长 2.18%。其中，正式聘用员工 18791 人，占 89.37%；临时聘用人员 2234 人，占 10.63%。工程造价咨询企业共有专业技术人员 13357 人，比上年减少 2.5%，占全部造价咨询企业从业人员的 63.53%，其中，高级职称人员 2731 人，中级职称人员 7097 人，初级职称人员 3529 人。各级别职称人员占专业技术人员比例分别为 20.45%、53.13% 和 26.42%。与上年比较，在占比上，高级和中级分别下降了 0.51 和 1.14 个百分点，初级上升了 1.65 个百分点。

工程造价咨询企业中注册的一级造价工程师 3893 人，比上年减少 0.99%，占全部造价咨询企业从业人员的 18.52%，较上年下降了 0.59 个百分点。一级造价工程师占全部专业技术人员的 29.15%，较上年上升了 0.45 个百分点；二级造价工程师通过执业资格考试的人数为 11755 人。

三、业务收入总体情况

2019 年度，安徽省工程造价咨询行业整体营业收入为 53.58 亿元，比上年增长 16.10%。其中，工程造价咨询业务收入 24.58 亿元，比上年增长 10.22%，占全部营业收入的 45.88%；其他业务收入 29 亿元，比上年增长 21.59%，占全部营业收入的 54.12%。在其他业务收入中，招标代理业务收入 9.11 亿元，比上年增长 17.7%；建设工程监理业务收入 18.06 亿元，比上年增长 29.46%；项目管理业务收入 1.02 亿元，比上年增长 41.67%；工程咨询业务收入 0.81 亿元，比上年下降 43.36%。

第二节　工作情况

一、组织完成全省首次二级造价工程师执业资格考试

安徽省造价管理总站组织编写了全省二级造价工程师执业资格考试培训通用教材（含基础知识、土建工程和安装工程三个科目）；联合安徽省人事考试院，成功组织二级造价工程师执业资格考试，参加考试人数超 3.5 万人。

二、省造价管理总站出台《安徽省建设工程材料市场价格信息发布管理暂行办法》

建立安徽省建设工程主要材料价格信息月分析制度，对全省各市每月建设工程主要材料价格进行收集汇总，及时掌握各市主要材料价格信息变动情况，对价格走势进行分析研判，进一步加强对价格信息波动较大地区的监管力度。

三、完成全省工程价格信息系统开发工作

收集整理安徽省各市发布的清单内材料价格信息，实现价格信息的网上集中查询，实现全省地区间、地区历史材料价格信息的对比分析，对价格波动过大的材料和地区进行实时预警。

四、牵头组织安徽省全过程工程咨询企业合作发展交流会

2019 年 8 月 7 日，安徽省建设工程造价管理协会主动牵头，联合安徽省工程咨询协会等 4 个协会共同举办了安徽省全过程工程咨询企业合作发展交流会。来自全省工程造价、工程咨询、勘察设计、工程监理及招标代理行业的 260 家企业共 300 余人参加了交流会。会议就各行业发展现状和政策导向做了详细解读，为优秀企业代表在现场搭建了展台，具有合作意向的企业进行了面对面的洽谈交流，多家企业达成合作意向。

五、成功举办首届建设工程造价技能竞赛

在安徽省住房和城乡建设厅领导下，由安徽省建设工程造价管理协会具体承办了全省首届建设工程造价技能竞赛。竞赛自 2019 年 8 月 12 日正式启动，历经网上资格赛、地市初赛、全省决赛三个阶段，历时 2 个月，全省共 5000 余人报名参赛，2200 余人通过资格赛入围初赛，最终有 18 支参赛队共 108 名参赛选手进入决赛。竞赛产生了团体和个人一、二、三等奖，由安徽省住房和城乡建设厅发文进行了表彰。此外，获得个人一等奖的 2 名人员，由安徽省总工会颁发了“安徽省五一劳动奖章”。

六、开展首届安徽省工程造价行业“造价杯”体育比赛

2019 年 6 月 19 日～20 日，安徽省建设工程造价管理协会根据微信公众号上开展的“会员最喜爱的体育项目”投票结果，组织了羽毛球和篮球两大项比

赛。来自全省各市的17支代表队共210名运动员参加了各项比赛，安徽省建设工程造价管理协会委托安徽省体育中心对比赛进行了全程判决，决出了羽毛球和篮球两大项共6个小项的比赛名次，10家单位获优秀组织奖。

（本章供稿：王磊、洪梅）

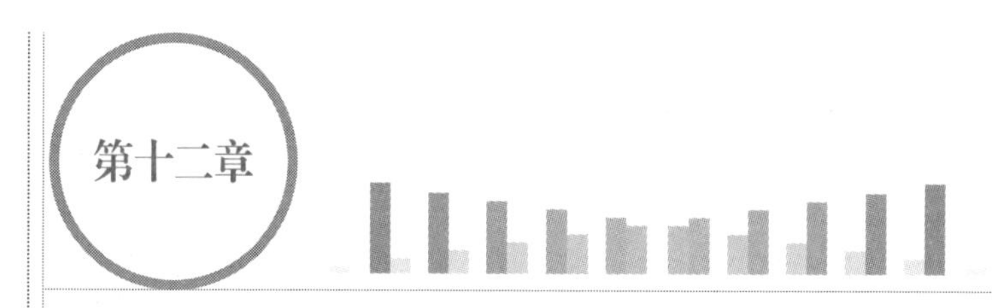

福建省工程造价咨询发展报告

第一节　发展现状

一、行业发展基本情况

1. 企业总体情况

2019年，福建省共有184家工程造价咨询企业，占全国2.25%，较2018年增加9.52%。其中，工程造价甲级资质企业106家，占比57.61%；工程造价乙级资质企业78家，占比42.39%。

2. 从业人员总体情况

2019年，福建省工程造价咨询企业拥有从业人员18591人。其中，一级注册造价师1784人，占比9.60%。一级造价工程师中，土木专业造价工程师共1452人，占一级造价工程师总数的81.39%；安装专业造价师284人，占15.92%；交通运输专业造价师19人，占1.07%；水利专业造价师29人，占1.63%。

另外，福建省工程造价咨询企业18591名从业人员中，共有1569人有高级职称，占比8.44%；5619人为中级职称，占比30.22%；3812人为初级职称，占比20.50%。有职称人数共计11000人，占全部从业人数的59.17%。

3. 营业收入情况

2019年，福建省工程造价咨询企业工程造价咨询业务收入13.38亿元。

按所涉及的专业划分，房建专业收入 8.16 亿元，占比 60.09%；市政专业收入 2.96 亿元，占比 22.12%；公路专业收入 0.8 亿元，占比 5.98%；铁路专业收入 0.05 亿元，占比 0.37%；城市轨道交通专业收入 0.11 亿元，占比 0.82%；水电专业收入 0.27 亿元，占比 2.02%；水利专业收入 0.45 亿元，占比 3.36%；电子通信专业收入 0.14 元，占比 1.05%；其他各专业收入共计 0.44 亿元，占比 3.29%。

按工程建设的阶段划分，前期决策阶段咨询项目收入 1.26 亿元；实施阶段咨询项目收入 5.34 亿元；结（决）算阶段咨询项目收入 5.12 亿元；全过程工程造价咨询项目收入 1.40 亿元；工程造价经济纠纷的鉴定和仲裁的咨询项目收入 0.18 亿元；其他项目收入 0.08 亿元，各类业务收入占总营业收入分别为 9.42%、39.91%、38.27%、10.46%、1.35%、0.59%。

二、行业协会工作情况

福建省建设工程造价管理协会不断加强自身党建工作，在福建省住房和城乡建设厅社团办、福建省社会组织管理局和福建省建设工程造价总站党支部的领导下，坚持习近平新时代中国特色社会主义思想为指导，全面落实新时代党的建设总要求为主线，扎实推进政治、思想、组织、作风和纪律建设，促进造价咨询全行业组建党支部，充分发挥“战斗堡垒”作用，以党员先锋为模范，恪守诚信建设。

2019 年，福建省建设工程造价管理协会主办、协办多项行业党建工作，在庆祝中华人民共和国成立 70 周年之际，举办“华夏杯”歌唱祖国歌唱党、“闽建杯”乒乓球竞赛活动等。协助福建省住房和城乡建设厅、福建省建设工程造价总站参与多项相关政策法规、专业标准规范的制定与修订工作，参与编制《福建省建设工程概算定额》《福建省房屋建筑加固工程预算定额》，编制《福建省建设工程造价文件汇编》（2015～2017 年）；加强造价咨询企业事中事后监管，起草了《福建省工程造价咨询成果文件质量评价办法》；编写二级造价师《福建省建设工程计量与计价实务（土木建筑工程）》《福建省建设工程计量与计价实务（安装工程）》二册，组织专家对平潭实验区的工程计价纠纷问题进行协调。利用专家库开展计价问题的专项研讨，聘请资深专家讲课，组织专业骨干到先进地区学习；培育一批龙头咨询企业，继续开展3A信用评价，资深会员的初选工作；利用会员单位的大数据发布典型工程指标；利用会员单位的资料开展计价改革的探索。

三、行业发展水平

1. 行业学术研究成果

组织会员单位积极参与的科技重大专项“装配式混凝土建筑绿色建造关键技术与产业化示范应用研究”于2019年6月获批。该专项根据福建省装配式建筑节能产业需求和社会可持续发展的要求，建立产学研相结合的技术创新体系，重点突破重大技术创新项目，带动省内主导装配式建筑绿色建造产业和重点产业的发展壮大，提升福建省建筑绿色建造技术水平和装配式建筑产品产业竞争力。

2019年，福建省建设工程造价管理协会采取组织召开“关于如何深化改进造价协会工作”研讨会、举办在线访谈学术交流活动、向各单位征集信息化新技术应用情况等形式，努力推进福建地区造价行业的学术、技术进步。

2. 行业人才建设水平

2019年，福建省工程造价全行业积极贯彻党和国家科技兴国和人才强国战略，积极开展人才队伍建设活动，通过组织专业技能竞赛、开展专业知识讲座等方式，不断增强工程造价从业人员素质；通过搭建用人单位与求职毕业生双向交流平台，为广大优秀毕业生提供就业机会；多次举办“司法解释二”、BIM技术应用、数字造价嘉年华等专题讲座，为协会会员及时解读新的法规政策和前沿技术；报送20名同志加入中国建设工程造价管理协会资深会员；举办第二届“广联达杯”建设工程数字造价三维算量技能竞赛，历时3个月，各设区市市级赛覆盖造价从业人员3000余人，完赛1361人。

第二节　发展环境

一、社会环境

2019 年是中华人民共和国成立 70 周年，是福建省改革发展进程中具有重要意义的一年，在以习近平同志为核心的党中央坚强领导下，省内各级政府坚持以习近平新时代中国特色社会主义思想为指导，坚持稳中求进工作总基调，坚定不移贯彻创新、协调、绿色、开放、共享的新发展理念，深化供给侧结构性改革，着力稳就业、稳金融、稳外贸、稳外资、稳投资、稳预期，围绕省十三届人大二次会议明确的目标任务，奋力推进高质量发展落实赶超，机制活、产业优、百姓富、生态美的新福建建设迈出新步伐，全面建成小康社会取得新的重大进展。

《国务院关于在自由贸易试验区开展“证照分离”改革全覆盖试点的通知》（国发〔2019〕25 号）明确在各自由贸易区取消工程造价咨询资质，福建自由贸易区的实施范围 118.04km^2，涵盖平潭、厦门、福州三个片区。这一政策对福建省工程造价咨询行业产生了一定的影响。行业要加快“三个重组四个重视”的步伐，三个重组即重组服务产品、重组公司结构、重组服务地域，四个重视即重视人力资源、重视企业能力、重视企业业绩、重视企业信誉。

二、经济环境

2019 年，福建省全年实现地区生产总值 42395.00 亿元，比上年增长 7.6%。全年人均地区生产总值 107139 元，比上年增长 6.7%。2019 年，福建省生产总值同比增长 8% 左右，总量上突破 4 万亿元，经济社会发展的预期目标均较好完成，实现了省内经济总体平稳、稳中有进的发展趋势。对外方面，福建省主动融入国家开放大局，积极发挥多区叠加优势，对外开放水平进一步提升；内在方面，福建省供给侧结构性改革进一步深化，省内经济结构不断优化，全省加快区域协调和城乡融合发展步伐。不断增强福建省经济创新力和竞争力，有力推动经济转向高质量发展，工程造价咨询行业新的创新点正在不断形成。

2019年，福建省全社会建筑业实现增加值4482.03亿元，比上年增长6.4%。具有资质等级的总承包和专业承包建筑业企业完成建筑业总产值13164.43亿元，增长14.0%；全省建筑业企业新签合同额14062.53亿元，同比增长2.6%。

2019年房地产开发投资5673.13亿元，比上年增长14.8%。其中，住宅投资4076.31亿元，增长17.9%；办公楼投资272.72亿元，增长26.5%；商业营业用房投资450.01亿元，下降1.7%。年末商品房待售面积1862.04万m^2，比上年末减少17.09万m^2。年末商品住宅待售面积532.54万m^2，比上年末增加9.67万m^2。全年新开工建设城镇保障性安居工程住房6.43万套（户），基本建成城镇保障性安居工程住房4.92万套。1200个在建省重点项目完成投资4948亿元。全年建成或部分建成194个项目，新开工210个项目。

三、技术环境

福建省全面贯彻落实党的十九大精神，以习近平新时代中国特色社会主义思想为指导，按照中央、全省城市工作会议部署，深化建筑业“放管服”改革，加快调整产业结构，完善监管体制机制，优化建筑市场环境，提升工程质量安全水平，强化队伍建设，提升企业核心竞争力，促进建筑业持续健康发展。为推进建筑产业现代化，福建省住房和城乡建设厅提出“推广智能和装配式建筑；提升建筑设计水平；加强技术研发创新应用；提升工程建设标准应用水平；工程总承包推行模拟清单计价”五条发展方向，为工程造价咨询行业技术发展奠定了环境基础。

四、监管环境

建筑市场监管与诚信建设方面，根据《住房和城乡建设部办公厅关于组织开展全国建筑市场和工程质量安全监督执法检查的通知》（建办质函〔2019〕282号），福建省住房和城乡建设厅提出，要着力规范建筑市场秩序，开展根治欠薪攻坚行动，规范劳务实名制管理，建立实名制平台，制定实名制管理实施细则，对省内行业市场实施更加严格的监管，净化市场环境，保障市场规范、有序。

同时，福建省加强工程造价管理工作，组织建立工程总承包模拟清单计价制度，为推行工程总承包提供计价保障。开展工程造价大数据应用试点，推进市场化计价改革。修订古建筑工程计价规定，调整发布装配式建筑计价定额和新工艺补充定额，发布常用人、材、机价格信息 10.3 万条，加强对市场各方主体计价指导和风险管控。完善工程造价咨询成果文件质量评价标准，进一步推进造价咨询行业诚信体系建设。

（本章供稿：金玉山、余毅萍）

江西省工程造价咨询发展报告

第一节　发展现状

一、企业结构

1. 企业资质情况

2019 年 193 家工程造价咨询企业中，甲级 80 家，乙级 113 家。甲级企业比乙级企业少 33 家，差额约占整体的两者差额约占整体的 17.10%。甲、乙资质占比接近 4:6。

截至 2019 年底，193 家工程造价咨询企业中，有 135 家专营工程造价咨询，占 69.95%；具备多种资质的工程造价咨询企业有 58 家，占 30.05%。其中，含有两种资质、三种资质和四种资质的企业分别有 48 家、9 家和 1 家；专营企业与多资质企业的差额 77 家，约占整体的 39.90%。显然，江西省工程造价咨询企业多元化发展势头逐步增强。

2. 行业注册企业经济成分分类

在 193 家工程造价咨询企业中，188 家责任有限公司，约占整体的 97.41%，其他登记注册类型企业仅占全体企业的 2.59%，其中包括 2 家合伙企业，3 家国有独资公司及国有控股公司。

3. 各地区企业结构

2019 年度，江西省大部分地区的工程造价咨询企业总数量和甲级资质企业数量与往年相比有所增长，但仍然存在显著的地区差异，主要呈现出实力分布非平衡特征。省会城市南昌市以拥有 83 家工程造价咨询企业稳居全省首位，其各项分类均远超其他地区，且其甲级资质企业多于乙级资质企业。除南昌市外，赣州市（27 家）、九江市（16 家）、上饶市（15 家）虽与南昌市相差甚远，但均表现出乙级资质企业多于甲级资质企业的状况。大部分地区的专营工程造价咨询企业数量仍大于多专业资质工程造价咨询企业数量，仅有景德镇市、抚州市、上饶市等少数地区实现多资质企业数量的反超或数量相符。可以看出，当地区工程造价咨询企业规模相差悬殊，实力越高者，其甲级资质企业数量和专营工程造价咨询企业数量也越高。江西省工程造价咨询行业呈现出一定的两极分化态势（与南昌市相比），且行业整体水平和从业质量亟待提升。

二、从业人员结构

1. 行业人员结构趋于稳定，技术人才结构得到改善

2019 年，江西省工程造价咨询企业数量有所增长，从业人员数量也随之增加。但正式聘用员工占比变化不大，行业保持稳定发展。截至 2019 年末，江西省工程造价咨询企业从业人员 7721 人，比上年增长 12.96%。其中，正式聘用员工 7177 人，占 92.95%；临时聘用人员 544 人，占 7.05%。近年来，江西省工程造价咨询企业从业人员总数以及正式聘用员工数量逐年上升，且增长态势均趋于平缓，行业的发展趋于稳定，从业人员结构得以不断优化，有利于提升相关企业的管理水平和服务质量。

2019 年末，江西省工程造价咨询企业共有注册造价工程师 1654 人，占全部工程造价咨询企业从业人员 21.42%，其他专业注册执业人员 901 人占比 11.67%。近年来，江西省工程造价咨询企业拥有注册造价工程师的数量变动不大，而其他专业注册执业人员数量逐年稳定且低幅增长。表明人才总量趋于稳定，专业化程度得以改善，这在一定程度上说明了该行业从业技术人才结构趋于科学和合理。

2. 人才质量水平有所提升，高端人才仍缺乏问题仍然突出

2019 年末，江西省工程造价咨询企业共有专业技术人员 4860 人，占全体

从业人员的62.94%，比其上一年（4547人）增长6.88%。2019年专业技术人员中包括高级职称人员790人，中级职称人员2788人，初级职称人员1282人，分别比上一年增长4.22%、4.19%、15.18%，分别占专业技术人员的16.25%、57.37%、26.38%，占全体从业人员的10.23%、36.11%、16.60%，而上一年，高级职称人员、中级职称人员和初级职称人员分别占全部专业技术人员的16.67%、58.85%和24.48%。

近年来，江西省工程造价咨询企业专业技术人员队伍规模有所上升，各等级职称人员均出现不同程度的增长，其中高级职称人员和中级职称人员占全部专业技术人员比例稍有上升，但增幅很小，而初级职称人员占比稍有下降。总体上，依然是中级职称人员所占比最高，初级职称人员次之。在如此形势下，江西省应致力于吸纳工程造价咨询行业的高端人才，激励初、中级人才正向发展，从而改善高端人才比例，促进行业人才结构快速升级。

3. 各地区人才分布情况

江西省省内不同地区工程造价咨询企业从业人员分布情况差异较大，南昌市由于区位优势、行业发展规模等原因，其工程造价咨询从业人员与专业技术人员总数均位居全省首位，人才聚集优势明显。南昌市、赣州市、上饶市的行业从业人员均排在前三位，分别达到4167人、1588人、406人，其中正式聘用人员占比分别为92.15%、96.35%、88.92%。南昌市、赣州市、上饶市的专业技术人员拥有数量也位于全省前三，分别为2453人、1183人、264人，其中高级职称人员占比分别为18.55%、11.16%、17.80%，就年度期末注册执业人员数量而言，南昌市、赣州市、九江市工程造价咨询企业中的注册造价工程师总数排在全省前三位，分别为875人、221人、115人，其他专业注册执业人员排在前三位的是赣州市、南昌市、吉安市，分别为321人、278人、89人。江西省工程造价咨询行业的发展仍然存在显著的非均衡特征问题，工程造价咨询行业的执业人员更愿意在经济状况良好且具有区位优势的地区就业，南昌市和赣州市的区位优势明显领先其他地区，上饶市、九江市、吉安市次之，抚州市、鹰潭市、宜春市、萍乡市、新余市、景德镇市的状况较为欠缺。

三、营业收入

1. 营业收入总体规模扩大，人均收入有所下降

2019年江西省工程造价咨询企业的全部营业收入19.24亿元，比上年（18.87亿元）增长2.01%。其中，工程造价咨询业务收入为11.60亿元，比上年（9.54亿元）增长21.59%，占全部营业收入的60.29%。在其他业务收入中，招标代理业务收入2.81亿元、项目管理业务收入0.21亿元、工程咨询业务收入1.07亿元、建设工程监理业务收入3.55亿元。全省工程造价咨询行业从业人员的人均营业收入为24.92万元，较上年减幅9.74%，较前年增幅1.05%，总体上有所下降。

2. 各地区营业收入情况各异

根据地区营业收入变化及人均营业收入变化的基本情况可以看出，工程造价咨询行业在各地区间发展极不平衡，南昌市各项数据均领跑全省。整体营业收入及工程造价咨询业务收入排在前三的分别是南昌市（14.09亿元、8.37亿元）、赣州市（2.09亿元、1.00亿元）、九江市（0.69亿元、0.66亿元），除南昌市独占鳌头，占全省整体营业收入的73.19%，赣州市占比10.86%外，其余地区占比均在5%以下，地区差异显著。人均营业收入最高的三位是南昌市、吉安市、萍乡市，分别达到33.81万元、19.40万元、18.59万元，最低者为新余市10.18万元，极差达到23.63万元。

第二节　工作情况

一、学术氛围日趋活跃

江西省工程造价协会组织开展了2019年度工程造价行业学术研究活动，共收到学术研究论文197篇，共评选出获奖论文78篇，其中一等奖5篇、二等奖31篇、三等奖42篇。学术研究的氛围更加浓厚，协会以学术研究成果带动企业效益和提高创新能力，促进江西省工程造价行业科学发展，提高工程造价从业人

员业务水平和综合素质。

二、协会党建工作

自2018年8月江西省工程造价协会党支部成立以来，始终坚持以习近平新时代中国特色社会主义思想为指导，全面贯彻党的十九大和十九届二中、三中、四中全会精神。在江西省住房和城乡建设厅行业综合党委的正确领导与行业主管部门省造价管理局监督指导下，积极开展支部的各项党建工作，发挥基层党支部的战斗堡垒作用，引领行业正确的发展方向。以党建引领协会各项服务工作，认真践行新时期对社会组织的职能定位，服务政府、服务行业、服务会员、服务社会，开拓创新，推动工程造价行业的蓬勃发展。

1. 围绕“不忘初心、牢记使命”主题教育

2019年11月15日，协会党支部组织党员和秘书处工作人员赴方志敏烈士陵园，开展爱国主义教育活动，以革命前辈的历程和献身精神勉励和教育党员及进步群众。根据“不忘初心、牢记使命”主题教育安排，结合南昌市“双创文明”活动，2019年12月13组织党支部成员和协会秘书处员工前往艾溪湖湿地公园清理环境，为建设美丽南昌尽一份力。

2. 加强基层党支部组织建设

做好党员发展工作。根据省委组织部关于加强“二新组织”党建要求，实现党的建设全覆盖，吸纳先进分子加入党组织，于7月正式培养入党积极分子1名并报上级党委。坚持“三会一课”制度，认真开展组织生活会、民主评议和谈心活动，党支部书记上党课。

3. 以文体活动为载体，全面提升党支部的精神文明建设

2019年9月25日，江西省住房和城乡建设厅举办“礼赞新中国，奋进新时代”庆祝中华人民共和国成立70周年合唱比赛，本协会积极参与，加入省造价局代表队，以一首经典曲目《歌唱祖国》荣获三等奖。

三、公益慈善

为贯彻落实党中央和习近平总书记精准扶贫精准脱贫战略思想，展示社会组织和企业的社会责任感，与南昌市红十字会联合开展“献爱心、助成长”贫困学生救助活动，先后来到南昌县莲塘镇和南新乡，看望因遭遇家庭变故而致贫的4户贫困学生家庭，为每户家庭送上慰问金5000元、书包及学习用品、温暖箱等。

四、协会工作情况

1. 开展全省工程造价咨询企业信用评价等级评价工作

配合中国建设工程造价管理协会组织开展了2019年度江西省工程造价咨询企业信用评价工作。

2. 开展先进造价咨询单位、先进单位会员、先进个人会员评选活动

根据各专业委员会、各设区市协会联络处和省直单位推荐上报评选名单，经协会审核，共评选出先进造价咨询单位60家，先进单位会员4家，先进个人会员194人。

3. 配合中国建设工程造价管理协会做好资深会员的推荐工作

向中国建设工程造价管理协会推荐资深会员2次，推荐资深会员16人。

4. 搭建平台，开展企业“开放日”、走访及座谈活动

（1）开展了两期“企业开放日”活动。

（2）召开了工程造价咨询企业负责人座谈会。主要围绕税务制度改革、社保缴纳方式的调整给企业带来的影响；清理挂证等给造价行业带来的冲击；江西省造价行业尚存的问题及解决对策；协会如何更好地为会员服务等主题展开讨论。

（3）到会员单位走访，深入了解会员单位的情况，听取会员诉求，尽力帮助会员单位解决遇到的问题，及时向行业主管部门反馈。

（4）积极做好会员发展工作。截至2019年12月底，新增单位会员12家，

新增个人会员55人。目前，协会共有单位会员268家，个人会员3705人。

5. 办好行业协会“一刊一网”，为会员提供服务平台

（1）由协会编辑的《江西工程造价》免费发送给会员单位。

（2）协会网站开设企业风采、新闻资讯、招聘信息、会员服务系统等窗口，集中反映协会工作动态、行业改革发展信息、评先评优和行业自律信息，以及专业论坛等内容，为会员提供更便利的服务平台。

6. 做好工程定额、培训教材编撰工作

积极配合江西省工程造价管理局做好2017版《江西省建设工程定额》勘误、宣贯和二级造价师考试培训教材、题库编写及报名等相关工作。

第三节　发展环境

一、技术环境

1. 创建大数据云计算平台

随着大数据时代的到来，建设相关企业可以直接进行企业私有云平台的搭建，对工程建设过程中各项目所涉及、生产的所有信息数据进行科学整合，通过平台实现信息数据的共享与相互利用，对各工程项目进行全面实施监管，确保处理工作的安全可靠性，并能够为相关工作人员提供相应的云计算服务等，以此来不断提升在工程造价方面的管理水平。

2. BIM技术的发展和应用将为造价人才的发展提供更大的空间

BIM技术的应用在很大程度上推动了工程造价咨询企业的转变，实现了现代化的发展，将全过程有效渗透进工程造价管理当中，保障了工程造价的实时性。

3. 全过程造价管理信息化平台是实现全过程造价管理的必要手段

建设项目工程总承包和全过程咨询对造价管理提出了新要求，实施单位需要将投资估算、设计概算、预算、招标控制价、过程进度款支付、结算等造价管理工作纳入一个平台进行统一的管理，以便实现建设项目全过程的成本管控。

二、监管环境

1. 构建监管机制

目前，江西省已明确工程造价咨询行业的职能定位、主要任务和职责差距，从监管的角度来讲，从五个方面重新构建：一是深化工程造价咨询业监管改革，营造良好市场环境；二是共编共享计价依据，搭建公平市场平台；三是明确工程质量安全措施费用，突出服务市场关键环节；四是强化工程价款结算纠纷调解，营造竞争有序的市场环境；五是加强工程造价制度有效实施，完善市场监管手段。

2. 明确市场定位

近年来，随着深入推进建筑业“放管服”改革，江西省在坚持市场决定工程造价，完善工程计价制度，维护建设市场各方合法权益等方面取得明显成效。

（本章供稿：邵重景、刘伟、花凤萍）

山东省工程造价咨询发展报告

第一节　发展现状

2019年，山东省坚持以习近平新时代中国特色社会主义思想为指导，全面贯彻党的十九大和十九届二中、三中、四中全会精神，认真落实习近平总书记对山东工作的重要指示要求，坚持稳中求进工作总基调，坚持以供给侧结构性改革为主线，坚定践行新发展理念，扎实推动高质量发展，人民群众获得感、幸福感、安全感不断提升，全面建成小康社会取得新进展。全省国民生产总值（GDP）71067.5亿元，按可比价格计算，比上年增长5.5%。人均生产总值70653元，增长5.2%，按年均汇率折算为10242美元。

工程造价咨询企业以提高服务质量和经济效益为目标，充分发挥专业优势，深入探索和推进全过程工程咨询、BIM技术应用，拓展业务范围，完善人才培养机制，实现造价咨询行业平稳快速发展，共有645家企业按照《工程造价咨询统计调查制度（2019版）》要求，完成了2019年度统计调查报表报送工作，其中甲级企业277家，乙级企业368家。

一、行业收入情况

全省工程造价咨询企业完成咨询项目涵盖房屋建筑、市政、城市轨道交通、公路、水利等二十余个专业工程，涉及业务范围涵盖工程建设各个阶段。企业上报的咨询业务经营收入合计101.12亿元，实现利润5.83亿元，平均利润率为5.77%，其中工程造价咨询业务收入53.33亿元；其他咨询服务业务收入47.79

亿元。

多元化发展占主导地位。现有191家专营工程造价咨询企业，占企业总数29.61%；454家企业具有多种资质，占企业总数70.39%，多资质企业数量远超专营工程造价咨询企业数量。行业企业的营业收入中工程造价咨询收入占52.74%，其他业务收入占47.26%。47.79亿元其他收入中，按业务类型划分，招标代理业务收入13.84亿元，占28.96%，建设工程监理业务收入28.70亿元，占60.05%，项目管理业务收入2.92亿元，占6.11%，工程咨询业务收入2.33亿元，占4.88%。

区域发展仍不平衡。全省工程造价咨询企业数量较多的3个市为济南、青岛、烟台，三市工程造价咨询企业数量之和占全省44.57%。省内各市工程造价咨询企业数量和实力分布仍不平衡。

房屋建筑工程咨询收入占主要地位。工程造价咨询业务收入53.33亿元按专业划分，房屋建造工程专业收入34.17亿元，同比增长19.73%，占全部工程造价咨询业务收入的64.07%；市政工程专业收入8.83亿元，同比增长27.42%，占全部造价业务收入的16.56%；公路工程专业收入2.29亿元，同比增长23.78%，占全部造价业务收入的4.29%；其他各专业收入合计8.04亿元，占全部造价业务收入的15.08%。

工程造价收入仍集中在实施阶段。工程造价咨询业务收入53.33亿元按建设项目的全过程划分，前期决策阶段咨询收入3.60亿元，占总收入的6.75%，施工阶段咨询服务收入7.33亿元，占13.75%，工程结算阶段咨询收入22.74亿元，占42.65%，全过程工程造价咨询服务收入17.09亿元，占32.05%，工程造价司法鉴定收入1.96亿元，占3.67%，其他咨询服务收入0.61亿元，占1.14%。

行业市场竞争激烈。2019年全省造价咨询业务收入排名前50名的企业与上年排名企业相比总体呈现增长趋势，合计收入22.43亿元，占全省企业造价咨询收入的42.07%。前50名企业市场份额占有率稳步增加，造价咨询业务市场集中度提高，行业竞争激烈。

二、行业从业人员情况

从业人员数量稳步递增。2019年末，全省工程造价咨询企业从业人员38218

人，同比增长10%。其中正式聘用人员35243人，占总数的92.22%；临时聘用人员2975人，占总数的7.78%。正式聘用员工占比增加，行业发展稳定。

专业化程度有所提升。工程造价咨询企业中共有一级注册造价工程师7067人，同比增长5.76%，占全部造价咨询企业从业人员的18.49%；其他注册执业人员5023人，占全部造价咨询企业从业人员的13.14%。

技术力量不断增强。工程造价咨询企业共有专业技术人员合计24200人，同比增长6.35%，占年末从业人员总数的63.32%。其中，高级职称人员3626人，中级职称人员12343人，初级职称人员8231人，分别占比为14.99%、51.00%、34.01%，高端人才比例不断攀升。

社会贡献持续显现。2019年全省工程造价咨询企业完成的工程造价咨询项目所涉及的工程造价总额26437.16亿元，工程竣工结算中核减不合理费用830.08亿元，有效地控制了基本建设投资。

造价咨询企业支付职工薪酬26.37亿元，上缴税金5.74亿元，应交企业所得税1.48亿元，为保障就业做出了贡献。

三、造价资质管理情况

资质审批简化流程网上办理。工程造价咨询单位资质认定（乙级）通过“山东省住房和城乡建设服务监管与信用信息综合平台”或“山东省政务服务网”网上办理，部分资质申请材料实行告知承诺制。省内工程造价咨询企业从事造价咨询活动不受行政区域限制，省外入鲁工程造价咨询企业按照《关于贯彻建市〔2015〕140号文件推动建筑市场统一开放的通知》（鲁建规范〔2016〕1号）要求，自承接业务之日起30日内在全省建筑市场监管与诚信信息一体化平台填报基本信息、上传有关材料，并到进入山东承揽业务的首站设区市住房和城乡建设主管部门验证有关证照，验证通过后，企业可在山东全省范围内承揽业务。

审批权限下放，济南、青岛、烟台三个地市成立专门的审批机构。根据《山东省人民政府关于将部分省级行政权力事项调整由济南、青岛、烟台市实施的决定》（省政府令第320号），工程造价（乙级）资质的审批权限下放到地级市。

2019年5月27日济南市委、市政府发布了《济南市深入推进相对集中行政许可权改革组建市行政审批服务局改革方案》（济厅字〔2018〕44号），济南市住房和城乡建设局将工程造价咨询机构资质审批事项划归济南市行政审批服务局承接。

青岛、烟台两市由住房和城乡建设委员会对建设工程相关企业资质、房地产开发企业资质和建筑施工企业安全生产许可证统一审批。

四、协会业务工作

2019年山东省工程建设标准造价协会有会员单位746家，协会秉持服务会员的办会宗旨，通过开展信用评价、信息发布、纠纷调解、定额宣贯、标准制定、行业自律等工作，规范会员执业行为、维护市场公平竞争、引导行业发展方向，不断增强协会的会员凝聚力和社会影响力。

按照政府要求完成协会脱钩改制的准备工作。2019年，协会认真学习行业协会商会脱钩改制精神，完善协会自身建设，完成了协会脱钩改制准备工作。

积极参与多元化纠纷解决机制建设。2019年，协会指导临沂协会成立了省内第一个市级工程造价纠纷调解中心，在济南、临沂等地相继举办了工程造价纠纷调解培训班，广泛宣传多元化解纠纷机制的相关政策和工作方法，培训人员达1000多人。牵头起草了团体标准《建设工程造价争议评审规范》，为完善特邀调解工作方法、探索工程造价诉讼的中立评估制度提供了依据。

开展工程造价纠纷调解工作。2019年协会被山东省高级人民法院、济南市中级人民法院以及济南市历城区人民法院聘请为特邀调解组织，接受法院委派调解案件42件，调解成功4件；接受当事人申请调解19件，调解成功17件，为营造山东省良好的营商环境做出自己的贡献，调解工作得到了社会的充分肯定。

开展团体标准的编制、审查和发布工作。2019年协会修订了《团体标准管理办法》并在全国团体标准信息平台上进行了公示，团体标准代号为LESC。2019年完成了以下标准化工作：一是审查并发布了《装配式建筑工程技术资料管理规程》T/LESC—01—2019。二是组织编制完成了山东省《建设工程造价咨询招标投标规范》团体标准征求意见稿，并进行了网上征求意见。三是编制完成《建设工程造价争议评审规范》团体标准的送审稿。四是对《FAB钢板网架复合板外墙保温系统建筑构造》《FAB钢板网架复合板外墙保温系统应用技术规程》《钢板网复合岩棉带外墙保温系统建筑构造》《钢板网复合岩棉带外墙保温系统建筑构造》

4项团体标准进行了立项。

开展定额及标准的宣贯工作。协会先后在济南、烟台等地组织了2016年版《建筑工程预算定额》建筑、安装、市政、园林绿化四个专业的宣贯交底、《工程造价咨询业务规范》地方标准宣贯、《工程造价鉴定规范》国家标准的宣贯工作，得到各地市协会的大力支持和会员单位的一致好评，为提升行业从业人员的整体素质，引导行业发展方向起到了很好的引领作用。

举办专题培训研讨会议。2019年，协会先后在威海、青岛等地举办了山东省工程造价咨询企业税收风险管理及对策学习研讨班、工程造价咨询业务骨干培训会，配合中国建设工程造价管理协会发展委员会召开了"互联互通，共享发展"主题工作会议。全年举办培训会议13场次，参与培训人员4500余人。

组织行业协会和会员单位之间的学习交流。协会通过开展企业开放日活动，对造价咨询企业进行走访和调研，掌握行业发展的第一手资料，为行业主管部门制定政策提供依据。

组织会员单位代表前往四川、北京等多地考察和学习。为推动和鼓励山东省工程咨询企业"走出去"，加强与其他地区企业的交流，学习前沿技术和研究成果，协会带领会员单位参加了2019年度中国数字建筑年度峰会。

开展工程建设标准造价论文征集评选活动。2019年协会开展了第3次论文评选活动，共征集72家企业提报论文382篇，评选出一等奖论文20篇，二等奖30篇，三等奖38篇，另有52篇入选当年的论文集，在提高从业人员写作水平的同时，选拔了一批理论和文字水平双高的行业专家，充实了专家库。

开展山东省造价咨询企业百名排序工作。协会贯彻落实《国务院办公厅关于促进建筑业持续健康发展的意见》（国办发〔2017〕19号）文件精神，引导山东省工程造价咨询企业向全过程工程咨询服务发展，经山东省工程建设标准定额站同意，以企业自主上报的"工程造价咨询统计报表"为基础，开展了山东省工程造价咨询企业造价咨询收入前百名企业排名活动，在行业内开展了比学赶超的竞争氛围。

配合中国建设工程造价管理协会开展信用评价工作。协会与中国建设工程造价管理协会对接，在充分调研的基础上开展业内信用等级评审工作，具体负责山东省工程造价咨询企业上报资料的初评、上报，以及相应的监督、核查等工作。2019年，省内77家造价咨询企业自主上报了评价资料，评定为3A级企业72家，

评定为2A级企业5家。

五、行业党建工作

据统计，山东省造价咨询企业党组织建设覆盖率不足26%，行业党员人数比例不足10%，非党高级知识分子比例超过40%。为促进山东省工程造价咨询行业基层党组织设置从“有形覆盖”向“有效覆盖”转变，山东省行业主管部门和造价协会结合山东省工程造价咨询行业特点，不断推动行业党的建设。

2019年8月青岛站党支部联合青岛市造价协会举办了青岛市工程造价咨询行业党组织庆祝建党98周年暨“不忘初心、牢记使命”主题教育党建知识竞赛，全市共计14个造价咨询企业党支部报名参赛。此次竞赛以习近平新时代中国特色社会主义思想和党的十九大精神、《中国共产党章程》等为主要内容，通过笔试，根据各支部参赛人员平均分，评选出一等奖1名、二等奖2名，三等奖3名。

2019年山东省工程建设标准造价协会第3年开展“新阶层·党旗红”工作品牌创建活动，按照山东省委统战部的通知要求，协会印发了《2019年度“新阶层·党旗红”党建工作评价细则》，根据企业上报的党建工作报告统计，山东省共有造价咨询企业644家，行业党员人数约为3550人，2019年表彰了89家品牌创建优秀单位，分别授予“先进单位”“模范单位”“优秀单位”称号，号召会员单位以党建为抓手，提升业务工作，使党建工作更贴近基层经济发展和社会生产活动，加快基层党组织建设，把党建和企业文化结合起来，以党建带动生产经营的发展。

加强行业统战工作，积极培养党外知识分子。由于工程造价咨询行业从业人员流动性强的特点，企业对个人信息的掌控程度较低，协会开展统战工作，积极为党外知识分子搭建平台，聚人心、凝智慧，把造价咨询行业有识之士团结凝聚在党组织周围，聚焦行业重点难点问题深入调研、积极建言献策，充分发挥党外知识分子作为统一战线持续发展的蓄水池作用。

2019年作为行业统战工作成果，协会新增“党外知识分子”关注对象144位，优秀知识分子学历涵盖本科、硕士研究生、EMBA，职称涵盖中高级工程师、经济师、审计师，职业资格涵盖一级造价师、一级建造师、注册会计师等。

2019年5月，经中共山东省工程建设标准定额站党支部批准，由协会组织

100名行业统战对象，参加了省委统战部在山东省社会主义学院举办的全省造价咨询行业代表人士培训班。会上还开展了“诚信执业百名造价师签名宣誓”活动。

六、参与公益慈善活动

山东省工程建设标准造价协会积极组织行业企业参与山东省民政厅组织的“双百扶贫行动”，助力打赢脱贫攻坚战。

参与农村基础建设项目。2019年1月，协会在完成了2018年30万元修桥慈善基金的捐赠活动以后，又为山东省东明县沙窝镇东堡城村路灯安装项目捐款5万元。2019年9月，协会为山东德州市临邑县临南镇王常村进行了新农村整体设计规划，第一期村容村貌改造项目协会计划捐赠30万元，目前已经筹集资金将近50万元，存放于山东省扶贫开发基金会的专用账户，项目于2020年开工建设。

创新消费扶贫方式，拓展农产品销售渠道。在2019年的脱贫攻坚活动中，协会对接德州市临邑县王常村。2019年8月，协会在充分调研的基础上，向会员单位发出了《关于招募2019年度“双百扶贫”和“乡村振兴行动”志愿者单位的通知》，号召会员单位认购帮扶村的特色农产品蜜桃，让农民依靠自己的劳动，实现稳定增收，12个地市80余家会员单位共认购了蜜桃5012箱，价值20多万元，使全村果农增收6万多元，村内贫困户、村民通过参与包装蜜桃、运输、搬运等工作收入4万余元，在不依赖政府资金扶持的情况下，120多户村民集体增收10万元，创造了贫困村民脱贫的新模式。

规范开展公益活动，树立行业社会形象。在扶贫过程中，协会与山东省扶贫开发基金会结成了扶贫公益伙伴，基金会为协会免费提供银行账号，用于接收会员单位捐赠资金，负责向扶贫对象定向支付且不收取任何管理费。通过基金会的管理，保证捐赠手续合规合法，捐赠单位收到基金会的收款收据可在税前抵扣，极大地节约了捐赠成本，同时基金会向每位捐款的会员都颁发了捐赠证书，会员的公益行为通过基金会得到了广泛的宣传。

2019年山东省造价咨询行业参与扶贫捐赠的会员单位有220多家，筹资50多万元；同时参加“爱心蜜桃认购”的企业还有80多家，出资20万元。

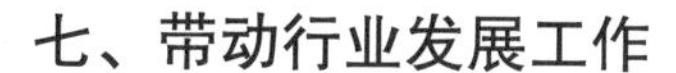

七、带动行业发展工作

二级造价师考试准备工作完成。2019 年 5 月 16 日，山东省住房和城乡建设厅对《全国二级造价工程师职业资格考试大纲》进行细化，制定《山东省 2019 年度二级造价工程师职业资格考试范围（部分专业）》，山东省工程建设标准造价协会在定额站的指导下，组织行业专家按照大纲内容启动了《建设工程计量与计价实务》（土木建筑工程、安装工程）考试参考教材的编写工作。

2019 年 9 月 30 日山东省住房和城乡建设厅、山东省交通运输厅、山东省水利厅和山东省人力资源和社会保障厅联合下发了《山东省二级造价工程师职业资格考试实施办法》，进一步规范二级造价工程师职业资格考试考务工作。

推进全过程工程咨询业务的开展。山东省工程建设标准定额站为推动造价咨询企业转型升级，提高全过程工程咨询服务能力和水平，2019 年 6 月 17 日按照国家发改委、住房和城乡建设部联合印发的《关于推进全过程工程咨询服务发展的指导意见》（发改投资规〔2019〕515 号）要求，下发《关于布置工程造价咨询企业参与全过程咨询服务工作任务的通知》（鲁标定函〔2019〕9 号），布置工程造价咨询企业参与全过程咨询服务工作任务，为工程造价咨询企业跻身全过程咨询服务奠定了政策基础。

举办职业技能竞赛，提高行业队伍整体素质。2019 年 11 月 2 日，由山东省住房和城乡建设厅主办，省建设工会和省工程建设标准定额站、省工程建设标准造价协会承办的山东省工程造价行业土建工程造价职业技能竞赛决赛成功举办。竞赛分预赛和决赛两个阶段，预赛自 8 月开始，来自全省开发、设计、施工、中介机构等各建设领域 460 余家企业和 5200 余名工程造价从业人员报名参赛。经过预赛角逐，共有 160 名选手组成 16 个市级代表队参加决赛，本次决赛首次使用海报新闻在线直播，在线收看人数共计 36 万人次。

地市行业主管部门积极推动造价咨询行业发展。2019 年 1 月 22 日，东营市召开工程造价行业总结暨建设工程造价咨询服务规范宣贯培训会议，各造价咨询企业建设工程造价管理人员及技术人员共 120 余人参加了会议。会议通报了《东营市建设工程造价专家库管理办法》及首批造价专家名单和 2018 年市政工程职业技能大赛获奖名单和论文评选结果，会议对《建设工程造价咨询服务规范》

DB37/T 5130—2018 进行了宣贯培训。

2019 年 4 月 30 日上午，济宁市建筑工程管理办公室和济宁市工程建设标准造价协会共同组织召开了《建设工程造价咨询服务规范》宣贯会议，全市造价管理机构主要负责人和造价咨询企业有关专业技术人员共计 110 余人参加。

2019 年 10 月 26 日～27 日，滨州市住房和城乡建设局主办、滨州市工程建设标准造价协会协办的《山东省安装工程消耗量定额》(2016 版）宣贯培训圆满结束，全市 160 余名工程造价专业人员参加培训。

2019 年 12 月 15 日，由滨州市总工会、市住房和城乡建设局主办，滨州市工程建设标准造价协会协办的 2019 年度滨州市工程造价行业安装工程专业职业技能竞赛成功举办。获得本次安装专业职业技能竞赛前十名的选手和下半年组织的土建专业职业技能竞赛前十名的选手被授予“滨州市 2019 年度工程造价岗位能手”荣誉称号，获得竞赛第 1 名的选手将按照程序于次年度申报滨州市“五一劳动奖章”。同时，表彰了 5 家执业规范、社会信用良好、在全行业中起到了引导带头作用的工程造价咨询企业。

第二节　发展环境

一、社会经济环境

巨大的基本建设投资，为工程造价咨询业务的发展提供了广阔的市场。2019 年山东省常住和户籍人口“双过亿”，政府坚持以新旧动能转换重大工程为引领，加快实施创新驱动发展战略，聚焦聚力推进乡村振兴、经略海洋、军民融合等工作重点，持续投资建设日照先进钢铁制造基地、重汽智能网联重卡、一汽华东智能网联汽车试验场、威联化学等产业升级项目，山东国瓷 5G 关键材料、有研大尺寸硅材料、浪潮云计算装备、中船重工船用发动机等前沿引领项目，济南超算中心、青岛 5G 高新视频实验园区、烟台万华全球研发中心等重大平台项目，国际医学科学中心、第一医科大学、康复大学等社会民生项目。持续加大高铁、高速、机场等基础设施建设力度，开工京沪高铁二通道天津至潍坊段、潍坊至烟台、莱西至荣成、济南至滨州、济南至枣庄旅游高铁等 5 个高铁项目；开工建设临淄至临沂等5条高速，加快推进莱芜至临沂等23条在建高速；加快烟台机场二期工程等4个机场项目建设。投资结构得到优化，国有投资比例加大，占全部投资的24.5%。865个新旧动能转换优选项目和104个省重大建设项目，分别完成投资2407亿元和1172亿元以上，重点水利工程总投资583亿元，城市建设投资1502.8亿元，基础设施投资增长3.9%，其中，交通运输仓储和邮政业投资增长32.8%，航空、道路和铁路运输业投资分别增长63.9%、40.5%和27.9%。

房地产市场稳健发展。房地产开发投资8614.9亿元，比上年增长14.1%。其中，住宅投资6672.2亿元，增长16.7%。商品房施工面积75767.4万m^2，增长9.7%。其中，住宅施工面积55942.0万m^2，增长10.1%。商品房竣工面积10179.2万m^2，下降3.2%。其中，住宅竣工面积7734.7万m^2，下降4.0%。商品房销售面积12727.3万m^2，下降5.4%。其中，住宅销售面积11429.0万m^2，下降2.8%。年末商品房待售面积2433.8万m^2，比上年末下降7.8%。

建筑行业发展稳中求进，2019年全省建筑业总产值14269.3亿元，比上年增长10.6%。其中国有及国有控股企业产值4288.40亿元，占建筑业总产值的30.1%，非国有企业产值9980.90亿元，占69.9%。

二、技术发展环境

开放兼容的数字化建设环境，为工程造价咨询服务的数字革命提供了优越的条件。2019年新培育省级产业互联网平台70家，“上云用云”企业超过10万家，全国首个5G高新视频实验园区落户青岛，全省开通5G基站超过1万个。政府扎实开展“云行齐鲁”、企业上云、智能制造带动提升等重点行动。

2019年12月25日，山东省人民政府公布《山东省电子政务和政务数据管理办法》，规定省人民政府、设区的市人民政府应当建设本级政务数据开放网站，向社会提供数据开放服务。县级以上人民政府有关部门应当按照规定，通过政务数据开放网站向社会提供本部门有关政务数据的开放服务。鼓励公民、法人和其他组织利用开放的政务数据创新产品、技术和服务。依托山东公共数据开放网，深化地理信息、交通运输、生态环境等重点领域政务数据向社会开放。加强开发利用，鼓励引导社会组织和机构开展公共数据深度挖掘和增值利用，培育数据服务产业链，促进产业发展和行业创新。

2019 年 12 月 24 日，山东省工程建设标准《建设工程造价电子数据标准》由山东省住房和城乡建设厅、省市场监督管理局批准发布。可实现造价数据间高质量、高效率的共享交换，为提高招投标信息化管理水平、开展工程造价大数据应用提供了基础的技术支撑，对构建多层次、结构化的工程造价指数指标体系，深化工程造价管理改革具有一定意义。

2019 年度建设工程造价数据监测工作报告显示，山东省共有 736 家工程造价咨询企业（含分支机构）在全国建设工程造价数据监测平台登记基本信息，657 家企业上报监测数据，上报率 89.3%。共收集建设工程造价数据 90900 条，较 2018 年增长 20.4%。上报成果文件涉及房屋、市政、园林绿化等多专业，涵盖项目建设全过程，上报数据的数量、准确性均有所提高。

三、市场监管环境

2019 年山东省深化“一窗受理、一次办好”的政府工作改革逐步推进。实行全面减权放权授权，坚持“应放尽放、减无可减、放无可放”的目标，在依法依规、充分考虑基层承接能力前提下，除重大敏感事项外，省级权力事项全面下放济南、青岛、烟台，逐步扩展至其他 13 市实施。

强化公平公正监管。全面推进政务公开，深化“双随机、一公开”监管、“互联网 + 监管”，加强事中事后监管，建立“非请勿扰”诚信管理机制。推动出台《山东省优化营商环境条例》《山东省社会信用条例》，开展优化法治环境专项行动，营造诚实守信、公平竞争的市场环境。2019 年 6 月 26 日，山东省住房和城乡建设厅印发了《全省建筑市场“双随机、一公开”监管工作方案》，在房屋建筑和市政工程领域推行“双随机、一公开”监管，把“双随机、一公开”作为建筑市场监管的基本手段和方式，取代日常监管原有的巡查制和随意检查。

按照工作方案要求，凡在本省注册的建筑业、工程监理、工程造价企业和招标代理机构及其相关从业人员以及在建工程项目均要纳入监管对象，通过实施“双随机、一公开”监管，对市场主体的违法违规行为依法依规进行处罚处理，并实行信用惩戒，切实做到让违法者“利剑高悬”，让守法者“无事不扰”。工作方案还对健全“两库”（检查对象名录库和执法检查人员名录库）、编制抽查事项清单、制定抽查计划、实施随机抽查、检查结果运用、加强层级监管以及个案处理和专项检查等方面提出了明确要求。

依法进行行业检查。2019年9～10月山东省住房和城乡建设厅组织开展2019年度全省房屋建筑和市政工程建设执法检查，按照“双随机、一公开”方式进行，从执法监察局和有关处室、单位抽调执法人员，并邀请部分专家参加，按照《工程造价咨询单位管理办法》对工程造价企业资质合规情况及相关制度执行落实情况进行检查。

注重执业人员管理。2019年山东省住房和城乡建设厅开展工程建设领域专业技术人员职业资格“挂证”等违法违规行为专项整治行动，扰乱市场、违反公平竞争的“挂证”现象得到了遏制。

政府不断优化的“放管服”工作模式，为造价咨询企业提供了公平竞争的市场监管环境。在全国工商联开展的万家民企评价营商环境中，山东省进入前6强，各方面都关注山东、看好山东。

（本章供稿：于振平、李磊）

河南省工程造价咨询发展报告

第一节　发展现状

一、基本情况

1. 企业总体情况

截至 2019 年期末，河南省工程造价咨询行业共有 294 家工程造价咨询企业，其中，甲级资质企业 164 家，占比 55.78%；乙级资质企业（含暂定乙级）130 家，占比 44.22%。

与 2018 年河南省工程造价咨询企业数量对比发现，企业总量比 2018 年减少 19 家（2018 年企业总量为 313 家），甲级资质企业增加 26 家（2018 年甲级资质企业为 138 家），乙级资质企业（2018 年甲级资质企业为 175 家）减少 45 家，其中 26 家应为升甲企业。

省内分布情况：郑州市 183 家、洛阳市 22 家、平顶山市 10 家、安阳市 9 家、驻马店市 9 家、南阳市 8 家、濮阳市 8 家、许昌市 8 家、开封市 7 家、新乡市 6 家、信阳市 6 家、三门峡市 5 家、漯河市 4 家、周口市 2 家、鹤壁市 1 家（另有 6 家在各省直管县市）。

294 家工程造价咨询企业中，专营工程造价咨询的企业有 152 家，占比 51.70%，兼营工程造价咨询业务且具有其他资质的企业 142 家，占比 48.30%。相比 2018 年，专营工程造价咨询的企业大幅增加 51 家，兼营工程造价咨询业务且具有其他资质的企业减少 70 家。其中，具有监理资质的有 52 家，综合资质的有 4 家，具有工程咨询资质的有 110 家，具有工程设计资质的有 11 家。

2. 从业人员总体情况

截至2019年末，河南省工程造价咨询企业从业人员合计21175人，其中，正式聘用人员19487人，占比92.03%；临时聘用人员1688人，占比7.97%。

截至2019年末，工程造价咨询企业共有一级注册造价工程师3241人，占全部工程造价咨询企业从业人员总数的15.31%。

截至2019年末，河南省程造价咨询企业共有专业技术人员12955人，占全部工程造价咨询企业从业人员总数的61.18%。其中，高级职称人员1861人，中级职称人员6888人，初级职称人员4206人，各类职称人员占专业技术人员比你分别为14.37%、53.17%、32.46%。

3. 营业收入总体情况

截至2019年末，河南省工程造价咨询企业营业收入为47.26亿元（2018年数据为56.65亿元，收入减少9.39亿元）。

营业收入按业务类别分类：工程造价咨询业务收入23.10亿元（2018年数据为19.99亿元，收入增长3.11亿元）；招标代理业务收入7.99亿元（2018年数据为17.10亿元，收入减少9.11亿元）；建设工程监理业务收入13.99亿元（2018年数据为8.67亿元，收入增长5.32亿元）；项目管理业务收入0.37亿元（2018年数据为10.26亿元，收入减少9.89亿元）；工程咨询业务收入1.81亿元（2018年数据为0.63亿元，收入增加1.18亿元）。

上述工程造价咨询业务收入中，按涉及专业类别划分：房屋建筑工程专业收入13.66亿元，占全部工程造价咨询业务收入比例为59.13%；市政工程专业收入5.22亿元，占22.60%；公路工程专业收入1.17亿元，占5.06%；铁路工程专业收入0.05亿元，占0.22%；城市轨道交通工程专业收入0.08亿元，占0.35%；航空工程专业收入0.02亿元，占0.09%；火电工程专业收入0.62亿元，占2.68%；水电工程专业收入0.63亿元，占2.73%；核工业工程专业收入0.01亿元，占0.04%；水利工程专业收入0.43亿元，占1.86%；石油天然气工程专业收入0.03亿元，占0.13%；石化工程专业收入0.13亿元，占0.56%；化工医药工程专业收入0.05亿元，占0.22%；农业工程专业收入0.1亿元，占0.43%；林业工程专业收入0.03亿元，占0.13%；电子通信工程专业收入0.14亿元，占

0.61%；其他工程造价咨询业务收入 0.73 亿元，占 3.16%。

上述工程造价咨询业务收入中，按工程建设的阶段划分：前期决策阶段咨询业务收入 1.61 亿元；实施阶段咨询业务收入 7.29 亿元；竣工决算阶段咨询业务收入 8.71 亿元；全过程工程造价咨询业务收入 4.07 亿元；工程造价经济纠纷的鉴定和仲裁的咨询业务收入 0.92 亿元。各类业务收入占工程造价咨询业务收入比例分别为 6.97%、31.56%、37.71%、17.62%、3.98%。此外，其他工程造价咨询业务收入 0.50 亿元，占 2.16%。

2019 年河南省工程造价咨询企业完成的工程造价咨询项目所涉及的工程造价总额约为 2.08 万亿元。

2019 年河南省排名前十位的工程造价咨询企业造价咨询业务收入合计 5.86 亿元，占全部工程造价咨询业务收入比例 25.37%。其中排名第一位的企业收入为 0.82 亿元。排名前十的企业有 9 家的注册地位于郑州市。

二、协会工作情况

1. 会员工作

（1）会员发展

2019 年，河南省注册造价工程师协会共发展单位会员 140 多家，其中中国建设工程造价管理协会甲级单位会员 98 家，个人会员 1600 多人。中国建设工程造价管理协会甲级单位会员比去年同期增长了 28%，个人会员比去年同期增长了 170%。

（2）省内造价人员考试及继续教育相关工作

做好取消全国建设工程造价员职业资格后续工作，停止造价员职业资格考试的相关工作，做好宣传解释，及时反馈相关问题。组织会员单位参加中国建设工程造价管理协会工程造价咨询企业核心人才培训班。

2. 活动举办

举办会员单位各项学习交流会议及技能比赛，协助企业向信息化、智能化、职业化道路发展。

连续两年组织开河南省“匠心杯”工程造价技能大赛，第二届技能大赛吸引了河南省5000余名的工程造价从业人员积极参与。来自15个省辖市的16支代表队近百人参加了决赛。技能大赛活动专业性强，覆盖面广，是对参赛人员工程造价技能综合素质的一次全方位的大检阅，此次大赛强化了工程造价行业凝聚力，带动工程造价人才素质全面提升。此次决赛列入了河南省劳动竞赛委员会计划，决赛第一名可按要求申报“河南省五一劳动奖章”，决赛的第二名按规定授予河南省建设劳动奖章。

组织全省会员单位20余家参加了中国建设工程造价管理协会第六届企业家高层论坛；参加中国建设工程造价管理协会组织举办的专题培训班、论坛等活动。参加2019中国国际大数据产业博览会建设工程数字经济论坛；参加中国建设工程造价管理协会第七届企业家高层论坛；参加工程造价咨询业务骨干培训班、2019政府基础设施投资高峰论坛、工程造价咨询企业项目经理专题培训等各类活动，带领会员单位“走出去”，学习行业新动态，加强企业间的交流。

配合中国建设工程造价管理协会在河南召开了全国会员管理工作经验交流会。

3. 自身建设

(1) 党建工作建设

2018年向河南省住房和城乡建设厅机关党委报告申请成立联合党支部，委派协会3人参加了省直机关党校学习，同年由省定额站向协会委派党建指导员，初步完成了协会党建工作。有2人成为入党积极分子，为下一步建立协会党组织打下了基础。

(2) 服务工作建设

办好一刊一网，及时传递行业信息；配合中国建设工程造价管理协会做好会员的各项服务工作；制定各类规章并定期学习，树立服务意识，及时处理会员诉求，为会员做好各项服务。

4. 交流学习

发起调研考察，了解其他省市造价行业经验。接待浙江省建设工程造价管理协会一行来河南省调研考察，就两省工程造价行业发展及协会业务开展情况进行了交流，河南省注册造价工程师协会后赴浙江省考察观摩浙江省第二届工程造价技能大赛。陕西省建设工程造价管理协会来河南省考察调研。河南省注册造价工程师协会携会员单位代表一行赴山东考察。交流考察活动中，各地企业代表就开展全过程工程咨询服务、BIM 技术、信息化建设、企业文化培育、内部管理等方面的经验和做法进行探讨。

第二节　发展环境

一、经济环境

全省经济“平稳运行、稳中向好”。2019 年全省生产总值 54259.20 亿元、比上年增长 7.0%，增速高于全国平均水平 0.9%，经济总量继续保持全国第 5 位、中西部省份首位。2019 年全省粮食总产量 669.54 亿 kg，再创历史新高。规模以上工业增加值同比增长 7.8%，高于全国平均水平 2.1 个百分点。服务业发展态势良好，增加值增长 7.4%。

2019 年，全省固定资产投资比上年增长 8.0%，其中基础设施投资增长 16.1%。民间投资增长 6.7%，工业投资增长 9.7%。社会消费品零售总额增长 10.4%，电子商务、网络零售等新业态消费快速增长。货物进出口总值增长 3.6%，其中进口增长 4.9%，贸易额继续保持中部首位。

财政收入稳定增长，2019 年全省财政总收入 6187.23 亿元，比上年增长 5.3%。一般公共预算收入 4041.60 亿元、增长 7.3%，其中税收收入 2841.06 亿元、增长 6.9%。居民收入较快增长，全省居民人均可支配收入 23902.68 元、增长 8.8%。

二、技术环境

以新一代信息技术为代表的科技革命正在全球范围蓬勃兴起，技术发展正在发生深刻的历史性变革，各行各业都面临着重要的战略机遇。

2016 年由河南省人民政府印发的《中国制造 2025 河南行动纲要》提出：“牢固树立创新、协调、绿色、开放、共享发展理念，紧紧围绕实施三大国家战略，以高端化、终端化和高效益为中心，坚持做大总量和调优结构并重，坚持改善供给和扩大需求并举，坚持开放带动和创新驱动并进，着力加快信息技术与制造业深度融合，着力突破关键核心技术，着力培育有竞争力的产品，厚植发展优势，优化产业结构，转换发展动力，推动河南制造向河南创造转变、河南速度向河南质量转变、河南产品向河南品牌转变，实现制造大省向制造强省的历史性跨越。”在新的历史时期，各行各业必须适应技术创新发展新趋势，抢抓新一代信息技术发展新机遇，大力推进新一代信息技术与制造业深度融合发展，加快制造业发展动能转换。

由此可见，未来五年内省内建设项目发展路径将由传统基础设施建设逐渐转向高科技信息网络基础建设与建造业融合发展。推进制造业发展也就意味着生产型项目将会在未来五年内对省内造价咨询业务形态产生深远影响。

随着逐步加快的“网 + 云 + 端”信息网络基础设施建设，建设高速、移动、安全、泛在的新一代信息基础设施将被提上日程，5G 技术将对施工企业的智能化工地建设提出新的要求。

大力推进工业企业内外网改造升级，打造低时延、高速率、广覆盖、安全可靠的网络设施，有效提升云计算、大数据发展的网络支撑能力；加快建设云制造和大数据平台，构建“综合平台 + 专业平台”的云制造服务体系，打造全国重要的区域性数据中心。加快新型传感器、射频识别设备、光通信器件、图像识别系统等数据采集终端的推广应用，促进工业互联网与无线传感网、智能控制网、视频监控网、物流配送网等应用网络的连接与集成，提高信息技术与制造业融合发展的网络服务能力。

无论是数据中心建设还是各种先进设备的招投标采购、安装技术的发展，都对造价咨询企业和人员提出了新的要求，在整个建设周期内的造价咨询工作将在许多方面要求造价人员掌握除传统房建项目及传统基础设施建设之外的知识体系和要求。企业询价工作也将进入一个新的阶段。

强化融合发展载体建设，围绕推进新一代信息技术与制造业融合发展，以行业龙头骨干企业为依托，加快智能工厂、智慧园区以及信息技术与制造业融合“双创”基地等载体建设；强化科技资金支持，加大财政资金引导支持力度，充分利用省先进制造业发展专项资金、省“互联网 +”产业发展基金等财政专项资金和引导基金，重点支持新一代信息技术与制造业融合关键技术研发、产业化应用和试点示范企业创新发展等项目建设。

智能工厂及智慧园区建设将对除传统房建造价咨询工作以外提出新的要求。集群化、产业化的建筑集群、产业集中可能对以预算编制工作为主的造价咨询企业造成较大影响，下一步的造价咨询工作重点可能转向对前期决策要求更高的造价预测、投产后的投融资情况分析及生产型项目的盈利分析工作上。

（本章供稿：杨飘扬、韩志刚）

湖北省工程造价咨询发展报告

第一节　发展现状

一、基本情况

1. 资质分布情况

湖北省工程造价咨询企业共 354 家，具有甲级工程造价咨询企业资质等级 201 家，乙级 153 家。其中，同时具有工程监理企业资质资格的企业 24 家，分别为甲级 10 家、乙级 13 家、丙级 1 家；同时具有工程设计资质的企业 7 家，分别为甲级 5 家、乙级 1 家、丙级 1 家；符合原资质资格标准并曾同时具有相应资质资格等级的工程咨询企业 33 家，分别为甲级 10 家、乙级 15 家、丙级 8 家。

2. 企业注册资本金分布情况

企业注册资本情况：注册资本在 500 万元以下（含 500 万元）的 267 家，500 万～1000 万元（含 1000 万元）的 53 家，1000 万元以上的 34 家。企业所有制形式表现为国有独资、国有控股、有限责任公司等，国有独资或国有控股 4 家，其他均为民营企业。

3. 设立分公司情况

据统计数据，354 家企业中有 101 家造价咨询企业设立了分公司，其中：26 家企业设立了 1 家分公司，21 家企业设立了 2 家分公司，其他企业设立分公司均在 2 家以上，分公司最多的有 30 家。

4. 从业人员分布情况

湖北省工程造价咨询总从业人数13381人，50人以下（含50人）的企业285家，50～100人（含100人）的54家，100～200人（含200人）的10家，200人以上的6家。具有正式劳务合同的员工12498人，占总从业人员93.40%，临时工作人员883人，占总从业人员6.60%。

二、主要成果

工程造价咨询企业开展了房屋建筑工程、市政工程等各类专业造价咨询服务，2019年度全省完成工程造价咨询工程量13125.5亿元，较上年增长13.72%；工程造价咨询业务收入28.79亿元，较上年增长14.93%。

据统计数据统计，354家企业中未盈利企业36家，盈利500万元以上企业12家。获得政府补助的企业33家，其中公有经济形式的造价咨询企业1家，非公有经济形式的造价咨询企业32家。

三、行业收入

1. 企业收入

2019年度全省完成工程造价咨询工程量13125.5亿元，较上年增长13.72%；营业总收入38.28亿元，工程造价咨询营业收入28.79亿元，较上年增长14.93%，占总收入比例75.21%。其他业务收入9.49亿元，占总收入比例24.79%。

2. 全员劳动生产率

现有从业总人数13381人，工程造价咨询营业收入总额28.79亿元，全员劳动生产率为28.61万元。其中，公有经济形式的造价咨询营业收入1.09亿元，企业从业人数220人，全员劳动生产率49.55万元；非公有经济形式的造价咨询营业收入27.70亿元，企业从业人数13161人，全员劳动生产率为21.05万元。

3. 人员结构

截至2019年12月，在湖北省造价咨询企业注册的一级注册造价工程师3294人（土木建筑工程专业2884人，占比87.55%；安装工程385人，占比11.69%；交通运输10人，占比0.3%；水利工程15人，占比0.46%），其他专业注册执业人员1056人，高级职称人员1366人，中级职称5039人，初级职称1270人。

第二节 发展环境

一、政策环境

湖北省曾经发布过《湖北省建设工程造价管理办法》（2007年湖北省人民政府令第311号）、《湖北省建筑市场管理条例》（2010年湖北省人大常委会第108号公告），但发布以来未再更新。

近年来，中共湖北省委、省人民政府颁发制定了与经济发展、工程造价相关的文件有《省人民政府关于促进全省建筑业改革发展二十条意见》（鄂政发〔2018〕4号）、《省人民政府关于进一步加快服务业发展的若干意见》（鄂政发〔2018〕10号）、《省人民政府办公厅关于进一步降低企业成本增强经济发展新动能的意见》（鄂政办发〔2018〕13号）、《省人民政府关于进一步优化营商环境的若干意见》（鄂政发〔2018〕26号）、《省人民政府办公厅关于印发促进建筑业和房地产市场平稳健康发展措施的通知》（鄂政办发〔2020〕13号）、《中共湖北省委湖北省人民政府关于大力支持民营经济持续健康发展的若干意见》（鄂发〔2018〕33号）、《省人民政府关于加快推进重大项目建设着力扩大有效投资的若干意见》（鄂政发〔2020〕8号）、《省人民政府关于进一步加快铁路建设发展的若干意见》。

同时，政府相关部门为规范、发展地方经济，制定颁发了一系列规范性文件：《关于印发〈湖北省建筑业企业市场行为监督办法（暂行）〉的通知》（鄂建文〔2019〕23号）、《关于印发〈关于构建全省住建领域新型政商关系的实施意见〉的通知》（鄂建文〔2018〕64号）、《关于开展清理整治工程造价咨询行业造价工程师资格“挂证”行为的通知》（鄂建标定〔2019〕5号）、《省发展改革委关于印发支持全省服务业疫后加快发展若干意见的通知》(鄂发改服务〔2020〕115号)、《湖北省财政厅关于政府采购支持中小企业发展的实施意见》(鄂财采发〔2019〕5号)等。

拟颁布的工程造价相关文件有《湖北省建设工程施工过程结算暂行办法》。

二、市场环境

按照国家要求，湖北省的装配建筑、海绵城市、PPP项目、EPC项目、FEPC项目、乡村建设、长江大保护、沿江高铁、基础设施、棚户区改造、精准扶贫等大批量建设工程项目全面实施。据2019年湖北省统计公报，全年全省具有总承包和专业承包资质建筑企业完成总产值16979.59亿元，增长12.2%；实现利润723.24亿元，增长15.2%。新开工房屋建筑施工面积38058.62万m^2，下降4.3%。省完成固定资产投资（不含农户）增长10.6%，其中房地产开发投资增长8.9%。商品房销售面积8602.04万m^2，下降3.0%；实现商品房销售额7751.79亿元，增长2.9%。按产业划分，全省一、二、三次产业投资分别增长18.6%、6.2%、13.2%。全省316个省级在建重点建设项目全年完成投资2924.45亿元。全省亿元以上新开工项目3952个，亿元以上项目完成投资增长10.6%。

第三节　工作情况

一、协会参与重大活动

湖北省建设工程造价咨询协会发挥专家委员会作用，完成了湖北省公共资源交易监督管理局、湖北省住房和建设厅联合下达的“湖北省建设工程造价咨询招标示范文本”编制任务。示范文本已经公布实施，为造价咨询企业公平参与市场竞争、诚信履约合同等制定了制度依据。

湖北省建设工程造价咨询协会在全国率先开展“湖北省建设工程造价咨询协会创新型企业”的评选活动。对湖北省上一年度在企业转型升级与平台建设、司法鉴定、企业一体化与信息化管理、数字造价与增值赋能、党建引领与持续发展、理论与标准、全面服务与护航金融的7家造价咨询企业予以表彰，促进咨询企业的创新激情。

承办了中国建设工程造价管理协会第七届企业家高端论坛，来自全国各地500余名工程造价行业专家学者、企业代表参加活动。首次在高端论坛中开展主题庆祝活动，充分展示造价咨询企业充满正能量、积极、健康向上的文化风貌，喜迎祖国70周年华诞。

湖北省建设工程造价咨询协会牵头参加的住房和城乡建设部“工程造价软件和监管研究”课题研究项目，在时间紧、任务重、内容新的状况下，2019年底完成了终稿的评审，获得住房和城乡建设部标准定额司、中国建设工程造价管理协会的一致好评。

二、制度建设

湖北省建设工程造价咨询协会按照一定程序，表决通过修订《湖北省建设工程造价咨询协会会员自律公约》《湖北省建设工程造价咨询企业信用评价管理办法》《湖北省建设工程造价咨询协会资深造价工程师评定办法》。

《湖北省建设工程造价咨询企业信用评价管理办法》公布实施，捋顺了湖北省建设工程造价咨询协会与中国建设工程造价管理协会、属地地方协会的关系，获得会员单位的信任，为更好地服务会员提供自律依据。

《湖北省建设工程造价咨询协会资深造价工程师评定办法》公布实施，科学、严谨、严肃并经过论证评选的资深造价工程师定位为行业先锋、业内标杆。2019年度，评审新增了7名资深造价工程师。

三、诚信体系

造价咨询企业积极主动申请参加行业自律组织，参评各级行业自律组织的信用评级活动，参加中国建设工程造价管理协会信用评价企业共82家，获得AAA企业66家，占比约80%；参加湖北信用评价企业188家，获得AAA企业66家，占比约35%。造价咨询企业积极参加各类社会组织的认证评级活动。

（本章供稿：恽其鋆、张其涛）

第十七章

湖南省工程造价咨询发展报告

2019年，湖南省建设工程造价管理协会累计发展单位会员415家，个人会员8300多人。

为会员遴选高质量师资分层次举办了培训，全年开设各类培训班共3期，其中精英班1期，参加人数142人；高级班2期，参加人数874人；网络教育截至12月底3748人；并将面授培训讲课内容进行录制，制作成视频供会员网上学习。11月免费为200名会员举办了一期“减税降费背景下企业涉税风险防范与筹划”专题讲座。

为提高咨询企业的科研水平，委托会员单位承担协会的科研课题，2019年11月26日对2018年第一批三项课题“造价咨询企业先进单位评价实施细则”“金牌造价师评价体系及方法研究”“造价工程师个人信用评价研究”均进行结题验收；第二批课题“当前形势下工程造价咨询企业的生存与发展问题调查研究”“全过程咨询中工程造价咨询企业的地位和作用研究”两项课题目前正在研究阶段。

为会员提供培训证遗失补办、造价师注册换证需出具的相关证明、会员单位需要出具的相关证明。

2019年度经过湖南省建设工程造价管理协会推荐及3名资深会员推荐的新资深会员共23名，均推荐成功并由中国建设工程造价管理协会公布名单。

制定了《湖南省建设工程造价管理协会信用评价评分标准》，2019年9～11月，配合中国建设工程造价管理协会开展了湖南省2019年度工程造价咨询行业信用评价工作，各企业响应新形势，在规定期限内积极申报。

根据市场需求召开了自律委员会全体委员第一次会议，讨论通过了《行业自律实施细则的修改草案》，并在 3 月 13 日印发《湖南省建设工程造价咨询行业自律公约实施细则（修订）的通知》(〔2019〕2 号)。

受理了 4 起业内投诉和 1 起处理违规收费投诉，并在网上对 20 家收费违规企业进行了挂网通报，向参与投标的外省入湘分公司的总公司、项目甲方以及相关的上级主管部门发函告知投诉项目的处理结果希望能引起重视。在后续工作跟进中了解到，湘江新区已调高了收费标准。处理投诉过程中耐心地跟投诉人和被投诉项目的违规企业沟通说明，帮助投诉人完成投诉表格和附件资料，跟被投诉项目的违规企业解释行业自律实施细则的处理流程、核算方法等工作，仔细等级申诉企业的申诉理由并转达给自律委员会，使每个项目每个企业都能得到合理的结果。

起草了企业重组合并的通知，收集整理了"企业重组合并"的邮件内容，并组织有意向的企业在协会进行洽谈，截至 2019 年 12 月配对成功 4 家咨询企业，得到了会员单位的好评。

（本章供稿：梅刚、关艳）

广东省工程造价咨询发展报告

第一节　发展现状

一、造价咨询行业发展现状

2019 年广东省工程造价咨询行业整体发展良好，营业收入显著增长。调查统计资料显示，2019 年全省 420 家工程造价咨询企业收入合计 65 亿元，较上年增长 28%。

根据调查资料分析，2019 年广东省工程造价咨询企业资质、从业人员、业务分布等情况特点如下。

1. 工程造价咨询企业资质以甲级为主导，乙级为辅助，近七成工程造价咨询企业同时具有其他资质

2019 年造价咨询企业统计资料显示，广东省共有工程造价咨询企业 420 家，其中 413 家为有限责任公司，国有独资公司及国有控股公司 5 家，合伙企业 2 家。420 家企业中具有造价咨询甲级资质有 254 家，乙级造价咨询资质有 166 家。

统计调查资料显示：全省 420 家具有工程造价咨询资质的企业中，专营造价咨询企业有 131 家，占 31%，289 家企业同时具有其他一种或以上资质。其中，具有工程监理资质的有 123 家，占 29%；具有工程咨询资质的 248 家，占 59%；具有工程设计资质的 14 家，占 3%。

2. 全省造价咨询从业人员中，近一半具有中级职称，大部分注册造价工程师分布在非造价咨询企业

广东省注册造价工程师现有注册人数 12498 人，其中在造价咨询企业的注册造价工程师有 4628 人，仅占全省注册造价工程师人数的 37%。大部分注册造价师分布在非造价咨询企业。

在具有技术职称的造价咨询从业人员中，中级职称人员接近一半，是主要的从业技术人员。

3. 造价咨询业务分布不均匀，造价咨询企业规模大小不均，业务量大相径庭

2019 年广东省工程造价咨询营业收入合计 65 亿元，营业收入排名前 38 名的造价咨询企业营业收入合计为 33 亿元，占全省造价咨询收入的 50%；前百名造价咨询企业的营业收入合计达 50 亿元，占全省造价咨询总收入的 77%，造价咨询市场集中度呈现增长趋势。

按照年营业收入情况分析各造价咨询企业，年收入上亿元以上的企业为 11 家，占 3%，领军企业逐步形成；实现了年收入 1000 万元以上的企业有 144 家，占 35%，约为造价咨询企业总数的 1/3；规模小的企业占多数，有 276 家企业年收入不足 1000 万元，占 65%；年收入少于 500 万元的有 206 家，占 49%。年收入 500 万元成为造价咨询行情的一个参考值。

二、行业管理和服务现状

广东省工程造价管理除执行国家的工程造价管理规定和标准外，还执行省的有关规定和依据:《广东省建设工程造价管理规定》(省府令第 205 号)、《广东省建设项目全过程造价管理规范》DBJ/T 15—153—2019、《建设工程政府投资项目造价数据标准》DBJ/T 15—145—2018、《广东省建设工程计价依据(2018)》(粤建市〔2018〕6 号)等。造价咨询企业和执业人员按住房和城乡建设部发布的《工程造价咨询企业管理办法》和《造价工程师注册管理办法》以及有关规定进行管理，专业人员职业资格考试由省人力资源和社会保障厅考试局负责，人员注册管

理由省建设工程注册中心负责，广东省工程造价协会开展有关教育培训工作。

在广东省的深圳前海、广州南沙、珠海横琴三个自贸试验区范围内依法从事工程造价咨询活动的企业，实行资质“证照分离”改革，在自贸试验区范围内直接取消工程造价咨询企业资质审批。广东自贸试验区各片区所在地设区的市范围内，在政府采购、工程建设项目审批、招投标中不再对工程造价咨询企业提出资质方面的要求。

广东省简化省外进粤的工程造价咨询企业和人员备案手续，只需在“进粤企业和人员诚信信息登记平台”录入相关信息并通过数据规范检查即可，省建设行政主管部门在进粤企业和人员提交信息后5个工作日内（变更2个工作日内）完成数据规范检查。

广东省工程造价管理积极推进供给侧结构性改革，探索建立市场化造价定价机制，创新创建了定额、人工材料价格、纠纷调解等一系列动态管理监测系统，在工程造价管理中应用大数据平台进行动态管理。另外，广东省建设工程标准定额站每半年公布一次粤港澳大湾区的广东9个城市的住宅单方造价，取得了较好的效果。

广东省工程造价协会积极履行提供服务、反映诉求、规范行为、行业自律等职责，制定完善协会会员会籍管理制度，积极发展个人会员，探索实行造价专业人员会员制，稳步推进会员管理、学习教育、信息服务等系统的研发建设，建立协会专家库和专家委员会，开展行业课题研究，组织会员学习交流考察等活动，创新行业服务模式和行业自律管理，逐步构建统一开放、竞争有序的全省市场环境，促进行业健康持续发展。

第二节　发展环境

一、粤港澳大湾区建设

随着国家改革开放的深入推进和广东地域的优势，广东省工程造价管理积极创新，加强与港澳、国际的交流和合作，逐步推进工程造价管理与国际接轨。

1. 粤港澳大湾区基本情况

2019年2月中共中央、国务院印发了《粤港澳大湾区发展规划纲要》，作为指导大湾区建设的纲领性文件，明确提出2022年粤港澳大湾区将初步建设成为世界一流湾区。2019年大湾区经济总量超过了10万亿元。《广东省贯彻落实粤港澳大湾区发展规划纲要的实施意见三年行动计划（2018—2020）》和《中共中央国务院关于支持深圳建设中国特色社会主义先行示范区的意见》等一系列重大文件的发布和实施，推进了粤港澳大湾区的建设。

2. 粤港澳大湾区造价行业交流活动

广东省造价主管部门和广东省工程造价协会非常重视粤港澳三地工程造价业界的交流与合作，积极开展与香港特区政府发展局、建筑署、屋宇署和香港测量师学会及香港咨询企业等的互访、交流活动，创造条件推进粤港澳大湾区区域内的工程造价服务开业、执业、合作的政策支持。

广东省住房和城乡建设厅、广东省工程造价协会组织业界专业人士参加香港贸发局组织在香港举办的一年一度"一带一路"建设国际高峰论坛；在省住房和城乡建设厅的指导支持下，广东省工程造价协会分别在香港举办"粤港建造业合作研讨会——分享经验携手走出去"论坛、在佛山举办"开放合作，创新发展"为主题的首届粤港澳大湾区大型基建项目管理创新高峰论坛、在深圳举办"务实创新　合作共赢"的第二届粤港澳大湾区大型基建项目管理创新高峰论坛等交流互动活动，推动粤港澳工程造价业界的深度合作。

广东省建设工程标准定额站和广东省工程造价协会联合组织每年度一次的"广东省工程造价优秀人才到港企挂职交流活动"，先后选派30多名优秀人才代表赴港企为期2～3个月的全职挂职交流学习，提高专业人员的国际视野和对标国际的能力，也为粤港两地造价咨询的深入合作奠定良好基础。

大湾区各地在贯彻落实《粤港澳大湾区发展规划纲要》中，出台吸引人才措施，如广州市南沙区人力资源和社会保障局出台了《广州市南沙区关于加快推进港澳专业人才资格认可实施方案》，作为南沙区在职业资格互认领域出台的纲领性文件，对推动相关领域专业人才资格认可方面起着积极的促进作用。为逐步实现粤港澳大湾区人才共享的目标，充分发挥湾区创新人才结构互补的优势进行有益的探索和尝试。

3. 粤港澳大湾区造价行业的发展机遇

粤港澳三地有着特殊的地理优势和巨大潜力的经贸互补性，粤港澳大湾区的设立，深化了与“一带一路”沿线国家在基础设施互联互通，强化城市内外交通建设，便捷城际交通，共同推进了包括港珠澳大桥、广深港高铁、粤澳新通道等区域重点项目建设，携手打造推进“一带一路”建设的重要支撑区。湾区经济建设和基础设施建设的发展，为完善我国的建设工程造价管理体系，学习、借鉴境外造价管理经验创造更加有利的条件，给广东省造价行业带来了国际化发展的新机遇。

4. 粤港澳大湾区造价行业面临的挑战

粤港澳大湾区共有 11 个城市，构成了“一个国家、两种制度、三个关税区、四个核心城市”的区域格局。粤港澳三地因为制度和文化的差异，多年来的专业化还未得到经济层面的协同发展，使三地的专业服务还未能取得实质性突破，粤港澳大湾区的深入合作需要三地制度上的相互协调。《粤港澳大湾区发展规划纲要》明确要进一步提升市场一体化水平，促进生产要素流动，打造具有全球竞争力的营商环境。如何在粤港澳大湾区推进工程造价的市场化、法治化、国际化、信息化改革，对接国际标准是大湾区工程造价管理面临的挑战。

5. 粤港澳大湾区对标国际的工程造价咨询

粤港澳大湾区“9+2”中的香港特别行政区采用英联邦国家的造价管理体系——工料测量师制度，粤港澳大湾区广东的 9 市有部分房地产开发项目参考港式清单计价，将广东的计价规则和香港的工料测量规则相结合，逐步实现定价市场化和成本目标管理的新模式，这对我国造价改革的市场化具有借鉴和推动作用，同时对接了国际化管理模式，有利于造价咨询的“走出去”，服务于“一带一路”项目建设。

粤港澳大湾区的建设为广东的工程造价管理带来了新的发展机会，也是工程造价咨询对标国际模式的窗口和平台，大湾区的建设不仅促进了广东的开放和改革，而且加快了粤港澳三地的经济发展，也为创新我国工程造价管理模式、促进造价咨询企业国际化业务的发展提供了良好的契机。

二、管理创新

根据住房和城乡建设部有关工作安排和相关课题研究，针对建设工程造价管理现状，广东省开展了“互联网＋纠纷管理＋计价依据动态管理”创新模式，研发建设了广东省建设工程动态定额管理系统和造价纠纷处理系统“双平台”（采用统一的用户数据库，用户只需注册一次，即可登录两大系统），实现造价纠纷、计价管理从线下向线上的转变，打破了时间和地域的局限。

系统以“互联网＋”为核心服务，采用以实践为基础的研究方法，结合区块链技术的具有保障所有数据存储处理有效性、不可伪造、全程留痕、可以追溯、公开透明等优势，通过建立纠纷处理联盟链，以及面向社会的计价依据数据采编，充分发挥省、市造价管理部门及业内专家的作用。

广东省建设工程标准定额站运用互联网技术和科学的分析方法，提高劳务工资监测预警效率，建立了劳务用工价格信息监测系统。目前选择城市轨道交通在建项目作为监测项目试运行，明确和界定了土建24个工种，安装12个工种的定义、工作内容、单价技术公式等，并根据主流劳务分包合作，每月发布劳务监测报告。

三、业务创新

近年来，随着建筑业体制改革，企业转型升级的需求不断增强，为建筑行业发展释放新的动力，工程造价咨询行业也在不断地创新，寻求突破，新的创新点正在逐步形成。

1. 全过程工程咨询业务创新

根据国务院2017年2月颁发的《国务院办公厅关于促进建筑业持续健康发展的意见》（国办发〔2017〕19号），广东省住房和城乡建设厅分别于2017年、2018年、2019年选择省内各地市企业，分三批开展全过程工程咨询试点工作，并不断探索造价咨询业务的开展方式。

广东省各地市以及各区的部分代建部门响应国务院精神，积极推进工程造价咨询企业开展试点全过程工程咨询服务，通过项目实际，积极探索，完善制度，及时总结经验并上报工作信息，有效推进试点的各项工作，为全面推行全过程工程咨询打下坚实的基础。

2. 施工过程结算业务创新

为加强工程建设造价行为监管，完善工程结算管理，有效解决拖欠工程款和拖欠农民工工资问题，优化市场环境，促进建筑业持续健康发展，根据国务院有关文件等要求，广东省住房和城乡建设厅发布了《广东省建设工程施工过程结算办法（试行）（征求意见稿）》；印发了《广东省住房和城乡建设厅关于房屋建筑和市政基础设施工程施工过程结算的若干指导意见》的通知（粤建市〔2019〕116号），全面推进工程建设过程结算。

目前，广东省已在各大房地产项目中逐步推进施工过程结算。通过不断地建立健全工程造价全过程管理制度，完善过程结算管理和行为监管，缩短竣工结算时间，有效解决拖欠工程款和拖欠农民工工资难题，促进建筑业持续健康发展。

3. BIM 技术应用业务创新

广东省住房和城乡建设厅发布了《广东省建筑信息模型（BIM）技术应用费的指导标准》和《广东省建筑信息模型（BIM）应用统一标准》等，推进建筑信息模型（BIM）在工程建设的应用。广东省工程造价协会等 8 个协会联合举办了共 4 届 BIM 论坛和 2 届 BIM 应用大赛，分享 BIM 技术应用的最新成果，推动 BIM 技术在建筑全生命期的普及应用，也给造价咨询企业带来有关 BIM 应用的业务创新。

4.“造价 +” 业务创新

随着全过程工程咨询的推进，广东省全过程造价咨询也在探索更多的融合创新。全过程造价咨询不再局限于传统的计量、计价审核，根据市场需求，运用价值工程原理、结合企业自身优势，发挥成本管控在项目建设中不可替代的作用，形成了“造价 +”的新型咨询模式。

（1）“造价 + 税务筹划” 咨询

将造价与税务筹划相结合，通过控制项目建造成本和降低税务成本，从而达到降低企业成本的目标。

（2）“造价 + 全过程跟踪审计” 咨询

以投资控制为核心，将全过程造价咨询与全过程跟踪审计相结合，提高工作效率，有效控制工程造价，促进项目规范化管理并提高资金使用的有效性、合法性、安全性和效益性。

（3）“造价 + 法务” 咨询

在项目建设过程，引进法务专业人士，厘清项目法务关系，防范项目建造风险、控制项目投资风险，助力项目管理成功。

（4）“造价 + 设计优化 +BIM 模型碰撞检查” 咨询

以投资管控为主线，通过造价数据经验，提出优化建议，并由设计单位进行设计优化，控制项目建造成本。

将造价计量模型与 BIM 模型相结合，达到检查管线碰撞的同时，得出项目工程量的目标，大大缩短造价计量的作业时间，实现造价模型与 BIM 模型的统一，为更好地实现项目的全方位 BIM 平台管理做好专业准备。

四、人才培养创新

目前，广东高职学校有 36 家招生工程造价专业学生，2019 年计划招生数 5847 人，实际录取 5240 人，实际报到 4552 人。本科院校招生工程造价专业较少，招生工程管理（造价方向）专业较多，全省开设工程造价课程的工程管理专业（含工程造价）学校有 13 家，计划招生 1776 人。广东省工程造价协会、高校、培训机构、企业通力合作，通过粤价讲堂、造价学徒制试点班、工程管理造价实验班、造价企业订单班、校企造价工作室等方式开展工程造价教育培育，构建了学历与继续教育相融合、线上与线下教育相协同的模式，形成了践行终身教育理念，持续提升全省工程造价人才职业能力的特色，同时培育一批省级产教融合型企业。

1. 粤价讲堂，工程行业互动教育平台

为促进造价行业的企业、院校、协会等组织机构需求与业界人士教育培训的

需要，推动全省工程建设教育培训组织化、沟通社交化、信息平台化、课件标准化的协同，广东省工程造价协会组织企业、培训机构和学校共同研发建设了“粤价讲堂”互动教育平台。平台包括继续教育、学历进修、考前培训、技能培训、智库、题库等八大栏目，采用一站式登录，不仅方便个人自主学习，还有利于机构组织之间的社交交流、联合活动、联合定制课程。平台开发轻松的社区教育、知识点评、图片动画、微视频、微课程等碎片化模块方便从业人员利用零碎时间开展学习和交流，为工程管理从业人员的技能、素质培训提供高效服务。平台以打造企业定制培训“教育生活生态链”的方式解决企业定向培养人才、人员岗前培训、工作过程继续教育、转岗培训等需要。

2. 广建学徒制班，双主体共育造价领域复合型优才

随着建筑产业化和建筑信息化的跨越式发展，工程造价管理转型升级急需创新型、复合型技术技能人才。广东建设职业技术学院等联合造价软件服务商通过自主招生开办了全国首个工程造价专业（BIM 方向）现代学徒制试点班，探索招生招工同步，双主体、双身份、双导师育人模式。现代学徒制的试点班在复合型人才培养、产教研深度融合等方面成效显著，学生（学徒）参加全国高等院校学生建筑信息模型应用技能大赛、粤港澳大湾区高校学生 BIM-CIM 创新大赛均获大奖，试点班的专业标准和课程标准被国内同类院校推广应用，成为国家推进现代学徒制的示范典型。

3. 广大造价实验班，校企会共育卓越工程师

2019 年，广州大学与广东省工程造价协会继续共建第二届工程管理专业造价实验班。广东省工程造价协会从会员单位中遴选优秀企业和热心教育的企业专家参与校企会协同育人，通过校企共同修订人才培养方案，组织学生到企业轮岗培养，提升了学生从事专业工作的职业能力，实现了大学与社会的无缝衔接。

4. 产教融合型企业，提升人才培养质量的重要助力

为了发挥企业在职业教育和高等教育办学、改革中的重要作用，提升广东省技术技能人才培养质量，2019 年广东省发展和改革委员会等 5 部门联合印发《广东省建设培育产教融合型企业工作方案》，展开了产教融合型企业培育认定工作。

造价领域相关十余家企业完成了申报工作，未来将在实训基地、学科专业、教学课程建设和技术研发等方面发挥更大作用；进入省级产教融合型企业认证目录的企业，将享受一系列支持政策。校企产教研的深度融合必将提升广东教育服务的质量，也为粤港澳大湾区和“一带一路”工程建设贡献一分力量。

（本章供稿：叶巧昌、许锡雁、张灿、王巍、王金鹏、孙权、刘余勤、许爱斌、章鸿雁、蔡堉）

第十九章

广西壮族自治区工程造价咨询发展报告

第一节　发展现状

2019年，广西工程造价咨询企业继续保持整体向好的态势，各企业内部控制机制不断完善，执业人员技术水平不断提升；多数企业经营状况良好，咨询业务收入稳中有升。

一、基本情况

1. 企业总体情况

2019年广西共有148家造价咨询企业，其中甲级资质企业80家，占比54.05%；乙级资质企业68家，占45.95%。同时，148家造价咨询企业中有46家专营工程造价咨询企业，占31.08%；兼营工程造价咨询业务且具有其他资质的企业有102家，占68.92%。

2. 从业人员总体情况

工程造价咨询企业的人才队伍中，一批具有大学以上学历的中青年人才逐渐成长为业务骨干，企业专业人员的知识结构、年龄结构进一步优化，运用新知识、新技术的能力进一步增强，企业承接各类建设项目咨询业务的技术能力进一步增强。

2019年末，广西工程造价咨询企业从业人员10156人。其中，正式聘用员工9846人，占96.95%；临时聘用人员310人，占3.05%。

2019年末，工程造价咨询企业共有一级注册造价工程师1478人，占全部工程造价咨询企业从业人员14.55%。

2019年末，工程造价咨询企业共有专业技术人员5734人，占全部工程造价咨询企业从业人员56.46%。其中，高级职称人员1235人，中级职称人员3141人，初级职称人员1358人。

3. 收入总体情况

2019年广西工程造价咨询企业的营业收入为25.49亿元。其中工程造价咨询业务收入9.59亿元，占37.62%；招标代理业务收入3.96亿元；建设工程监理业务收入10.89亿元；项目管理业务收入0.07亿元；工程咨询业务收入0.98亿元。

上述工程造价咨询业务收入中：

按工程建设的阶段划分，前期决策阶段咨询业务收入1.18亿元、实施阶段咨询业务收入2.62亿元、竣工决算阶段咨询业务收入3.98亿元、全过程工程造价咨询业务收入1.36亿元、工程造价经济纠纷的鉴定和仲裁的咨询业务收入0.30亿元，其他工程造价咨询业务收入0.15亿元。

按所涉及专业划分，房屋建筑工程专业收入5.64亿元，市政工程专业收入1.59亿元，公路工程专业收入0.59亿元，火电工程专业收入0.13亿元，水电工程专业收入0.44亿元，水利工程专业收入0.33亿元，其他各专业收入合计0.87亿元。

2019年广西工程造价咨询企业完成的工程造价咨询项目所涉及的工程造价总额约3470.09亿元。

二、行业“党建+”工作模式

协会倡导有条件的咨询企业开展以党建引领中心工作为特色的“党建+”工作模式，充分聚集各方代表力量，激发各类人员积极性和主动性，实现队伍活力新迸发，将有限的党建资源进行整合，实现党建效力的最大公约数，助力造价咨询企业多元化发展。

1. 党建 + 学习培训促提升

2019 年，广西建设工程造价管理协会针对互联网、大数据、人工智能、数字经济等热点问题组织专题研讨会，并以讲座、论坛、年度峰会、学术研讨、考前培训等形式共举办了 29 场学习培训，内容包括全过程工程咨询投资管控应用、装配式建筑工程计价、绿色建筑工程计价、EPC 总承包工程计价、PPP 融资模式下工程计价、施工合同纠纷所涉法律问题、定额技术交底、二级造价工程师考前培训等。工程造价咨询企业积极组织员工参加培训，以党员示范带动，引领广大造价人员参与到学习培训中，参与人次达 3000 多人次，营造了党建促业务发展的良好氛围。通过培训有效地提升了工程造价专业人员综合素质和业务水平，充分发挥了专业行业协会人才培养资源优势。

2. 党建 + 创先争优谋发展

2019 年广西建设工程造价管理协会举办了“第一届建设工程造价综合技能大赛”，参赛的企业有 41 家，共 240 余人参与；开展优秀工程造价成果奖评选活动，共有 35 家企业编制的成果文件参评获奖，大赛及评优活动促进了行业成果质量及服务水平的提高。

举办第三届“造价杯”气排球比赛，各单位近 300 名运动员组成 28 个队伍参加了比赛，加强了会员之间的交流与沟通，营造了健康文明、奋发向上、全员健身的良好氛围。

2019 年全国工程造价咨询企业信用评价结果中，广西的企业获得 AAA 的有 17 家，AA 及 A 的各 2 家。广西建设工程造价管理总站与广西建设工程造价管理协会联合发布《关于开展广西工程造价咨询企业信用评价工作的通知》，正式对区内造价咨询企业开展信用评价工作，动态管理模式的实施及时体现企业信用状态。2020 年第一批工程造价咨询企业信用评价共有 26 家参加，获得 AAA 的有 17 家，AA 的 7 家，A 的 2 家。

3. 党建 + 行业公益勇担当

2019 年，广西建设工程造价管理协会积极履行社会责任，多次前往上林县开展实地走访、植树环保、扶贫捐助等活动。1 月向上林村西燕镇芭独村现场捐款1万元；分别于6月及10月，两次深入上林县西燕镇北林村开展了“三方”见面暨结对帮扶活动，结合“不忘初心、牢记使命”主题教育，宣传扶贫有关政策，宣讲扫黑除恶应知应会知识，并在北林村张贴宣传海报，入户发放宣传资料。为北林村委员、扶贫工作队捐助2台台式电脑，以及价值2000余元的米油等办公生活用品，走访慰问了结对帮扶贫困户，送慰问金1200元。在协会呼吁和组织下，广西的造价咨询企业积极投入到各类社会公益活动中，为上林县贫困村脱贫摘帽亟须解决项目奉献爱心，18家造价咨询企业捐款共计5万余元。

三、重点项目的工程造价咨询服务

1. EPC总承包项目

2016～2017年是工程总承包政策制定和试行阶段，2018年进入工程总承包大力推广年，采用工程总承包模式的项目类型集中在办公用房、保障性住房、学校、医院、文化场馆、生态移民项目以及市政基础设施等方面。2019年，施工合同为EPC总承包项目的有855个工程项目，所涉及的工程造价总额约11263536.42万元。

2. 全过程工程造价咨询

自2014年实施的《建筑工程施工发包与承包计价管理办法》中明确提出“国家推广工程造价咨询制度，对建筑工程项目实施全过程造价管理”以来，广西工程造价咨询企业纷纷开展全过程工程造价咨询业务，虽然全过程工程造价咨询收入逐年增长，但全过程工程造价咨询业务收入占工程造价咨询业务收入比例仍然偏低，不到15%。

3. 全过程工程咨询

2017年9月，广西获批成为全国第九个全过程工程咨询试点省份。2018年12月，广西壮族自治区住房和城乡建设厅印发《广西壮族自治区房屋建筑和市政工程全过程工程咨询服务招标文件范本（试行）》（桂建发〔2018〕20号），明确了全过程工程咨询的工作方式为“1+X”模式，其中全过程工程项目管理为必选项，称之为“1”，“X”指的是专业咨询服务，其中包括造价专业咨询服务。但是，目前大部分咨询企业做的都是“核算型”全过程咨询，并非控制型或策划型全过程咨询，未能充分发挥全过程工程咨询在投资控制及项目增值上的优势。

第二节　发展环境

一、政策环境

1. 收费依据

广西壮族自治区住房和城乡建设厅印发的《广西壮族自治区建筑信息模型（BIM）技术应用费用计价参考依据（试行）》于 2019 年 1 月起实施，明确规定了广西应用 BIM 技术的工程项目在不同应用阶段、内容和规模的 BIM 收费标准。

2019 年 6 月，广西建设工程造价管理协会印发了《广西建设工程造价咨询服务行业收费参考标准》，作为广西建设工程造价咨询服务行业收费参考依据，进一步促进行业健康发展。

2. 全过程工程咨询

2019 年 12 月，广西壮族自治区住房和城乡建设厅印发《广西壮族自治区工程建设全过程咨询服务导则（试行）》，提出“工程建设全过程咨询服务包括全过程工程项目管理及各专业咨询服务”，其中要求专业咨询服务必须包含监理或造价中的一项。

但是目前全过程工程咨询中的项目管理没有相应的收费依据，各单项费用由于市场价较低，不足以弥补全过程工程项目管理的费用，收费偏低不利于全过程工程咨询的推广和持续推进。

3. 工程总承包

2019 年 11 月，广西壮族自治区住房和城乡建设厅发布《广西壮族自治区房屋建筑和市政基础设施工程总承包标准招标文件（2017 年版）》修订内容，完善了工程总承包招标文件的相关条款内容。

2020 年 6 月，广西壮族自治区住房和城乡建设厅、财政厅共同印发《广西壮族自治区房屋建筑和市政基础设施项目工程总承包计价指导意见（试行）》，进一步规范广西区房屋建筑和市政基础设施项目工程总承包招标投标计价活动。

二、经济环境

1. 宏观经济环境

（1）经济总量、结构

2019 年全年广西全区生产总值 21237.14 亿元，按可比价计算，比上年增长 6.0%。其中，第一产业增加值 3387.74 亿元，增长 5.6%；第二产业增加值 7077.43 亿元，增长 5.7%；第三产业增加值 10771.97 亿元，增长 6.2%。第一、二、三产业增加值占地区生产总值的比重分别为 16.0%、33.3% 和 50.7%，对经济增长的贡献率分别为 15.2%、32.5% 和 52.3%。按常住人口计算，全年人均地区生产总值 42964 元，比上年增长 5.1%。全员劳动生产率为 74497 元 / 人，比上年提高 5.8%。

2019 年全年广西生产总值增速虽比 2018 年下滑 0.8 个百分点，但全区经济运行总体平稳，发展质量继续提升，保持了经济持续健康发展和社会大局稳定。

（2）固定资产投资

2019 年全年广西全区固定资产投资（不含农户）比上年增长 9.5%，其中，第一产业投资下降 17.9%；第二产业投资增长 5.3%，其中工业投资增长 11.1%；第三产业投资增长 11.8%。基础设施投资增长 2.4%，占固定资产投资（不含农户）的比重为 24.8%。民间固定资产投资增长 13.4%，占固定资产投资（不含农户）的比重为 50.7%。六大高耗能行业投资比上年增长 17.0%，占固定资产投资（不含农户）的比重为 8.8%。

2019 年广西固定资产投资增长速度比 2018 年下滑 1.3 个百分点，但绝对数量在增长。

2. 建筑业经济环境

2019 年全年广西全区全社会建筑业增加值比上年增 10.4%。全区具有资质等级的总承包和专业承包建筑业企业实现总产值 5407.31 亿元，比上年增长 15.7%。其中国有控股企业 2331.59 亿元，比上年增长 13.6%。

3. 房地产业经济环境

全年全区房地产开发投资3814.41亿元，比上年增长27.0%。其中住宅投资982.40亿元，增长5.0%；办公楼投资105.23亿元，增长7.3%；商业营业用房投资321.98亿元，增长0.5%。商品房销售面积6711.77万m^2，增长8.0%，其中住宅6076.88万m^2，增长8.7%。

三、技术环境

1. 智能制造的推广普及

广西积极响应国家战略，以形成广西特色的智能制造体系为目标，推动传统产业转型升级，在工程建设相关领域，已建成PC构件智能生产基地、钢筋深加工智能工厂、糖机压力容器设备智能制造基地、钢结构智能制造基地等智能制造基地。

智能制造共性技术的发展，推动了建筑业供给侧结构性改革，实现制造资源与制造能力的互联互通。智能制造随之带来建造方式的变化，必然会引起计价方式的不同，亟须构建与智能制造适配的计价体系。

2. 智慧工地管理平台系统的应用

2019年，广西的建设工程项目实施“智慧工地”管理系统呈增长趋势，智慧工地的实施有效促进互联网+、大数据、人工智能同建筑业深度融合，进一步推动建筑业向信息化、智能化和精细化方向转变，打破“信息孤岛”，提高管理效率。智慧工地包含的模块较多，目前运行较多的是关于安全管理、质量管理和劳务管理系统，与工程造价关联度较高的系统实施较少，工程造价管理的专项系统更是没有成熟的产品。

3. 数字造价管理生态圈的行业发展诉求

在全过程工程咨询、全过程工程造价咨询理念的牵引下，利用数字技术和数字资源，融合多方信息，通过数字化技术智能分析、快速决策，在云端平台的作用下通过业务互补、技能互补、资源互补、信息互补的生态合作方式整合生态的优势资源服务于项目的管理过程，有效保障项目的成功，提高工程造价咨询效率和效果，已然成为工程造价咨询行业的发展诉求。

（本章供稿：周慧玲、温丽梅）

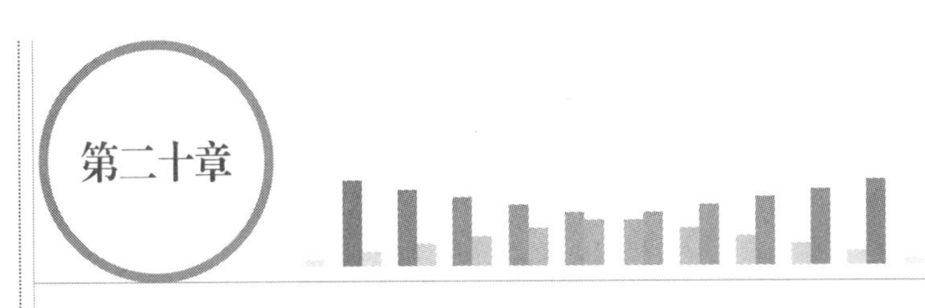

海南省工程造价咨询发展报告

工程造价作为建筑市场最基本的经济活动，关系着项目投资效益、建设市场秩序以及各方利益，是保障建设领域高质量发展的重要基础。在建筑业企业转型升级发展的背景下，随着海南自由贸易港建设步伐的加快，工程造价咨询行业要进一步深化“放管服”改革，加强行业信用体系建设，推进全过程工程咨询服务的应用，实现工程造价咨询行业高质量跨越式发展。

第一节　发展现状

截至 2020 年 6 月，全省工程造价咨询企业总量为 64 家，其中具备甲级资质的 33 家，乙级资质企业 31 家。从业人员增速虽不突出，但注册造价师数量增速在全国范围排名靠前，人才结构优化明显。

2020 年是工程造价咨询行业改革的第一年，根据国务院《关于在自由贸易试验区开展“证照分离”改革全覆盖试点的通知》（国发〔2019〕25 号）、住房和城乡建设部办公厅《关于印发住房和城乡建设领域自由贸易试验区“证照分离”改革全覆盖试点实施方案的通知》（建办法函〔2019〕684 号）、住房和城乡建设部《关于修改〈工程造价咨询企业管理办法〉〈注册造价工程师管理办法〉的决定》（中华人民共和国住房和城乡建设部令第 50 号）以及《住房和城乡建设部标准定额司关于征求实行工程造价咨询企业资质审批告知承诺制意见的函》（建司局函标〔2019〕306 号）的文件要求，全省对工程造价咨询行业进行了相应改革，在海南自由贸易港依法从事工程造价咨询活动的企业，暂时调整适用《国务院对确需

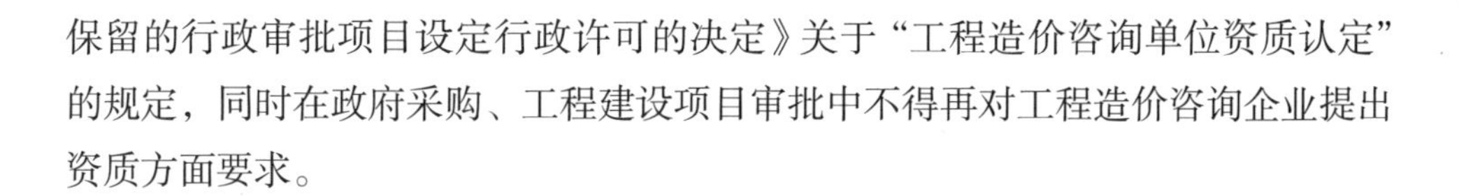

保留的行政审批项目设定行政许可的决定》关于“工程造价咨询单位资质认定”的规定，同时在政府采购、工程建设项目审批中不得再对工程造价咨询企业提出资质方面要求。

第二节　工作情况

一、行业信用体系建设

进一步贯彻落实国务院、住房和城乡建设部关于社会信用体系建设的工作部署，加强信用监管，完善工程造价咨询企业信用体系建设，利用多种新闻媒介刊登宣传，逐步向社会公布企业信用状况，鼓励社会主体在委托工程造价咨询业务时将信用评价结果作为重要评价指标之一考虑，对失信主体加大抽查比例并开展联合惩戒。

规范工程造价咨询企业从业行为，发挥协会行业自律作用，推动工程造价咨询企业依法依规开展工程造价咨询活动，促进工程造价咨询行业健康发展。健全和完善全国建筑市场监管公共服务平台企业信息数据库，确保相关信息公开、完整、准确。

二、职业责任保险制度的建立和发展

工程造价咨询企业的微小工作失误都有可能造成工程费用数十万元、百万元、千万元乃至更多的偏差，给业主或承包方造成重大损失、进而引起巨额赔偿。随着我国工程造价咨询行业的快速发展，海南自贸港的高速建设以及咨询市场国际竞争的加剧，推动职业责任保险作为一种有效的风险手段，势在必行。推广应用工程造价职业保险，有利于增强工程造价咨询企业的风险抵御能力，有效保障委托方合法权益。

鼓励全省企业开展工程造价咨询企业职业责任保险试点投保，加强职业责任保险与信用评价、纠纷调解的联动，同时做好宣传，为企业试点职业责任保险创造有利的外部环境，提高抵御风险能力，促进行业健康可持续发展。

（本章供稿：王禄修、林海）

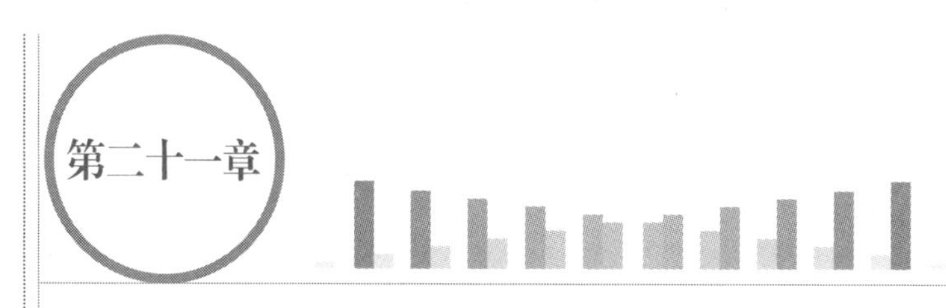

重庆市工程造价咨询发展报告

近年来，全过程工程咨询、装配式建筑设计、BIM、工程总承包、绿色建筑等在内的新型理念和技术受到国家和社会大力鼓励和支持，各级政府相继出台了一系列促进行业转型、升级和发展的政策和措施，使得建筑业市场不断地发展。工程造价咨询行业作为建筑业不可或缺的组成部分，紧紧围绕发展大局，认清形势，调整结构，不断适应新业态，直面新的发展机遇和挑战，逐渐走出一条稳步发展之路。

第一节　发展现状

1. 建筑业总体规模保持稳定发展态势

2019 年，重庆市完成建筑业总产值 8222.96 亿元，同比增长 5.2%。实现建筑业增加值 2840.12 亿元，同比增长 6.6%。其中固定资产投资总额比上年增长 5.7%，基础设施建设投资下降 0.7%；民间投资增长 3.3%。全年房地产开发投资 4439.30 亿元，比上年增长 4.5%。其中，住宅投资 3246.77 亿元，增长 7.8%；办公楼投资 112.85 亿元，增长 7.7%；商业营业用房投资 529.48 亿元，下降 6.2%。

2. 工程造价咨询企业总量持续增长，外地入渝工程造价咨询企业数量实现反超

据统计，2017～2019 年重庆市工程造价咨询行业规模不断扩大，企业总量持续增长。2019 年，重庆市本地工程造价咨询企业共有 229 家，其中甲级 148

家，乙级 81 家。

2017 年根据《国务院办公厅关于加快推进“多证合一”改革的指导意见》(国办发〔2017〕41 号)的要求，取消工程造价咨询企业设立分支机构备案和入渝工程造价咨询企业承接业务备案后，外地入渝工程造价咨询企业数量由 2016 年的 94 家，发展壮大至 2017 年 284 家，再到 2019 年 342 家，从数量上已远远超过重庆本地造价咨询企业。

3. 工程造价行业营业收入平稳增长，工程造价咨询业务收入占比下降

2017～2019 年，重庆市本地咨询企业工程造价行业营业收入分别为 26.39 亿元、32.57 亿元、34.83 亿元，呈平稳增长态势。其中工程造价咨询业务收入为 20.75 亿元、23.72 亿元、23 亿元，占比由 2017 年 78.63%，下降至 2018 年 72.83%、2019 年 66.04%，工程造价咨询业务收入占比持续减小。

4. 咨询业务结构分析

根据 2019 年重庆市 229 家本地咨询企业报送数据分析，全市工程造价咨询企业总营业收入为 23 亿元。

(1) 按专业划分，房屋建筑工程专业咨询收入占比过半。

房屋建筑工程 12.25 亿元，占全部收入的 53.26%；市政工程 6.10 亿元，占全部收入的 26.52%；公路工程 1.62 亿元，占全部收入的 7.04%；水利工程 0.61 亿元，占全部收入的 2.65%；城市轨道交通工程 0.36 亿元，占全部收入的 1.57%；其他工程(农业、林业、化工等)2.06 亿元，占全部收入的 8.96%。

(2) 按工程建设阶段划分，竣工结(决)算阶段营业收入凸显重要地位。

前期决策阶段咨询 2.38 亿元，占全部收入的 10.35%；实施阶段咨询 5.74 亿元，占全部收入的 24.96%；结(决)算阶段咨询 7.67 亿元，占全部收入的 33.35%；全过程工程造价咨询 5.70 亿元，占全部收入的 24.78%；工程造价经济纠纷的鉴定和仲裁的咨询 0.72 亿元，占全部收入的 3.13%；其他 0.79 亿元，占全部收入的 3.43%。

5. 工程造价咨询企业两极分化现象明显，小企业发展将变得愈加困难

根据 2019 年统计，在报送的 229 家重庆市本地工程造价咨询企业中，收入在 5000 万元以上共 6 家，2000 万元（含）至 5000 万元共 29 家，1000 万元（含）至 2000 万元共 40 家，500 万元（含）至 1000 万元共 27 家，100 万元（含）至 500 万元共 100 家，100 万元以下 27 家。

据分析，营业收入排名靠前的 75 家咨询企业占重庆市建设工程造价咨询收入总量的 79.3%，靠后的 27 家企业仅占重庆市建设工程造价咨询收入总量的 0.64%，工程造价咨询企业两极分化现象明显。随着全过程工程咨询服务、BIM 等信息化技术带动行业跨越式发展，中小企业发展环境将变得更加困难（表 2-21-1）。

2019 年重庆市建设工程造价咨询收入分布表　　表 2-21-1

工程造价咨询收入	企业数量（家）	工程造价咨询收入（万元）	工程造价咨询收入行业占比（%）
5000 万元以上	6	33069.69	14.38
2000 万元（含）至 5000 万元	29	91030.08	39.58
1000 万元（含）至 2000 万元	40	58290.79	25.34
500 万元（含）至 1000 万元	27	19841.57	8.63
100 万元（含）至 500 万元	100	26292.7	11.43
100 万元以下	27	1470.8	0.64
合计	229	229995.63	100%

6. 从业人员结构趋于稳定，注册造价工程师数量增速放缓

重庆近三年工程造价咨询行业规模扩大，对工程造价专业人员的需求也是逐年增大，但资格考试难度增加及国家整治“挂证”现象，使得注册造价工程师人数增速放缓。根据注册数据（不仅限于在工程造价咨询企业执业的人员），重庆一级注册造价工程师 2017 年 4162 名、2018 年 4322 名，2019 年 4242 名。

国家取消原“全国建设工程造价员”后，重庆二级造价工程师还尚未注册，按照中国建设工程造价管理协会《关于全国建设工程造价员有关事项的通知》，造价员资格证书长期有效，现重庆尚有 44529 名造价员在从业。

第二节　工作情况

一、党建促进协会建设

2019年，重庆造价协会党支部紧紧围绕城乡建设行业社会组织综合党委的工作部署，坚持以习近平新时代中国特色社会主义思想和党的十九大精神为统领，聚焦习近平总书记系列讲话及对重庆的定位和要求，切实发挥基层党组织战斗堡垒作用和党员模范带头作用，带动协会以及行业工作的全面提升。

1. 深入理论学习，加强党建工作基础建设

一是严格落实“三会一课”制度，丰富学习形式。在严格落实“三会一课”制度的同时，开展“争创学习型党组织，争当学习型党员”活动；二是注重培养发展，不断壮大党员队伍。2019年发展入党积极分子2名；三是夯实基础，打造“六有”党建活动室。协会党支部积极落实综合党委推进“六有”建设的要求，拨专款打造了100多平方米的“六有”党建活动室，重庆市城乡建设综合党委向协会党支部授予了“六有党建活动示范阵地”牌匾。

2. 扎实开展“不忘初心、牢记使命”主题教育活动

协会支部通过开展学习提升活动，增强服务本领；开展“作表率、争先锋”及“重点工作任务党员攻坚”活动；开展调研活动，倾听群众呼声。

3. 结合群众路线，开展形式多样主题党日活动

以党建工作为着力点，开展了形式多样的党群活动，引领造价行业与党同心同德。一是创新党建形式，与企业党支部联合举行“七一”主题党日活动；二是开展了形式多样的会员活动，2019年举办了第三届羽毛球、乒乓球比赛、“三八”国际妇女节女企业家联谊活动、“我和我的祖国”重庆市建设工程造价行业庆祝建国70周年朗诵会等；三是组织企业开展“关爱残障儿童捐赠活动”“捐资助学”等公益活动。

二、人才推动行业发展

重庆造价协会一直以推动行业发展为己任，不断探索新思路，落实新举措，为贯彻落实《工程造价事业发展“十三五”规划》加强人才队伍建设的精神，更好地提升重庆市造价行业执业人员的综合素质能力，积极组织会员开展十佳造价师竞选、综合技能大赛、校企合作、新专联挂职锻炼等各类活动，得到了会员单位的一致好评。

1. 树立行业领军人物，促进行业健康发展

（1）开展“十佳造价工程师”竞选活动

协会在2011年、2014年、2016年、2018年分别举办了4届“十佳造价工程师”竞选活动，通过笔试考核、专家组面试考核、综合能力考核决赛等三个环节，共竞选出重庆市造价行业“十佳造价工程师”40人。

竞选出的“十佳造价工程师”作为全市工程造价行业的领军人物，肩负起了全市在新形势下深化工程造价改革的重要使命，充分发挥了行业智囊团和模范带头作用，在工程造价行业人才培养、行业转型、行业发展、新技术等方面献言献策，为重庆市工程造价行业的发展做出了应有的贡献。

（2）举办重庆市建设工程造价行业技能大赛

为提升重庆市工程造价专业人员的理论知识和实际操作水平，展示会员单位的综合技术实力，加强会员单位的学习交流，挖掘业内优秀专业人才，促进工程造价行业人员基础能力的不断提升，分别在2012年、2016年、2018年举办了3次重庆市建设工程造价行业技能大赛。通过大赛展示了工程造价从业人员精湛的业务技能和蓬勃向上的精神风貌，进一步营造了学习知识、钻研技术、争当行业带头兵的良好氛围，为全市工程造价行业转型、跨越发展奠定了坚实基础。

（3）实施校企合作，共育造价专业人才

创新性地实施了由行业协会、企业、院校“三位一体”的工程造价人才培养模式，成立了专家讲师团，授予52家校企合作成员单位为“重庆市高等院校工程造价专业校企合作人才培养基地”。

自2011年实施校企合作以来，协会每年组织在渝高校、企业举办重庆市高

等院校工程造价专业校企合作会议，并联合重庆市工程造价专业本（专）科各高等院校、企业、行业主管部门等，编写重庆市高等院校工程造价专业人才培养指导方案，开展重庆市高等院校工程造价专业教师综合能力提升公益培训班、名家讲堂、企业开放日和工程造价特色专业建设等活动，进一步加强工程造价专业人才队伍建设，提升重庆工程造价专业水平和整体综合实力。

2. 举办专题讲座，拓展会员发展新思路

大力宣传贯彻国家在城乡建设方面的方针政策、法律法规和规程等，先后举办了全过程工程咨询落地实务、新形势下工程造价行业发展、PPP 项目咨询操作实务、BIM 信息技术及建设工程司法造价鉴定实务等多场大型线上、线下专题讲座及各类小型公益讲座，受到广大造价从业人员的一致好评。

3. 积极参加市新专联活动，为重庆经济建设献计献策

积极参加新专联活动，培养锻炼企业复合型管理人才，在市委统战部的部署安排下，协会先后推荐了 13 名咨询企业优秀负责人参加重庆市新的社会阶层党外代表人士挂职实践锻炼活动，收到了较好效果。通过到体制内行政机关挂职实践锻炼，提高了党外人士政治把握能力、参政议政能力、组织协调能力、合作共事能力，提升了专业人员的执政管理协调能力，也为促进地方经济的发展做出了贡献。

4. 做好继续教育，夯实从业人员业务能力

为做好造价工程师、工程造价专业人员继续教育管理工作，提高造价专业人员素质，满足广大造价从业人员需求，协会开发建立了重庆市建设工程造价管理协会云教育平台，聘请国内、市级工程造价行业专家、学者录制了各类工程造价专业课件 53 个，课时总时长 6608min，进一步宣传和贯彻了工程造价行业发展方针政策，为从业人员提供了学习和交流的平台。

（本章供稿：邓飞、宋欣逾、赵磊、蔡琥）

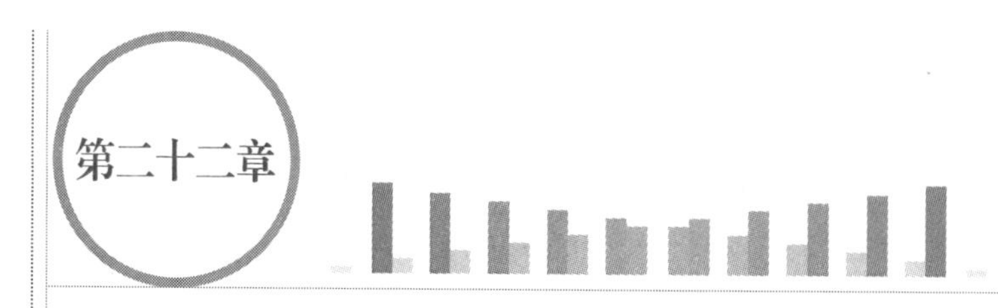

四川省工程造价咨询发展报告

第一节　发展现状

一、发展基本情况

1. 企业总数及甲级资质企业数量均保持增长态势

截至2019年底，四川省共有443家工程造价咨询企业，较2018年（441家）增加2家，增幅0.45%。

其中，甲级资质企业288家，较2018年（273家）增加15家，增幅5.49%，占全部工程造价咨询企业的65.01%，较2018年的61.9%有所提升。近五年，四川省工程造价咨询甲级资质企业数量以及占比情况均呈上升趋势。

乙级资质企业155家，较2018年（168家）减少13家，减少7.74%，占全部工程造价咨询企业的34.99%，较2018年的38.10%有所下降。近五年，四川省工程造价咨询乙级资质企业数量以及占比情况均呈下降趋势。

2. 从业人员数量增长显著

（1）从业人员总体情况

2019年四川省工程造价咨询从业人员46868人，其中正式聘用员工43449人，占比92.7%。一级注册造价工程师5368人，占比11.5%，其中土木建筑工程专业4436人，占比82.6%；安装工程专业744人，占比13.9%；交通运输工程专业77人，占比1.4%；水利工程专业111人，占比2.1%。此外，其他专业注册执业人员10554人，占从业人员总数的22.5%。

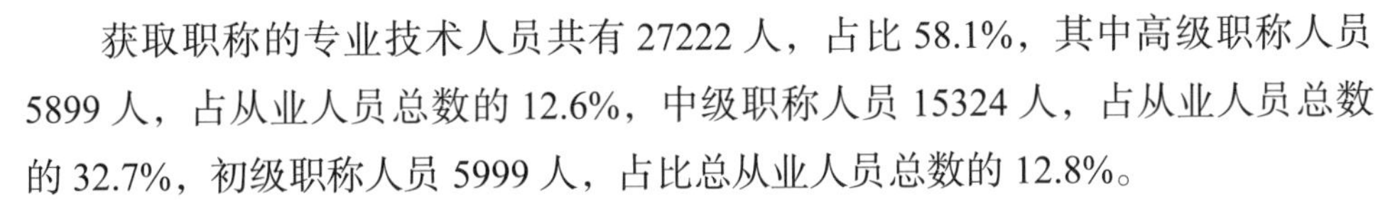

获取职称的专业技术人员共有27222人，占比58.1%，其中高级职称人员5899人，占从业人员总数的12.6%，中级职称人员15324人，占从业人员总数的32.7%，初级职称人员5999人，占比总从业人员总数的12.8%。

（2）从业人员职业资格情况

近五年，四川省工程造价咨询从业人员数量呈现出稳步上升趋势，尤其2019年同比增幅显著。但2019年的注册一级造价工程师数量与占比均有所降低，且为五年间最低水平。原因可能是住房和城乡建设部于2019年开展了针对“挂证”等违法违规行为的专项整治工作。

2019年工程造价咨询行业中其他专业注册人员呈现出显著增加的情况，相比于2019年数量上增加2331人，增幅与占比均为五年间最高值。原因可能在于，2019年对全过程工程咨询工作的推进促使行业需求其他专业注册职业资格的从业人员。

（3）从业人员获得职称情况

相比于2018年，2019年四川省工程造价咨询行业中获得职称的从业人员数量呈现出下降趋势，但从职称等级配置上却呈现出高级职称人员数量相对增加的良好态势。其中，获得高级职称的从业人员无论数量还是占比均为五年最高值。

3. 营业收入继续呈现良性增长态势

（1）营业收入情况

2019年，四川省工程造价咨询企业收入总额为123.63亿元，其中工程造价咨询业务收入总额为62.47亿元，占比50.5%；其他业务（招标代理、工程监理、项目管理、工程咨询）收入61.16亿元，占比49.5%，与工程造价咨询业务收入基本持平。

在工程造价业务收入中，按专业划分，房屋建筑工程类收入34.61亿元，占比55.4%；市政工程类收入13.92亿元，占比22.3%；公路工程类收入4.36亿元，占比7.0%。

按建设项目阶段划分，前期决策阶段的咨询收入5.71亿元，占比9.1%；实施阶段的咨询收入16.34亿元，占比26.2%；结（决）算阶段的咨询收入20.2亿元，占比32.3%；全过程工程造价咨询收入17.9亿元，占比28.6%；工程造价经济纠纷的鉴定和仲裁的咨询收入1.46亿元，占比2.3%；其他咨询收入0.86

亿元，占比 1.4%。

（2）营业收入变化情况

近五年，四川省工程造价咨询企业总体收入呈增加趋势，2019 年的同比增幅最大，达 27.1%。其中，工程造价咨询业务及其他业务收入总额均有显著增加。2019 年四川省工程造价咨询企业的工程造价咨询业务总收入达 62.47 亿元，同比增幅超两成；其他业务总收入达 61.15 亿元，同比增幅超三成。

此外，2019 年四川省工程造价咨询行业的企业平均营业收入以及从业人员平均营业收入也均呈现出相比于 2018 年的显著增加态势。2019 年企业营业收入同比增长幅度为 26.6%，达 2790.74 万元 / 家，为五年间最高水平；2019 年人均营业收入同比增长幅度为 15.2%，达 26.38 万元 / 人。

（3）工程造价咨询业务收入情况

近五年，四川省工程造价咨询企业的工程造价咨询业务总收入占业务所涉及的工程造价总额基本不变，维持在 0.21%～0. 23%。应特别注意的是从业人员的人均负责的工程造价增长较快，从 2015 年到 2019 年增幅达 25.27%，表明五年中四川省工程造价咨询行业中从业人员的人均工作量有所增加。

近五年，全过程工程造价咨询收入的占比呈现出显著的上升趋势。竣工结算阶段咨询收入占比虽一直保持第一，但下降趋势明显。

二、重点工作及成果

1. 编写二级造价工程师职业资格考试培训教材

为落实住房和城乡建设部等 4 部委《关于印发〈造价工程师职业资格制度规定〉〈造价工程师职业资格考试实施办法〉的通知》精神，根据《全国二级造价工程师职业资格考试大纲》（2019 版）及《关于积极推进二级造价工程师职业资格考试培训教材编写工作的通知》精神开展并完成《建设工程计量与计价实务》的编写工作。

2. 修订四川省工程造价咨询企业及专业人员自律规则

为进一步加强行业自律管理，推动行业有序发展，对《四川省工程造价咨询企业自律规则》《四川省工程造价专业人员自律规则》（2017）进行修订。修订完成后提交四川省造价工程师协会第四次会员代表大会审议并表决通过。

3. 举办第一届工程造价专业技术人员技术与技能竞赛

12 月 12 日，成功举办四川省首届工程造价专业技术人员技术与技能竞赛。这次竞赛充分展示出四川工程造价技术人员在工程计量与计价、工程造价全过程管理与控制方面水平和技能。

4. 启动四川省工程造价咨询企业综合评价工作

为贯彻落实国务院、住房和城乡建设部关于社会信用体系建设的工作部署，加快推进四川省工程造价咨询行业信用体系建设，2019 年 10 月开展了 2018 年度四川省工程造价行业综合评价工作。评价结果在多种媒体和渠道进行了宣传，加强了信用评价结果的应用。

5. 组织行业论坛参与行业交流

（1）主办沪川工程咨询第二届高峰论坛

2019 年 6 月 4 日～5 日，由上海市建设工程咨询行业协会与四川省造价工程师协会共同发起的“沪川工程咨询第二届高峰论坛”在上海举行。本次论坛以“基石与本源——造价咨询专业发展探索”为主题，旨在深入研究全过程造价咨询专业发展，探索全过程咨询，推动工程造价咨询行业高质量发展，促进沪川两地工程造价咨询行业的交流与合作。

（2）参与中国建设工程造价管理协会第七届企业家高端论坛

2019 年 9 月 25 日，以“守正出新，集智远行——共建良好的工程造价生态圈”为主题的中国建设工程造价管理协会第七届企业家高端论坛在武汉顺利召开。四川省造价工程师协会率队，带领本省部分优秀企业家参加了论坛。

（3）组织四川省第三届青年造价工程师沙龙活动

2019 年 9 月 20 日，“四川省第三届青年造价工程师沙龙”圆满举行。本次活动以“拥抱造价数字化时代”为主题，充分激发青年造价师们在执业活动中的创造性。

三、新技术推广及应用情况

四川省造价咨询企业计价算量软件普及率达 100%；有信息应用平台的企业达 24%；在项目上参与或自建了项目级信息化应用平台的企业达 47%；有新技术应用的企业达 67%，其中 41% 是 BIM 技术的应用。有大数据应用的企业达 100%；有云计算的应用的企业达 58%。其中：

（1）80% 的企业对新技术应用持开放欢迎态度。其中，50% 的企业坚持新技术的应用，23% 的企业有专属新技术应用部门（团队）。

（2）造价企业新技术应用最广泛的是大数据的应用，应用率达到了 100%。

（3）50% 的企业近三年开始涉及新技术应用，但仍有 34% 的企业从未开始应用。

（4）在新技术应用方面，19% 的企业可直接应用在工作中，27% 的企业对现在的应用不满意，54% 的企业认可新技术带来的便利，35% 的企业坚定不移地选择在新技术应用上继续探索，43% 的企业认为哪怕现在问题很多，但还是要继续加强新技术的应用。

四、党群及工作情况

四川省 140 家企业党建工作情况调研结果显示，全行业共有党员 878 人，独立建立党组织的有 57 个，其中，党委 1 个，党支部 54 个、联合党支部 2 个。有 25 个党组织设有专职党务工作者，共 28 名专职党务工作者。2019 年，企业党建工作重点为：

（1）针对党组织覆盖面不广的现状，企业更加重视党员教育和党员活动，充分发挥党员先锋模范作用，吸收优秀积极分子，特别是鼓励年轻造价工程师向党组织靠拢。

（2）企业加强了自身政治建设、思想建设、组织建设、作风建设、制度建设，深入学习习近平新时代中国特色社会主义思想。

（3）组织企业员工到红色教育基地参观学习，安排专职党务工作者外出学习考察。

（4）以“爱党、爱国、爱行业”为指导思想，开展演讲比赛、文艺会演等形式多样的党建主题活动。

（5）协会帮助指导企业全面加强党的建设，抓好党建工作，推动企业高质量发展，积极营造良好的经营发展氛围。

（6）指导帮助符合条件的企业建立党支部，让“流动党员”找到组织，感受温暖，亮明身份，发挥作用，接受群众和组织监督。

第二节　发展环境

一、政策环境

1. 国家营造良好政策环境，推动西部地区高质量发展

当前，党中央、国务院从全局出发，发布了《中共中央国务院关于新时代推进西部大开发形成新格局的指导意见》的重大决策部署，强化举措推进西部大开发形成新格局，推动西部地区高质量发展。意见提出，在基础设施规划建设方面，加快川藏铁路、沿江高铁、渝昆高铁、西（宁）成（都）铁路等重大工程规划建设。同时以共建“一带一路”为引领，加大西部开放力度，支持重庆、四川、陕西发挥综合优势，打造内陆开放高地和开发开放枢纽。

2. 川渝两地持续加强合作，共同推动成渝城市群建设向纵深发展

成渝城市群作为与京津冀城市群、长三角城市群和粤港澳城市群并列的国家级新型城镇化建设城市群，在中国区域发展格局中占有重要地位。2019 年 7 月，四川省与重庆市签署了包括《深化川渝合作推进成渝城市群一体化发展重点工作方案》《关于合作共建中新（重庆）战略性互联互通示范项目“国际陆海贸易新通道”的框架协议》2 个重点工作方案（协议）和《共建合作联盟备忘录》，共同推动成渝城市群一体化发展。

3. 四川省构建“一干多支、五区协同”的区域发展新格局

为着力解决四川区域协调发展不足等问题，四川省委十一届三次全会提出构

建“一干多支、五区协同”的区域发展新格局。做强“主干”，支持成都加快建设全面体现新发展理念的国家中心城市；发展“多支”，打造各具特色的区域经济板块，推动环成都经济圈、川南经济区、川东北经济区、攀西经济区竞相发展，形成四川区域发展多个支点支撑的局面；大力促进“五区协同”发展，推动成都平原经济区、川南经济区、川东北经济区、攀西经济区、川西北生态示范区协同发展。

二、市场环境

1. 2019 年四川省生产总值（GDP）较 2018 年同比增长 7.5%

根据 2019 年四川省国民经济和社会发展统计公报数据，2019 年四川省地区生产总值（GDP）46615.8 亿元，按可比价格计算，比上年增长 7.5%。其中，第一产业增加值 4807.2 亿元，增长 2.8%；第二产业增加值 17365.3 亿元，增长 7.5%；第三产业增加值 24443.3 亿元，增长 8.5%。第一、二、三产业对经济增长的贡献率分别为 4.0%、43.4% 和 52.6%。人均地区生产总值 55774 元，增长 7.0%。

2. 2019 年四川省固定资产投资保持稳步增长

根据国家统计局数据和 2019 年四川省国民经济和社会发展统计公报数据，2019 年，四川省全社会固定资产投资为 30927.96 亿元。

3. 2019 年四川省建筑业产值增速放缓

2019 年，全国建筑业总产值 248445.77 亿元。其中：四川省建筑业总产值为 14668.15 亿元，占比 5.90%。2019 年四川建筑业总产值为 14668.15 亿元，同比增长 12.97%。回顾四川省 2016～2018 年，同比增长率 2016 年为 13.59%，2017 年为 14.46%，2018 年为 13.89%。

4. 2019 年四川省工程造价咨询价格水平处于全国平均水平之下

2019 年，全国工程造价咨询企业的营业收入为 1836.66 亿元，占全社会固定资产投资的 0.33%。四川省工程造价咨询企业的营业收入为 62.47 亿元，占四川

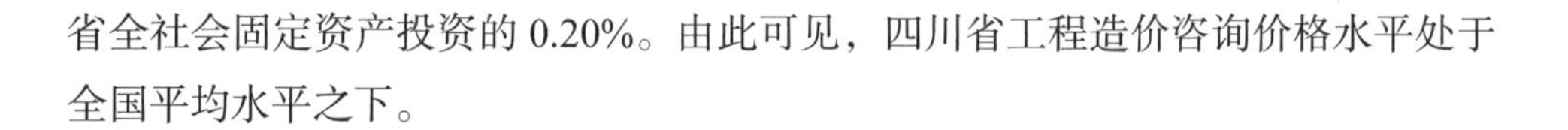
省全社会固定资产投资的0.20%。由此可见，四川省工程造价咨询价格水平处于全国平均水平之下。

三、人才环境

1. 四川省工程造价及相关专业的高校竞争力属全国领先水平

2019年底四川省内开设有工程造价及相关专业的本科院校20所，专科院校38所，总数量和本科院校的数量均位居全国首位。涉及专业包括工程造价、工程造价（安装工程）、工程造价（铁路工程）、工程造价（市政工程方向）、全过程造价咨询等，基本涵盖行业对相关人才的需求。2019年，四川省工程造价及相关专业的本专科招生人数共约7600人，其中本科约3500名，专科约4100名。在学科专业能力方面，四川省工程造价及相关专业的高校竞争力属于全国领先水平。

2. 四川省工程造价及相关专业毕业生大部分进入房地产行业

2019年，四川省内工程造价及相关专业的本专科毕业人数约9600人，其中本科学历约4000人，专科学历约5600人。该专业毕业生就业人数8896人，毕业生就业率为93%。

就业选择方面，毕业生以房地产行业为主，主要进入工程造价咨询公司、建筑施工单位、房地产开发公司、工程建设监理单位、会计师事务所、各类企事业单位及政府部门。其中，房地产行业的相关单位是毕业生首选，人数占比达到了80%以上。此外，毕业后从事造价相关工作的人数约占总数的70%，且毕业后留在西南地区从事相关工作的毕业生数量最多，占比近50%。

四、监管环境

1. 开展了企业信用评价

2014～2019年，四川省造价工程师协会已连续6年开展工程造价咨询企业能力和信用综合评价工作，评价范围基本囊括了省内所有造价咨询企业，按照评价办法对每个参评企业进行打分。每年度的评价工作，基本形成了对企业的有效监督，促进了企业的自我完善，逐渐营造出一个良好的市场竞争氛围。

2. 明确了造价咨询企业、造价从业人员自律规则

《四川省工程造价咨询企业自律规则》(2019 年）和《四川省工程造价专业人员自律规则》(2019 年）的发布，规范了工程造价咨询企业、造价从业人员的执业行为，建立了完善的自我约束和相互监督机制，促进了工程造价咨询企业诚信体系建设，引导诚实守信，规范经营，稳步建立企业信用档案，为社会了解和选择咨询企业提供参考。通过不良行为记录等警示制度，营造健康的工程造价市场环境。

（本章供稿：陶学明、潘敏）

云南省工程造价咨询发展报告

第一节　发展现状

1. 营业收入、社会贡献平稳增长，行业呈现多元化发展

2019 年，云南共有工程造价咨询企业 165 家。其中：甲级工程造价咨询企业 88 家，乙级（含暂定乙级）工程造价咨询企业 77 家，从业人员 8202 人，实现营业收入 26.12 亿元，人均营业收入 31.85 万元，工程造价咨询业务收入 21.57 亿元，占整体营业收入比重为 82.58%。实现利润 3.22 亿元，人均利润 3.93 万元，利润率 12.33%。年上缴增值税 1.23 亿元、所得税 0.44 亿元。

纵观近三年云南工程造价咨询业发展轨迹，企业总体数量增长放缓，其中甲级工程造价咨询企业数量呈不断上升趋势，乙级工程造价咨询企业数量则呈下降趋势。此外，全省专营工程造价咨询企业数量逐年减少，兼营工程造价咨询企业数量逐年攀升。企业经营范围向招标代理、项目管理、会计、财税、资产评估、勘察设计、工程监理、工程检测、人力资源培训等领域拓展，咨询业态涉及项目全过程或阶段性造价咨询、规划咨询、项目咨询、评估咨询、BIM 咨询、项目融资咨询、政府投资项目财政评审、政府投资项目审计、设计管理咨询、绩效评价等。

2. 行业基础持续巩固

（1）云南省建设工程造价协会组织的 2019 年云南造价咨询企业信用评价工作于 2019 年 10 月 31 日完成。在 2018 年 104 家企业参评的基础上，2019 年共有 22 家企业申请评价并得到评价结果，其中首次参评企业 20 家，更新参评企业2家。

（2）云南省建设工程造价协会于2019年4月27日在昆明成功举办第六届云南省大学生工程造价和工程管理技能与创新大赛，大赛设“工程算量竞赛”“BIM技能竞赛”“工程项目管理沙盘竞赛”3项比赛，共27所院校，465名师生参加。

（3）由云南省建设工程造价协会主办的第二届云岭校企高峰论坛于2019年4月27日在昆明学院成功举办，7位专家围绕“创新引领下的行业新生态和人才建设”分享交流，省内建设投资、施工、造价咨询、项目管理、监理等100家企业、27家高校共180余人参加论坛。

（4）为促进企业交流，提升行业整体素质，共谋行业发展，云南省建设工程造价协会于2019年5月、8月成功举办两期“企业开放日”活动。

（5）2019年7月17日～18日，云南省建设工程造价协会在昆明举办了建设工程司法解释和造价鉴定规范研讨学习，此次研讨学习共有单位会员代表和个人会员，工程建设、施工、监理、招投标及项目管理咨询服务等有关单位的322人参加。

（6）2019年9月，云南省建设工程造价协会组织开发的“造价员信息核验系统”正式上线运行，为云南造价员持证人员免费开展基本信息、资格信息、从业信息等核正和完善服务。

（7）云南省建设工程造价协会凝聚行业智慧与力量，组织编写了二级造价工程师职业资格考试培训教材《建设工程计量与计价实务》（土木建筑工程）、《建设工程计量与计价实务》（安装工程），于2019年12月正式出版。

3. 争先创优活动硕果累累

（1）云南省建设工程造价协会开展了2018年度优秀单位会员评选活动，经企业自愿申报、专家评审、结果公示等程序，最终34家单位被评为优秀单位会员。

（2）云南省建设工程造价协会2018年度优秀工程咨询成果评选活动成功举办，根据优秀工程咨询成果评选办法的规定，云南省建设工程造价协会专业技术委员会对工程造价咨询成果、研究成果，云南省建设工程造价协会创新发展委员会对创新成果认真组织评审，最终确定一等奖3项、二等奖10项、三等奖13项。

（3）云南省建设工程造价协会第二届工程造价、工程咨询论文征集和评选活动圆满结束，论文整体质量明显提升，既有较前沿的理论和实践创新，也有提升造价咨询服务质量的探索，经专业技术委员会评审，最终确定一等奖空缺，二等奖3篇，三等奖6篇，优秀奖3篇。

4. 课题研究取得丰硕成果

（1）2020年1月9日，由云南省建设工程造价协会组织参编的中国建设工程造价管理协会《BIM技术应用对工程造价咨询企业转型升级的支撑和影响研究》课题顺利通过结题评审，实现结项验收。该课题通过系统研究BIM技术要点和发展趋势，为工程造价咨询企业探索和掌握新技术、实现服务创新，整体保持行业专业地位，提供广泛的理论和实践经验支撑。

（2）"云南省建设工程造价咨询服务机构公开评选办法研究""造价咨询专业技术人员执业趋势研究""资质改革给造价咨询企业带来的机遇与挑战"等3项云南省建设工程造价协会2019年度科研课题通过专家评审，顺利结项验收。课题为造价咨询行业的转型升级和高质量发展提供了有益的探索与思考。

第二节　发展环境

一、经济环境

1. 经济总量翻番

党的十八大以来，云南经济总量实现翻番，达到2.32万亿元，比上年增长8.1%，高于全国2.0个百分点，在全国的排位跃升6位、居第18位。在实施大规模减税降费情况下，地方财政收入税收占比保持70%以上，实现了量质齐升。

2. 工业生产平稳增长

工业生产平稳增长，全年全部工业增加值5301.51亿元，比上年增长8.1%。规模以上工业增加值增长8.1%。

3. 建筑业产值增加

全年全社会建筑业增加值 2664.64 亿元，比上年增长 10.0%。全省具有资质等级的总承包和专业承包建筑业企业完成总产值 6122.09 亿元，增长 12.2%；全年固定资产投资（不含农户）同比增长 8.5%。

4. 房地产开发投资

全年房地产开发投资 4151.41 亿元，比上年增长 27.8%，其中：商品住宅投资 3028.96 亿元，增长 43.2%；办公楼投资 150.13 亿元，增长 41.3%；商业营业用房投资 498.33 亿元，下降 9.9%。

5. 基础设施建设迈上新台阶

高速公路通车里程超过 6000km，铁路、机场建设全面推进，水网、能源网、信息网、物流网等加快建设，支撑高质量发展、服务“一带一路”建设的综合基础设施体系正在加快形成。县域高速公路“能通全通”工程全面推进，“互联互通”启动实施，90 个县通高速公路，服务区品质全面升级。怒江美丽公路主线通车，新改建农村公路近 2 万 km，渝昆高铁云南段开工建设，新开工 63 项重点水源工程，滇中引水和乌东德、白鹤滩水电站等重大项目建设进展顺利，基础设施建设迈上新台阶。

6. 加强环境保护治理

以“五个坚持”“四个彻底转变”等革命性举措推进九大高原湖泊保护治理，系统打造美丽县城、特色小镇、美丽乡村、美丽公路。

二、营商环境

1. 打造“美丽县城”

2019 年 2 月 1 日，云南省人民政府印发《关于“美丽县城”建设的指导意见》（云政发〔2019〕8 号）。按照“干净、宜居、特色”的目标要求，通过 3 年的努力，在全省打造形成一批特色鲜明、功能完善、生态优美、宜居宜业的“美丽县城”。2019～2021年，共筹措300亿元资金用于“美丽县城”建设，其中，省财政每年安排40亿元，3年共计120亿元，以奖代补专项用于支持“美丽县城”建设工作；省发展改革委等省直有关部门，采取争取中央预算内资金和安排省级既有专项资金等方式，每年筹集60亿元，3年共计180亿元，用于支持“美丽县城”建设工作。对国家级贫困县、深度贫困县、民族自治县加大倾斜支持力度。各州、市、县、区要克服“等、靠、要”思想，筹措相应资金用于“美丽县城”建设。2019年，在全省范围内评选出20个左右，2020年、2021年每年评选出40个左右建设成效显著的“美丽县城”，省人民政府将统筹考虑建设成效和大、中、小县实际，给予以奖代补资金支持。

2. 推动滇西旅游环线全面转型升级

2019年4月，云南省提出打造“德钦—香格里拉—丽江—大理—保山—瑞丽—腾冲—泸水—贡山—德钦”大滇西旅游环线。将滇西丰富的高原峡谷、雪山草甸、江河湖泊、火山热海、古城韵味、民族文化、边境风情、珠宝玉器等独特旅游资源串联起来，推动滇西旅游全面转型升级。

2019年9月12日，云南省人民政府办公厅发布《关于成立大滇西旅游环线建设工作领导小组的通知》(云政办发〔2019〕77号)，全面组织、指导大滇西旅游环线建设。

3. 切实解决吸引外资“盲点”“痛点”“难点”促进外资增长

2019年7月17日，云南省政府印发《关于切实解决吸引外资“盲点”“痛点”“难点”促进外资增长的意见》(云政发〔2019〕20号)。提出进一步落实国家政策，消除外资政策落实“盲点”；优化营商软环境，缓解外资企业生产经营“痛点”；提升外商投资服务水平，攻克吸引外资“难点”，促进外资增长。同时，鼓励外资积极参与云南省八大重点产业、世界一流“三张牌”、以数字经济为龙头的战略性新兴产业建设。

4. 打造云南自由贸易试验区

2019年8月2日，国务院印发《6个新设自由贸易试验区总体方案的通知》(国发〔2019〕16号)。云南自由贸易试验区的侧重点是：围绕打造“一带一路”

和长江经济带互联互通的重要通道，建设连接南亚东南亚大通道的重要节点，推动形成我国面向南亚、东南亚辐射中心、开放前沿，提出了创新沿边跨境经济合作模式和加大科技领域国际合作力度等方面的具体举措。云南自由贸易试验区的实施范围 119.86km^2，涵盖三个片区：昆明片区 76km^2（含昆明综合保税区 0.58km^2），红河片区 14.12km^2，德宏片区 29.74km^2。昆明片区将加强与空港经济区联动发展，重点发展高端制造、航空物流、数字经济、总部经济等产业，建设面向南亚、东南亚的互联互通枢纽、信息物流中心和文化教育中心。

5. 重点支持城乡建设等领域

2019 年云南地方政府专项债务发行 754.3 亿元。重点支持棚户区改造、土地储备、土地整治、政府收费公路、供水和污水处理、生态环境保护与治理、教育、公立医院、城乡建设等领域。

6. 落实“放管服”改革要求，推进“双随机、一公开”工作

政府监管贯彻落实“放管服”改革要求，切实推进“双随机、一公开”工作。

2019 年 1 月 14 日，云南省住房和城乡建设厅印发《关于进一步加强入滇建筑业企业服务监管有关事项的通知》（云建建函〔2019〕18 号），进一步简化入滇登记办理流程。

1 月 31 日，云南省住房和城乡建设厅、省人力资源和社会保障厅、省交通运输厅、省水利厅、省通信管理局联合印发《关于专项整治工程建设领域资格证书“挂证”问题的通知》（云建建〔2019〕37 号）。

3 月 28 日，云南省住房和城乡建设厅印发《关于重新调整云南省建设工程造价计价依据中税金综合税率的通知》（云建科函〔2019〕62 号），将云南省建设工程造价计价依据中税金综合税率调整为市区 10.08%，县城、镇 9.90%，其他 9.54%。

4 月 18 日，云南省住房和城乡建设厅印发《关于开展对云南省 2013 版计价依据使用情况调研工作的通知》。

5 月 6 日，云南省住房和城乡建设厅、省发展和改革委员会、省工业和信息化厅、省自然资源厅、省生态环境厅、国家税务总局云南省税务局联合发布了《云南省绿色装配式建筑及产业发展规划（2019—2025 年）》。

5 月 16 日，云南省人民政府办公厅发布《云南省工程建设项目审批制度改革实施方案》（云政办发〔2019〕50 号），方案明确：2019 年 6 月底前，要制定工程建设项目审批中介服务事项清单，未纳入清单的事项不作为审批前置条件。中介服务实行服务时限、收费标准、服务质量“三承诺”管理。按照国家建立健全网上中介服务平台要求，依法规范中介机构选取工作，加强全省行政审批“中介超市”应用，提高中介机构集中入驻度，实行公开选取、服务竞价、合同网签、成果评价、信用公示和跟踪服务，对中介服务实施全过程监管。网上中介服务平台与审批管理系统实现互联互通。

9 月 19 日，为贯彻落实《住房和城乡建设部办公厅关于扎实推进建筑市场监管一体化工作平台建设的通知》（建办市函〔2017〕435 号）、住房和城乡建设部建筑市场监管司《关于对全国建筑市场监管公共服务平台工程项目数据实行分级管理和开展数据专项治理等工作的通知》（建市招函〔2019〕48 号），保障工程项目信息在资质申报、招标投标等工作中的有效运用，云南省住房和城乡建设厅开展了云南省建筑市场监管与诚信一体化平台工程项目数据专项治理工作。

9 月 20 日为促进建筑施工企业技术创新，提升施工技术水平，规范工程建设工法的管理，根据《住房和城乡建设部关于印发〈工程建设工法管理办法〉的通知》（建质〔2014〕103 号）要求，云南省住房和城乡建设厅公布了 2018 年度云南省省级工程建设工法。

9 月 30 日，昆明市人民政府颁布第 152 号令，《昆明市建设工程造价管理办法》自 2019 年 12 月 1 日起施行。

10 月 22 日，根据《工程建设标准复审管理办法》要求，云南省住房和城乡建设厅组织相关部门和单位对 2014 年发布实施的工程建设地方标准进行了复审，并公布了 2019 年云南省工程建设地方标准复审结果。

10 月 25 日，云南省住房和城乡建设厅印发《关于规范云南省建设工程造价计价标准一次性补充计价子目编制工作的通知》（云建科〔2019〕201 号）。

10 月 25 日，云南省住房和城乡建设厅印发《关于进一步规范云南省建设工程造价计价标准解释与造价争议协调工作的通知》（云建科函〔2019〕190 号）。

10 月 31 日，云南省住房和城乡建设厅、省交通运输厅、省水利厅、省人力资源和社会保障厅联合印发《关于〈云南省二级造价工程师职业资格制度规定〉〈云南省二级造价工程师职业资格考试实施细则〉的通知》（云建科〔2019〕

206 号）。

11 月 1 日，国务院办公厅印发《关于对国务院第六次大督查发现的典型经验做法给予表扬的通报》（国办发〔2019〕48 号），云南省多措并举有效降低企业用电成本、云南省昆明市创新公共资源交易监管机制营造公平守信市场环境被列入 32 项典型做法。

11 月 4 日，云南省住房和城乡建设厅印发《关于开展建筑节能和建设工程造价"双随机一公开"自查工作的通知》。

12 月 9 日，为贯彻落实《市政公用设施抗灾设防管理规定》（住房和城乡建设部令第 1 号），进一步加强和规范云南省市政公用设施抗震设防监督管理，有序开展市政公用设施抗震设防专项论证工作，云南省住房和城乡建设厅启动了云南省市政公用设施抗震专项论证专家库组建工作。

（本章供稿：马懿、王蕊、杨宝昆、汪松森、赵朴花）

陕西省工程造价咨询发展报告

第一节　发展现状

一、陕西省造价咨询行业基本情况

1. 全省企业总体情况

截至2019年底，全省共有工程造价咨询企业253家，较上年度的206家增加22.82%。其中甲级工程造价咨询企业136家，较上年度的122家增加11.48%，占53.75%，占比下降了5.46个百分点；乙级工程造价咨询企业117家，较上年度的84家增加39.29%，占46.25%，占比上升5.46个百分点。具有多种资质的企业169家，较上年度的192家下降11.98%，占66.80%，占比下降了26.40个百分点；专营工程造价咨询的企业84家，是上年度的14家的6倍，占33.20%，占比上升了26.40个百分点。在陕西省建设工程造价管理协会登记的单位会员有170家，较上年度的150家增加13.33%（其中，具有中国、陕西省建设工程造价管理协会双会籍的单位65家，较上年度的58家增加12.07%），造价咨询企业中的会员单位占全省造价咨询企业总数的67.19%，较上年度下降5.63个百分点，造价咨询企业总数增量较大是会员占比相对下降的主要原因。

2. 全省从业人员总体情况

截至2019年底，全省工程造价咨询企业从业人员17367人，比上年的15339人增长了13.22%。其中，正式聘用员工15142人，占87.19%；临时聘用人员2225人，占12.81%。

工程造价咨询企业共有专业技术人员10349人，比上年的9979人增长了3.71%，占全部造价咨询企业从业人员的59.59%，与上年比较，专业技术人员占比下降了5.5个百分点，说明专业技术人员的增长，尚未跟上从业人员增长的步伐。其中，高级职称人员1955人，中级职称人员5541人，初级职称人员2853人。各级别职称人员占专业技术人员比例分别为18.89%、53.54%和27.57%。各级别专业技术人员的绝对数均有所增加。与上年比较，在占比上，高级上升了1.91个百分点，而中级和初级分别下降了1.09和0.82个百分点。

工程造价咨询企业共有一级注册造价工程师2459人，比上年的2429人增长了1.24%，占全部造价咨询企业从业人员的14.16%，较上年下降了1.68个百分点。一级注册造价工程师占全部专业技术人员的23.76%，较上年下降了0.6个百分点。新增的二级注册造价工程师501人，占全部造价咨询企业从业人员的2.88%，占全部专业技术人员的4.84%，增加了注册造价工程师在造价咨询企业中的比重。

造价咨询企业中其他专业注册执业人员2025人，较上年的2478人下降了18.28%。注册造价人员与其他专业注册人员的比例关系为1:0.68，与上年的1:1.02比较，变化较大。

3. 全省业务收入总体情况

截至2019年底，全省工程造价咨询行业整体营业收入为53.43亿元，比上年增长32.25%。其中，工程造价咨询业务收入25.85亿元，比上年增长34.64%，占全部营业收入的48.38%；其他业务收入27.58亿元，比上年增长30.09%，占全部营业收入的51.62%。在其他业务收入中，招标代理业务收入11.03亿元，建设工程监理业务收入14.77亿元，项目管理业务收入0.71亿元，工程咨询业务收入1.07亿元；除工程咨询业务收入下降了15.08%外，其余各项较上年均有增长。招标代理业务收入增长了16.35%，建设工程监理业务收入增长了47.7%，项目管理业务收入增长了54.35%。

二、2017～2019年度陕西省工程造价咨询行业发展状况

1. 近三年陕西省工程造价咨询企业发展状况

近三年来，全省工程造价咨询企业的总数以及各类工程造价咨询企业的数量

呈全面增长态势。造价咨询企业数量的平均增长率为企业总数15.06%、甲级资质企业9.72%、乙级资质企业22.81%。

2. 近三年工程造价咨询行业从业人员发展状况

全省工程造价咨询行业从业人员中，其他专业注册职业人员的数量与去年相比，降幅较大；其余各类人员数量均有不同程度增长。近三年，各类人员数量每年的平均增长率分别为：员工总数10.01%，正式聘用人员10.79%；专业技术人员总数5.3%，高级技术人员8.06%，中级技术人员11.66%，初级技术人员5.67%；一级注册造价工程师1.44%，其他专业注册职业人员10.86%。由于2018年系首次开考，二级注册造价工程师被纳入统计数据系统。2019年，新增二级注册造价工程师501人。

3. 近三年工程造价咨询行业业务发展状况

近三年来，除2018年招标代理业务收入小幅下降以外，其余各类收入均有较大幅度的增长。行业整体营业收入和工程造价咨询业务收入的平均增长率分别达到了28.14%和23.74%。

第二节　省内领先企业发展现状

一、陕西省工程造价咨询行业20强企业发展概述

2010年10月，陕西省住房和城乡建设厅印发《关于加快工程造价咨询行业发展的通知》(陕建发〔2010〕218号)，提出了“要转变发展方式，培育和扶持一批品牌企业”，以品牌战略促进行业发展，逐步形成一批社会诚信度高、市场占有率高、业内认可度高、品牌效应强的龙头企业的总体要求。陕西省建设工程造价总站和陕西省建设工程造价管理协会据此开展的“陕西省工程造价咨询行业20强企业”排序、评价活动，迄今已持续10年。其中，2010～2016年7届为排序，2017～2019年3届为评价，今后还将继续进行下去。

在十年的排序、评价活动中，先后有40家企业入列陕西省工程造价咨询行

业20强。20强企业的营业收入（含造价咨询业务收入和招标代理业务收入，下均同）增长了8.47倍，年均增长28.10%，年均增长幅度高于行业平均水平。全行业和全社会对于工程造价咨询20强企业的认知度与认可度越来越高，在有的领域，甚至以是否为20强企业，作为进入该领域的一个重要标识！

开展20强企业的评价，是鼓励企业在“做大”的同时，进一步促进企业在“做强”上下功夫。其核心目的，就是要引导企业加快转型升级，让那些真正“强”起来的优秀企业登上20强的新榜单，造就陕西省工程咨询行业的骨干企业和领军人物！

二、陕西省工程造价咨询行业20强企业基本情况

1. 20强企业从业人员情况

2019年度，20强企业在岗一级注册造价工程师580人，占全省注册造价工程师的19.59%，低于上评价年度该项占比4个百分点；是20强企业员工总数的19.05%，低于上年度2.95个百分点。20强企业在岗一级注册造价工程师平均29人/家，为全省工程造价咨询行业平均数9.72人/家的3倍。一级注册造价工程师稳岗率平均为90.99%，低于上年度3.6个百分点，其中7家企业稳岗率为100%（去年为14家），最低为56.25%。

20强企业中其他建筑类执业资格注册人数610人，占全省其他专业注册执业人员的30.12%，高于上年度7.48个百分点，是20强企业员工总数的20%，低于上年度0.5个百分点。20强企业在岗其他建筑类执业资格注册师平均30.5人/家，为全省工程造价咨询行业平均数8人/家的3.8倍。注册造价人员与其他专业注册人员的比例关系为1：1.05，明显好于全省平均状况。

2. 20强企业业务收入情况

20强企业营业总收入28.47亿元。其中业务收入（造价咨询业务、招标代理业务和高端业务收入）20.17亿元，较上年增长25.20%。其中全过程工程咨询、PPP等高端业务收入21.91亿元，增长率为121.34%，高端业务收入占营业总收入的7.69%。

20强企业中营业总收入5000万元以上企业数量和其营业总收入均有增加，

其中营业总收入5000万元以上18家企业的营业总收入达27.58亿元，营业总收入和企业数分别较上一评价年度增加96.14%和20%。其中13家超亿元企业营业总收入242624.21万元，8000万～10000万元1家，5000万～8000万元5家，低于5000万元的1家。营业总收入5000万元以上企业的营业总收入占20强企业营业总收入的98.7%。上述数据表明陕西省工程造价咨询行业营业总收入及增长率较上年度向20强企业聚集的速度、额度和市场集中度又有大幅提高。

（本章供稿：冯安怀）

第二十五章

甘肃省工程造价咨询发展报告

第一节　发展现状

甘肃是中华民族和华夏文明的重要发祥地之一，也是最早开展东西方文化经贸交流合作的地区之一，承接东部产业转移机遇、政策叠加机遇和经济转型升级机遇，后发优势日益凸显。国务院批准成立了第五个国家级新区——兰州新区，批复同意甘肃省建设华夏文明传承创新区。甘肃省再一次被摆到国家层面的战略平台，必将对中华民族文化传承创新和甘肃经济、社会、文化发展起到重大的推动作用。

1. 企业总体情况

2019 年全省共有 191 家工程造价咨询企业，其中甲级资质企业 62 家，占 32.5%，乙级资质 129 家，占 67.5%，注销不合格企业 14 家。同时 191 家造价咨询企业中有 132 家专营工程造价咨询，占 69.1%，兼营工程造价咨询业务但具有其他资质企业 59 家，占 30.9%。

工程造价咨询企业整体比上年减少 6.4%，甲级资质企业增加 1.6%，专营工程造价咨询整体比上年增加 153.8%。

2. 从业人员总体情况

2019 年末，工程造价咨询企业从业人员 10315 人，比上年减少 1.3%。其中正式聘用员工 8997 人，占 87.2%，临时聘用人员 1318 人，占 12.8%。

2019 年末，工程造价咨询企业共有一级注册造价师 1284 人，比上年减少

19.2%，占全部造价咨询企业从业人员 12.4%。

2019 年末，工程造价咨询企业共有专业技术人员 7029 人，比上年减少 8.6%，占全部造价咨询企业从业人员 68.1%，其中，高级职称人员 1265 人，中级职称人员 3588 人，初级职称人员 2176 人，高中初级职称人员占专业技术人员比例分别为 18%、51%、31%。

3. 业务总体情况

2019 年全省 191 家工程造价咨询行业整体营业收入额为 16.85 亿元，其中工程造价咨询业务收入 6.17 亿元，占全部营业收入的 36.6%，招标代理业务收入 1.87 亿元，占 11.1%，建设工程监理业务收入 8.36 亿元，占 49.6%，项目管理业务收入 0.06 亿元，占 0.4%，工程咨询业务收入 0.39 亿元，占 2.3%。

上述工程造价咨询业务收入按所涉及专业划分：房屋建筑工程收入 4.3 亿元，占全部工程造价咨询业务收入 70%，市政工程收入 1 亿元，占 16.2%，公路工程专业收入 0.28 亿元，占 4.5%，水利专业收入 0.13 亿元，占 2.1%，其他各专业收入合计 0.46 亿元，占 7.5%。

按工程建设的阶段划分，前期决策阶段咨询业务收入 0.63 亿元，占 10.2%，实施阶段咨询业务收入 1.54 亿元，占 25%，竣工决算阶段咨询业务收入 2.8 亿元，占 45.4%，全过程工程咨询业务收入 0.75 亿元，占 12.2%，工程造价经济纠纷的鉴定和仲裁咨询业务收入 0.39 亿元，占 6.3%，其他工程造价咨询业务收入 0.06 亿元，占 0.9%。

4. 财务总体情况

2019 年上报的工程造价咨询企业实现营业利润 1.36 亿元，上缴企业所得税合计 0.17 亿元。

一、落实党建和党风廉政建设工作，抓好队伍建设

全面学习贯彻宣传习近平新时代中国特色社会主义思想，落实上级党组织各项文件和会议精神，制定了学习计划、党风廉政建设工作学习方案、党建工作要点、集中学习和自学计划表等，进一步加强党风廉政建设，推进“两学一做”

教育常态化和制度化，落实“三会一课”制度，细化作风建设问题清单和整改措施，使党员干部的组织生活和理论学习更加系统化、规范化、常态化。积极推进党支部建设标准化工作，建立党建文化阵地。认真履行主体责任，坚持将党风廉政建设和重点工作同研究、同安排、同考核，团结和带领支部班子成员认真落实“一岗双责”，直接传导压力。分层次签订了《党风廉政建设责任书》；认真开展谈心谈话，随时了解党员干部思想动态。扎实开展“不忘初心、牢记使命”主题教育，认真落实中央以及省委、省政府和厅党组的要求和部署，以深化理论学习为基础，以靠实调查研究为载体，以深入检视问题为契机，以狠抓整改落实为动力，切实做好相关工作，并取得了较好的成效。加强党建宣传力度，营造浓厚党建氛围。建立党建文化墙、学习角，及时发出协会党建声音，在行业内不断传递正能量。

二、扶贫攻坚、农危房改造

按照省脱贫攻坚工作任务要求和厅脱贫攻坚帮扶工作领导小组的工作部署，积极协调推进，一是建强基层组织，通过与扶贫点党支部开展支部共建活动，帮助基层党组织在脱贫攻坚战中发挥战斗堡垒作用；二是履行帮扶职责，深入贫困村入户走访，落实帮扶责任人每年为贫困户帮办一件实事或好事的帮扶职责；三是动态调整帮扶计划，通过与贫困户面对面的交流，动态调整已制定的“一户一策”帮扶计划并落实；四是助推产业发展，帮助村级合作社销售土鸡、散养兔等；五是巩固帮扶成效，通过落实“3+1”冲刺清零任务，确保结对帮扶户在本年度实现稳定脱贫。

根据甘肃省住房和城乡建设厅精准扶贫农村危房改造攻坚工作的要求，派出2名干部作为省厅农危房改造工作组联络员，5名县处级领导干部负责包抓甘南州六县农危房改造工作，严格按照厅里安排部署，克服困难，多次深入一线，认真积极开展相关工作。针对建档立卡户等四类重点对象危房“清零”行动督办，并进行实地指导。

第二节　发展环境

一、政策环境

建筑业是全省国民经济的支柱产业，是各级财政的税源产业，是农民工就业的民生产业，更是带动群众增收的富民产业，必须挖潜力、扛指标、做贡献。全省各级住房和城乡建设部门要坚决落实省政府部署要求，进一步正视问题、挖掘潜力，切实增强推动建筑业稳定增长、提质增效的紧迫感和责任感。充分放大政策综合效应，着力深化建筑业“放管服”改革，推进监管体制机制创新，着力破解投融资渠道不畅、拓展市场能力不足等问题，推动建筑业企业晋等升级，引导鼓励企业向外开拓市场，推动建筑企业参与“一带一路”建设，形成一批具有较强竞争力的骨干型施工企业和具有国际工程承包能力的企业，不断提升建筑业发展质量和效益。要进一步完善措施，落实工作责任，积极主动做好对接服务，明确细化规范统计制度，进一步夯实统计工作基础。要加强项目监管，强化协调调度，确保在建项目早日建成、早日运营、早日见效。

二、市场环境

树立行业标杆。经协会积极倡导和推荐，2019 年全省有 2 家企业入选中国建设工程造价管理协会专项百名排序、2 个项目案例入选中国建设工程造价管理协会全过程工程咨询典型案例库，取得了历史性突破。对这些企业，协会通过各种途径大力宣传，树立了行业先进和标杆，明确了企业学习和努力方向，同时鼓励分享先进经验，以带动和促进行业的整体发展。

建立人才培养长效机制，举办第二届高等院校工程造价技能竞赛。为了促进行业发展，以赛促学、以赛促教，推动工程造价专业实践教学的开展，协会开展了造价技能竞赛。来自全省 12 所院校，300 多名选手参加本次竞赛。经过激烈的角逐，赛出了名次、找到了差距，提高了学生的实践能力和创新能力，达到了为工程造价行业培养适用造价行业发展所需的应用型、技术型、创新型人才等目的。同时，举办了第二届校企人才对接洽谈会暨现场优秀人才招聘会。本次招聘会有 27 家工程造价咨询企业提供 200 多个就业岗位，会场秩序井然，气氛热烈。用人单位与到场学生积极沟通交流，共签下意向书 300 余份，获得院校师生、用人企业的高度赞扬。

大力推进信息化建设。举办了“工程造价大数据应用及数字化造价管理高层交流会”，邀请行业专家对“行业大数据发展”及“数字造价管理”进行交流授课。200 余人参加本次学习，为工程造价信息化，行业发展打下坚实的基础。举办甘肃省咨询企业 BIM 技术应用交流会。随着基于 BIM 技术的、支持各方建设协同和全过程数据流转的造价管理技术日趋成熟，基于 BIM 技术的全寿命周期造价咨询能力和水平为企业重点工作，为贯彻落实行业发展规划、谋求新的更大的发展，协会邀请省外 BIM 领域先进企业和本省率先应用 BIM 技术的企业做分享交流，共有 200 余人参会，达到了向先进学习的目的，同时也推进了甘肃省 BIM 技术的落地和深入应用。

三、监管环境

根据住房和城乡建设部关于开展工程建设领域专业技术人员职业资格“挂证”等违法违规行为专项整治的要求，组织各市、州造价站积极行动，认真督促各造价咨询企业开展自查自纠工作，并上报自查自纠报告。通过对工程造价咨询企业和注册造价工程师业绩监管，逐步消除僵尸企业、证书挂靠等现象，逐步提高工程造价咨询企业执业质量和注册造价工程师执业水平，目前已注销不符合资质条件企业 22 家，督促企业清理挂证 172 家。

深入推进“放管服”改革。作为优化改善营商环境的重要抓手，加快推行“一窗办、一网办、简化办、马上办”四项改革，简化行政审批程序，落实“双随机、一公开”各项制度。

搭建全省工程造价纠纷平台，建立工程造价纠纷调解机制，加强工程价款结算纠纷的调解，为开展多元化工程造价纠纷调解创造条件。

（本章供稿：薛勇、魏明）

青海省工程造价咨询发展报告

第一节 发展现状

在党中央和省委、省政府的坚强领导下，青海坚持以新发展理念为引领，不断深化习近平总书记在青海视察时强调的“三个最大”省情认识，按照“八字方针”和“六稳”工作总基调，努力探索“一优两高”的实现形式，初步形成以国家公园、清洁能源、绿色有机农畜产品，高原美丽城镇，民族团结进步“五个示范省”建设为载体，以生态、循环、数字、飞地“四种经济形态”为引领的经济转型发展新格局。

一、全省重点工作、重点项目、重大贡献

2019 年全省地区生产总值增长 6.5%。农牧业，规模以上工业增加值分别增长 4.6% 和 7%，固定资产投资增长 5%，社会消费品零售增长 5.4%，地方一般公共预算收入增长 3.4%。

民生实事承诺确定的 10 类 39 项年度工程全面完成。新建扩建基础教育学校 336 所，城镇新增就业 6.3 万人，农牧区劳动力转移就业 113 万人次，全体居民人均可支配收入增长 9%。

绝对贫困人口如期清零，农牧民危旧房改造清零。14.55 万户，53.9 万建档立卡贫困人口全部脱贫。

中国民营企业 500 强峰会为民营企业搭台赋能。从六个方面发出《青海倡议》，制定促进民营经济和中小企业高质量发展“18 条措施”市场主体增长 6.7%，

激发和提振了民营企业发展信心。

新材料、新能源、装备制造业增加值分别增长30.8%、8.9%和26.5%，高性能碳纤维项目落户省内，自主研发的IBC电池打破国外垄断。2个千万千瓦级新能源基地加快建设，清洁能源装机容量达2776万kW，发电量占比达86.5%，集中式光伏装机居全国首位，外送清洁电量166亿kW·h，北京大兴国际机场用上了“青海绿电”。“青电入豫”工程省内段贯通，“绿电15日”再创全清洁能源供电世界纪录。

开展重点项目提速攻坚行动和项目生成年活动。西成铁路立项、引黄济宁、引大济湟等水利工程稳步推进，四大机场改扩建，空中短途运输双向环飞，实现国内高原机场通航短途运输零的突破。8条高等级公路建成通车，格敦铁路全线运营、格库铁路省内段具备通车条件，连接甘青两省的川海大桥通车，推进实施兰西城市群建设规划，西宁—海东都市圈建设提速。

圆满完成国土绿化提速三年行动计划，累计完成营造林1242万亩，森林覆盖率增加近1个百分点，有效改善了区域气候和生态环境，黄河上游来水量持续偏丰，龙羊峡入库水量同比增长10.7%，全省空气优良天数比例达到95%以上。

深入开展民族团结进步创建活动，颁布实施促进民族团结进步条例，8个市（州）全部建成全国民族团结进步示范区，民族和睦、宗教和顺、社会和谐的局面更加巩固。

二、工程造价咨询基本情况

1. 企业总体情况

2019年全省共有54家工程造价咨询企业（比2018年减少4家），其中，甲级资质企业9家（比2018年增加2家），占16.7%，乙级资质45家，占83.3%。同时54家造价咨询企业中有14家专营工程造价咨询（比2018年增加5家），占25.9%，兼营工程造价咨询业务但具有其他资质企业40家，占74.1%。工程造价咨询企业整体比上年减少6.9%，甲级资质企业比上年增加28.6%，专营工程造价咨询整体比上年增加55.6%。

2. 从业人员总体情况

2019 年末，工程造价咨询企业从业人员 1146 人，比上年减少 15.1%。其中，正式聘用员工 1064 人，占 92.8%，临时聘用人员 82 人，占 7.2%。

2019 年末，工程造价咨询企业共有一级注册造价师 329 人，比上年减少 15.6%，占全部造价咨询企业从业人员 28.7%。

2019 年末，工程造价咨询企业共有专业技术人员 806 人，比上年减少 14.9%，占全部造价咨询企业从业人员 70%，其中，高级职称人员 185 人，中级职称人员 369 人，初级职称人员 252 人，高中初级职称人员占专业技术人员比例分别为 22.9%、45.8%、31.3%。

3. 业务总体情况

2019 年全省 54 家工程造价咨询行业整体营业收入额为 5.65 亿元，整体营业收入比上年增加 27.3%。

其中工程造价咨询业务收入 2.05 亿元，占全部营业收入的 36.3%，招标代理业务收入 0.62 亿元，占 11.0%，建设工程监理业务收入 1.51 亿元，占 26.7%，项目管理业务收入 0.16 亿元，占 2.8%，工程咨询业务收入 1.31 亿元，占 23.2%。

上述工程造价咨询业务收入中按所涉及专业划分，房屋建筑工程收入 1.4 亿元，占全部工程造价咨询业务收入 68.3%，市政工程收入 0.38 亿元，占 18.5%，公路工程专业收入 0.08 亿元，占 3.9%，火电工程专业收入 0.09 亿元，占 4.4%，水利工程专业收入 0.03 亿元，占 1.5%，其他各专业收入合计 0.07 亿元，占 3.4%。

按工程建设的阶段划分，前期决策阶段咨询业务收入 0.26 亿元，实施阶段咨询业务收入 0.54 亿元，竣工决算阶段咨询业务收入 0.94 亿元，全过程工程咨询业务收入 0.25 亿元，工程造价经济纠纷的鉴定和仲裁咨询业务收入 0.04 亿元，各类业务收入占工程造价咨询业务收入比例分别为 12.7%、26.3%、45.9%、12.2%、2.0%，其他工程造价咨询业务收入 0.02 亿元，占 0.9%。

2019 年全省工程造价咨询企业平均营业收入为 1046.3 万元，比 2018 年增幅 36.7%。从业人员的人均营业收入为 49.30 万元，比 2018 年增幅 49.9%。

4. 财务总体情况

2019年上报的工程造价咨询企业实现利润总额0.91亿元，上缴所得税合计0.15亿元，分别比上年增幅85.7%和114.3%。

第二节　发展环境

一、政策环境

青海省委、省政府牢牢抓住“一带一路”倡议、西部开发、东西部扶贫协作，国家清洁能源示范省第五个示范省建设，重大基础设施建设等战略机遇。在统筹推进稳增长、促改革、调结构、惠民生、防风险、保稳定等方面出台了一系列政策措施。

青海省政府9部门及各市州政府带头开展2019年全省小微企业和重点项目融资推介工作，落实小微企业担保降费奖补政策，推进普惠金融综合示范区试点，实施直接融资强基工程。助力缓解民营企业融资难、融资贵问题，出台《关于进一步促进民营经济高质量发展的若干政策措施》。

青海省政府颁布了《关于深入落实实施投资“审批破冰”工程的意见》及《青海省全面开展工程建设项目审批制度改革实施方案》，对工程建设项目审批制度实施全流程、全覆盖改革，持续深化“放管服”，推动政府职能转变，优化营商环境，促进公平竞争，激发投资活力。

二、市场环境

青海省住房和城乡建设厅出台了《青海省建设工程定额实施细则》，同时下发了《青海省建设工程概算定额》《青海省通用安装工程概算定额》《青海省海绵城市建设工程消耗量定额与基价》。

推动建筑业转型，积极开展工程总承包试点，全省实施工程总承包项目46个，促进传统建造方式转型升级。加快行业绿色发展，积极推进装配式建筑产业示范基地建设，加快推进装配式钢结构住房建设试点，在建试点面积 49 万 m^2，建立健全绿色建筑发展制度体系，52 个项目获得绿色建筑评价标识，城镇绿色建筑占新建建筑比重 54.8%。

优化行业队伍结构，推进职称制度改革，完善评审标注条件，健全人才评价体系，全省执业注册人员达 8646 人，专业人员年度培训达 1.29 万人，为行业发展提供了有力的人才支持。

深化工程审批制度改革，深化施工图审查制度改革，实现“多审合一”和数字化审查，压缩审查时间 75% 以上，出台了《关于深化工程建设项目审批制度改革提升施工图审查质量和效率的意见》，制定了《青海省工程建设项目审批“一窗受理”工作规程》。

为了促进本省造价咨询企业转型升级，青海省住房和城乡建设厅、青海省建设工程造价管理协会在全省造价咨询企业中开展了多期 BIM 技术及全过程工程咨询等讲座和高峰论坛，动员组织企业负责人参加中国建设工程造价管理协会举办的技术交流，促进造价咨询企业管理升级及技术发展。

三、监管环境

青海省住房和城乡建设厅等 10 部门联合下发了关于修订《青海省建筑市场信用管理办法》及附件，其中规定了工程造价咨询单位信用等级评定标准，建立了青海省工程建设监管和信用管理平台，加大对企业及从业人员的社会信用管理。

在加强行业规范性管理上，青海省住房和城乡建设厅联合相关厅局出台了《青海省房屋建筑和市政基础设施串通投标等违法行为认定处理办法》，为规范工程招标投标市场秩序、遏制招标投标活动中的违法行为建立了处置依据。此外，青海省住房和城乡建设厅还下发《关于开展工程建设领域专业技术人员执业资格“持证”的违法违规行为专项整治的通知》《关于开展工程造价咨询企业咨询成果文件质量专项检查工作的通知》等文件，对工程造价咨询服务市场行为实施全方位监管。

（本章供稿：白显文）

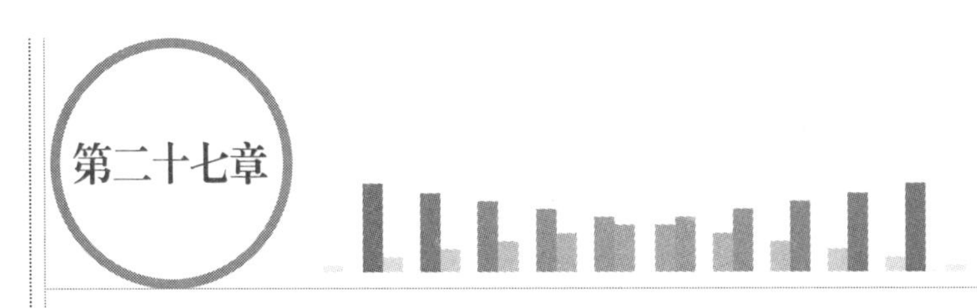

宁夏回族自治区工程造价咨询发展报告

2019年，宁夏建设工程造价管理协会始终以习近平新时代中国特色社会主义思想和党的十九大精神为指导，坚持“决策共谋、发展共建、效果共评、成果共享”理念，以服务政府、服务行业、服务会员、服务社会为宗旨，适应经济发展和脱钩改革新形势，激发内在活力和发展动力，在落实改革精神、完善标准规范、加强诚信体系建设、提升会员服务能力、开展工程造价纠纷调解、加强行业交流、企业交流与合作、完善人才队伍建设和引领行业发展等方面持续努力，推动工程造价事业高质量发展。协会不断完善服务质量，充分发挥专业优势，深入探索和推进全过程工程咨询、BIM技术应用，借鉴区内外先进经验，拓展业务服务范围，完善人才培养机制，努力缩小宁夏与外省造价咨询行业发展差距，全行业步入良性发展时期。

第一节　发展现状

2019年是全面贯彻落实党的十九大精神的重要一年，随着中国特色社会主义的顺利推进，建筑行业得到快速发展。如今，信息化技术发展突飞猛进，信息化、网络化的大数据时代已然来临，各行各业纷纷开展转型升级。

一、行业发展基本情况

1. 造价行业总体情况

截至2019年，宁夏地区造价咨询企业统计数据显示，区内共有本地工程造价咨询企业77家，其中甲级企业35家，乙级企业（含暂定乙级企业）42家。

工程造价咨询行业营业收入合计5.65亿元，平均产值733.77万元。工程造价咨询收入3.99亿元，平均产值518.18万元。各专业从分布情况来看，房建工程收入占较大比重，造价收入2.62亿元，平均产值340.26万元。全过程造价收入0.62亿元，平均产值80.52万元。

2019年利润总额为0.39亿元。应交所得税0.04亿元。

2. 造价从业人员总体情况

随着市场供需扩大，造价从业人员数量稳步递增。2019年，区内工程造价咨询企业拥有从业人员2640人。其中正式聘用人员2477人，占总数的93.83%；临时聘用人员163人，占总数的6.17%。

2019年末，区内有一级注册造价工程师1025人。其中，工程造价咨询企业共有一级注册造价工程师725人，占全部工程造价咨询企业从业人员总数的70.73%；一级注册造价工程师人数同比增长4.2%。造价专业化程度显著提升，行业技术力量不断增强。

工程造价咨询企业共有专业技术人员合计1838人，同比增长3.9%。其中高级职称人员335人，中级职称人员1006人，初级职称人员497人，占比分别为18.23%、54.73%、27.04%，高端人才比例不断攀升。

二、企业分布情况

随着市场新旧更替和业务能力筛选，在企业数量持续增加的同时，企业结构不断优化。2019年末，宁夏回族自治区工程造价咨询企业数量共计77家（2018年为75家），同比增长18.2%。其中，甲级企业35家，占总数的45.5%；乙级企业42家，占总数的54.5%。甲级企业数量、占比稳步增加。部分乙级资质企业为顺应高质量、严要求的市场发展需求，自觉提升管理和技术水平，成功晋升为甲级资质企业。

第二节　发展环境

宁夏深处内陆，地域差异大，地势南高北低，相较于沿海开放城市经济基础薄弱，资源匮乏，属于经济欠发达地区。独特的地理位置使得区内经济发展不平衡，核心竞争力远低于发达地区。在国务院办公厅《关于促进建筑业持续健康发展的意见》(国办发〔2017〕19号)和自治区党委人民政府《关于加强城市规划建设管理工作的实施意见》(宁党发〔2016〕27号)精神指导下，全区建筑业得到持续健康发展。

截至2019年末，工程造价咨询企业数量分布较多的依次为银川、吴忠、固原、石嘴山和中卫，区内各市工程造价咨询企业数量和实力分布仍不平衡。据统计数据显示，目前，全区共有315家工程造价咨询企业，其中，本地企业77家，外省进宁238家企业。外省进宁造价咨询企业占比较高，对本地造价咨询企业业务冲击较为明显；近年来，随着深化简政放权以及宁夏住房和城乡建设厅取消进宁备案的改革，外省进宁企业数量不断增加，未来对本地造价咨询企业的影响不断增大。

(本章供稿：殷小玲、王涛)

新疆维吾尔自治区工程造价咨询发展报告

第一节　发展现状

2019 年，新疆工程造价咨询行业积极适应中国经济由高速增长转向高质量发展，建筑业体制机制改革和转型升级步伐不断加快的新情况，坚持以供给侧结构性改革为主线，以追求质量和效益为目标，稳步前进和发展。

一、综合发展情况

2019 年，新疆（含新疆生产建设兵团）工程造价咨询企业 166 家，甲级、乙级企业分别为 84 家、82 家；从业人员 5524 人；营业收入 13.11 亿元，人均 23.73 万元；工程造价咨询业务收入 9.54 亿元，占整体营业收入的 72.77%；实现利润 1.88 亿元，人均 3.41 万元，利润率 14.34%。

1. 企业结构分析

2017 ～ 2019 年，新疆工程造价咨询企业规模稳定，质量有所提升，甲级资质企业数量占比稳步增加，越来越多的乙级资质企业成功晋升为甲级资质企业，2019 年甲级资质企业数量首次反超乙级资质企业。随着社会对工程造价咨询业专业化要求的不断提高，未来甲级资质企业占比有望进一步提升。

2. 从业人员结构分析

（1）行业人员结构不断趋于优化，从业人员数量有所增长

2017～2019年，工程造价咨询企业从业人员分别为5204人、4843人、5524人，分别比其上一年增长5.20%、−6.94%、14.06%。

近三年新疆工程造价咨询行业发展趋于稳定，从业人员总数小范围波动，正式聘用员工数量总体呈上升趋势，从业人员结构进一步优化，有利于提升工程造价咨询企业管理水平和服务质量。

（2）注册造价工程师相对稳定，小幅回落

2017～2019年，工程造价咨询企业中，一级注册造价工程师分别为1653人、1622人、1531人，占年末从业人员总数的31.76%、33.49%、27.72%。2019年比上年减少5.61%。

通过以上分析可知，2017～2019年新疆工程造价咨询企业注册造价师的总数在小幅度范围内波动，同时其他专业注册执业人员数量较为稳定。

（3）行业人才质量逐年提升，高级职称人员占比逐年增加

2017～2019年，新疆工程造价咨询专业技术人员分别为3309人、3100人、3023人，占从业总人数的63.59%、64.01%、54.67%；高级职称人员分别为707人、681人、733人，占全部专业技术人员的比例分别为21.37%、21.97%、24.25%。

3. 行业收入分析

（1）工程造价咨询行业营业收入分析

根据2017～2019年末统计数据，新疆工程造价咨询行业营业收入分别为12.87亿元、13.34亿元、13.11亿元。

在全国2019年公路工程、火电工程、水电工程、水利工程及经济签证类收入排名前100名中，新疆企业均有较好的业绩。

（2）工程造价咨询业务收入分析

工程造价咨询业务收入按专业划分，房屋建筑工程专业收入占比过半。2019年房屋建筑工程专业收入为5.67亿元，占全部工程造价咨询业务收入比例的59.43%。

（3）营业利润分析

根据2017～2019年末统计数据，新疆工程造价咨询行业利润总额分别为1.23亿元、0.95亿元、1.88亿元。2017年到2018年下降22.76%，从2018年到2019年涨幅较大，同比增长97.89%，2019年利润率为14.34%。

二、工程造价管理机构情况

1. 造价管理机构改革稳步推进

自治区住房和城乡建设主管部门贯彻国家工程造价方针政策，不断加强工程造价监管工作，全面推行工程量清单计价，制定出台了《新疆维吾尔自治区住房和城乡建设厅关于加快推进工程造价管理改革的指导意见》，积极推进自治区工程造价改革，逐步建立市场决定工程造价机制，规范市场行为，维护建设各方合法权益，营造公平健康、充满活力的工程造价市场环境；工程造价管理机构立足于建立健全工程造价管理制度，制定发布建设工程计价依据，开展工程造价信息服务，指导监督18个地州市站工程造价管理工作，规范工程计价行为，为建筑市场健康有序发展、助力脱贫攻坚提供及时有力的计价制度保障。

自治区建设工程造价管理协会根据国家和自治区有关行业协会商会与行政机关脱钩的政策规定，完成了脱钩各项工作。脱钩改革期间，从工程造价管理主管部门到协会、企业，严格执行上级脱钩政策要求，促进了工程造价咨询行业的平稳运行。

2. 协会工作扎实有效

自治区工程造价管理协会现有会员单位247家。协会积极为政府、行业和会员服务；引导会员遵守执业准则，建立和完善自律机制；不断提高行业执业人员业务素质和执业水平；在推动新疆建设行业可持续发展中较好地发挥了桥梁和纽带作用；协会建立了专家委员会，是由工程造价和相关行业知名专家、学者组成的专业智库组织，下设4个专业委员会，就行业发展中的前瞻性、战略性等的重大问题进行研究并提出意见和建议，为工程造价咨询企业转型发展提供了专业技术支持。

3. 党建活动坚强有力

新疆造价咨询行业一直以不断丰富党建工作内涵，保持政治方向，提升内生动力为目标，新疆建设工程造价管理协会和多家企业积极开展党建活动。

对 111 家造价企业的调研显示，有 31 家成立了党支部，3293 名从业人员中有 247 名党员。各党支部和党员注重开展多种形式党建活动，不少党员积极参加社区党组织创建活动，从业人员的政治理论水平不断提高。

4. 扶贫慈善爱心深厚

新疆建设工程造价管理协会及会员企业积极参加当地的脱贫攻坚活动，多次捐款捐物献爱心，组织了系列脱贫攻坚献爱心活动，部分会员企业还参加了“访惠聚”驻村工作。

（1）工程造价咨询专家“赴基层、送技术”支援服务活动。2018 年 10 月，30 家会员企业积极响应倡议，组织 43 位技术骨干，历时 20 天赴各贫困县开展支援服务活动，在自治区住房和城乡建设厅领导的带队下对南疆四地州农村住房安全保障和人居环境整治工作督导调研；赴 22 个县住房和城乡建设局进行培训讲解、工地现场指导等多种形式实地技术帮扶。

（2）开展“送知识、送技能、送服务”公益活动。2019 年 12 月，在南疆喀什、克孜勒苏柯尔克孜、和田三地州开展举办了 300 余人“工程造价专业知识（技能）提升培训班”及捐赠工程造价教材 1500 余册等系列公益活动。

（3）响应自治区住房和城乡建设厅标准定额处倡议，2018 年 9 月 23 日，8 家协会会员捐款 7 万元帮助伽师县克孜勒苏乡贫困村修建农村分户厕所化粪池；2 家协会捐赠了 8 台电脑供村民使用，以实际行动支援脱贫工作。

三、行业发展概况

1. 重大项目、民生工程的积极参与

新疆造价咨询企业积极参与乌鲁木齐国际机场北区改扩建工程（航站楼、跑道、交通中心及配套工程）PPP 项目、连霍高速 G30 新疆境内小草湖至乌鲁木齐段改扩建项目、乌鲁木齐市轨道交通 3 号线一期工程土建施工等一批重大项目造

价咨询业务，提供了优质的技术服务，促进了项目的顺利开展。在城镇保障性住房建设、特色小城镇建设、乌鲁木齐市文化公园、南疆农村幼儿园建设等重点民生工程也参与其中，对新疆民生改善和社会发展做出了重要贡献。

2. 学术研发能力的不断提升

2019 年 9 月，新疆建设工程造价管理协会组织行业专家、学者、咨询企业和高等院校，编写出版了《建设工程造价管理基础知识》等 3 本二级造价工程师职业资格考试辅导系列教材，教材融理论性、技术性、实用性于一体，深受从业人员欢迎。

自治区多家咨询企业积极促进人才培养、科研创新，发表《新疆建设工程造价从业人员的管理与培养途径》等多篇论文。先后完成了《中国建筑业企业 BIM 应用分析报告（2019）》《装配式混凝土建筑信息模型施工应用标准》XJJ 115—2019、“BIM 技术在工程造价管理工作中的应用”等多个标准的制定和课题的研究。在自治区工程造价总站的组织下，企业积极参与建设工程定额编制等工作。

3. 人才建设的扎实推进

新疆建设工程造价管理协会积极推进行业人才培养，举行行业交流论坛，举办知识技能竞赛，开展计价标准培训，有效提高了人才的综合素质和职业能力。特别是对南疆三地州薄弱的县市人才的重点帮扶，素质明显提高。越来越多的企业积极开展有针对性的培训活动，在调研的 111 家企业中，有 103 家对企业内不同层次的工程造价专业人员进行内部培训，按需施教，占总数的 92%。

校企之间的合作与交流经常、活跃，搭建院校企业之间的合作交流平台，通过天池百人计划企业积极引进人才，建立博士后工作站；企业主动联系建立了高校实习基地；2019 年各造价咨询企业接受实习学生 645 人次。高校也在人才培养方面做出了积极的探索和研究，进行了“工程造价专业“2+3”人才培养模式研究与实践”“OBE 理念下深化工程管理专业毕业设计校企合作探索与实践”等课题研究，形成了高校与企业良好合作、共同发展的局面。

第二节　发展环境

一、社会环境

1. 社会大局持续稳定

2019年是新疆发展史上具有重大意义的一年，迎来了中华人民共和国成立70周年和新疆和平解放70周年，自治区贯彻落实新时代党的治疆方略，特别是社会稳定和长治久安总目标，坚持党政军警兵民协调联动，依法开展反恐、去极端化、扫黑除恶工作，持续深入开展“访惠聚”驻村工作，社会大局持续稳定，连续3年无暴恐案件发生，各类案件持续下降，各族群众的安全感明显增强，有力促进了经济社会发展，也为造价咨询的发展创造了良好的条件。

2. 营商环境不断改善

新疆各级政府注重建立亲清政商关系，大力实施规模减税降费政策，2019年为市场主体减免税费262.9亿元，进一步激发了市场主体活力和创造力。2017～2019年，新疆工程造价咨询行业营业收入整体虽略有下降，但利润总额却有所上升，特别是2019年相较2018年几乎翻了一倍。

3. 地缘区位优势明显

新疆周边与俄罗斯等8个国接壤，位于“丝绸之路经济带”核心区的战略地位日益凸显。近年来，新疆加快建筑行业的建设，搭建起东联内地、西出中亚的建筑行业骨架，新疆由国家建筑网络末端建成了中国向西开放的前沿。在近年经济下行压力大的背景下，2017～2019年新疆工程造价咨询行业营业收入保持了整体的稳定。

二、经济环境

1. 经济发展稳中有进

2019 年新疆实现地区生产总值 13597.11 亿元，比上年增长 6.2%。全年固定资产投资（不含农户）比上年增加 2.5%。全年建筑业增加值 1037.29 亿元，比上年增长 1.9%。房地产开发投资 1074.04 亿元，比上年增长 3.9%。持续的经济发展为造价咨询提供了有力的保障。

2. 基础设施建设加快推进

新疆坚持把投资特别是基础设施建设作为拉动增长的重要抓手，乌鲁木齐地铁 1 号线等一大批新建重点项目加快建设，使全区所有地州市迈入高速公路时代，铁路实现互联互通，56 条支线互飞航线全面开通，“疆内环起来、进出疆快起来”的目标取得重大进展。全力开展脱贫攻坚，安排财政扶贫资金 375.67 亿元，实现 64.5 万贫困人口脱贫，建设城镇保障性住房 19.79 万套等一大批民生工程的实施。造价咨询行业在大力推进基础设施建设中有了用武之地，在参与中得到发展。

三、技术环境

1. 建立完善工程造价管理法规制度

为加强工程造价地方性法规建设，自治区住房和城乡建设厅加快推进《新疆维吾尔自治区建设工程造价管理办法》修订，建立适应工程造价管理改革的法规制度。为完善工程量清单计价配套管理制度，强化工程计价活动监管，制定发布了《新疆维吾尔自治区建设工程工程量清单计价管理办法》《新疆维吾尔自治区建筑工程竣工结算备案办法》《新疆维吾尔自治区建设工程计价依据解释及合同价款争议调解管理办法》《新疆维吾尔自治区建设工程造价信息管理办法》等，依法规范市场主体行为，促进工程造价行业规范有序发展。

2. 构建科学合理的工程计价依据体系

为适应工程造价改革的要求，工程造价计价依据体系逐步完善。自治区工程造价总站加大计价依据编制力度，开展《房屋建筑与装饰工程消耗量定额》《市政工程消耗量定额》修编工作；制定发布了《新疆维吾尔自治区钢结构工程消耗量定额》《新疆维吾尔自治区绿色建筑工程消耗量定额》《新疆维吾尔自治区城市综合管廊投资估算指标》《新疆维吾尔自治区叠合装配式混凝土综合管廊投资估算指标》等为自治区建筑工业化发展、新城镇建设提供了计价保障；编制发布《新疆保障性住房工程造价技术经济指标》《农村安居工程技术经济指标》，为政府决策和建设各方主体提供了参考依据。

3. 积极推进工程造价信息化技术

工程造价信息化建设不断加强，新疆维吾尔自治区工程造价管理总站打造了新疆工程造价信息网资源共享平台，实现了与各地、州、市工作动态、主要材料价格等信息的互联互通。各级工程造价管理机构按月发布建设工程综合价格信息，动态发布定额市场人工信息价等，客观、及时、准确地反映本地区建设工程人、材、机市场价格信息变化情况；为建设各方主体提供了及时便捷的市场材料价格信息服务，工程造价信息化服务能力不断提高。

为了认真落实住房和城乡建设部《2016—2020 年建筑业信息化发展纲要》，自治区工程造价管理总站就 BIM 技术在工程造价管理工作中的应用进行课题研究。推动应用 BIM 与物联网、大数据、云计算等信息集成技术，稳步实施招标控制价、竣工结算备案成果文件工程造价数据分析，督促指导各地、州、市做好指标指数编制工作，扩大发布范围，为政府决策管理提供了技术服务。

四、监管环境和自律机制建设

1.“放管服”有机结合，动态监管及时有力

自治区建设行政主管部门加大行政许可事后监管力度，印发了《关于进一步规范明确自治区工程造价咨询企业相关业务事项的通知》，并严格执行，认真落实 2019 年《关于对资质审批实行告知承诺制的通知》要求，加强事中事后检查，

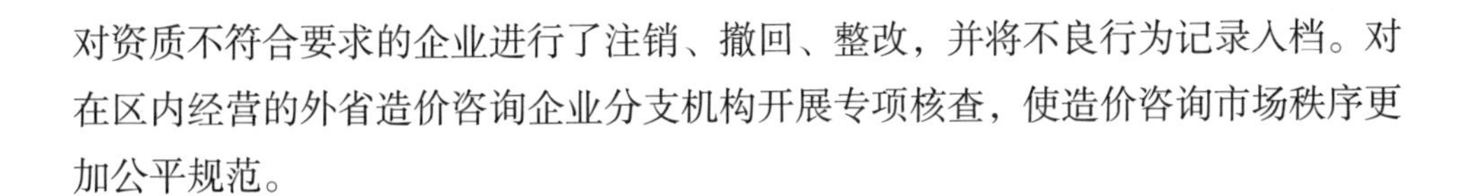

对资质不符合要求的企业进行了注销、撤回、整改，并将不良行为记录入档。对在区内经营的外省造价咨询企业分支机构开展专项核查，使造价咨询市场秩序更加公平规范。

2. 诚信建设措施有力，执业环境得到净化

为贯彻落实《关于推进行业协会商会诚信自律建设工作的意见》，新疆建设工程造价管理协会以制度建设、开展信用评价为重点，稳步推进自治区工程造价咨询行业诚信体系建设，规范工程造价咨询企业从业行为，完善行业自律。自2016年开展信用评价工作以来，新疆工程造价咨询企业积极参加，累计参加信用评价的会员单位157家，其中2019年参与信用评价的企业52家，经中国建设工程造价管理协会评价获AAA等级35家；AA等级7家；A等级4家。

建立“挂证”监管长效机制，自治区建设行政主管部门会同人社部门建立注册造价工程师定期核查对比制度，对新增“挂证”人员严厉查处，并报住房和城乡建设部门列入个人不良行为记录档案，“挂证”乱象得到较好解决。

（本章供稿：吕疆红、赵强）

第二十九章 铁路工程造价咨询发展报告

第一节　发展现状

1. 全国铁路投资规模持续高位运行

全国铁路固定资产投资完成 8029 亿元，投产新线 8489km，其中高速铁路 5474km。全国铁路固定资产投资持续高位运行，铁路路网体系建设得到进一步完善。

路网规模：全国铁路营业里程达到 13.9 万 km，其中高速铁路营业里程达到 3.5 万 km；复线里程 8.3 万 km，复线率 59.0%；电气化里程 10.0 万 km，电化率 71.9%；西部地区铁路营业里程 5.6 万 km；全国铁路路网密度 145.5km/ 万 km^2。

移动装备：全国铁路机车拥有量为 2.2 万台，其中，内燃机车 0.8 万台、电力机车 1.37 万台；全国铁路客车拥有量为 7.6 万辆，其中动车组 3665 标准组、29319 辆；全国铁路货车拥有量为 87.8 万辆。

2. 铁路工程造价咨询行业得到持续发展

2019 年完成一级注册造价工程师初始注册 334 人次、变更注册 478 人次、延续注册 285 人次，中国建设工程造价管理协会铁路工作委员会一级注册造价工程师整体规模达 2270 人，整体人员队伍不断增加。

2019 年注册造价咨询企业 23 家，其中国有独资公司及国有控股公司 1 家、有限责任公司 22 家，工程造价咨询业务收入合计 1258 余万元，从业人员共计 16963 人。申报中国建设工程造价管理协会信用评价 8 家，获评 AAA 级 7 家，获评 AA 级 1 家。

2019年为进一步做好注册造价工程师继续教育服务工作，中国建设工程造价管理协会铁路工作委员会完善了网络继续教育考试系统，制作了新一期的造价工程师网络继续教育学习资料，共组织1500余名造价工程师完成网络继续教育的学习。在铁路工作委员会的不断努力下，铁路工程造价咨询行业的专业队伍和企业实力得到不断发展和壮大。

第二节　发展环境

1. 铁路规划建设向中西部转移，铁路工程建设呈现新特点

随着我国东部地区铁路路网建设的不断完善，以川藏铁路雅安至林芝段、大理至瑞丽铁路、玉溪至磨憨铁路、贵州至南宁铁路、重庆至昆明高速铁路、重庆至黔江铁路、成都至自贡高速铁路、西安至十堰铁路、包银铁路等铁路建设为代表的中西部铁路的规划建设，使得我国现阶段铁路建设的重心向中西部转移。

中西部地区复杂的地质地形条件、多变的气候环境条件、较为薄弱的基础设施条件，均为中西部铁路建设的实施提出了新的挑战。

2. 加快推进铁路专用线建设，铁路工程建设提出新方向

2019年9月，国家发展改革委、自然资源部、交通运输部、国家铁路局、中国国家铁路集团有限公司联合发布《关于加快推进铁路专用线建设的指导意见》(以下简称《意见》)，明确指出专用线是解决铁路运输“最后一公里”问题的重要设施，对于减少短驳、发挥综合交通效率、提升经济社会效益具有重要作用。近年来，有关部门、地方和企业坚持以供给侧结构性改革为主线，按照高质量发展要求，着力提升综合交通运输服务水平和效益，积极推动以铁路为骨干的多式联运发展，大力发展铁路专用线，实施长江干线港口铁水联运设施连通行动计划，打通铁路“最后一公里”，畅通“微循环”，“公转铁”、铁水联运等结构调整效果初步显现。为更好落实《国务院办公厅关于印发推进运输结构调整三年行动计划（2018—2020年）的通知》(国办发〔2018〕91号)有关要求，进一步增加铁路货运量，迫切需要加快铁路专用线建设进度，实现铁路干线运输与重要港口、大型工矿企业、物流园区等的高效连通和无缝衔接。

《意见》的发布，为完善综合铁路运输网络体系，加强铁路“最后一公里”规划建设提供了重要政策引导，也为铁路工程的发展建设明确了新要求、提供了新方向、提出了新课题。

3. 深入推进铁路建设市场化改革，铁路建设管理呈现新模式

近年来我国铁路积极推进分类分层建设，进一步形成路地、路企合资合作铁路建设新模式。2019 年铁路基建投资中地方政府和企业的资本金达到 2095 亿元，较 2016 年提高 31.3 个百分点。并积极推进了杭绍台铁路、盐通铁路等 EPC 项目，铁路建设市场化改革迈出重要步伐。2020 年，将进一步健全 EPC 工程总承包管理制度建设，充分发挥设计、施工企业优势，促进 EPC 工程总承包健康发展。

积极推进铁路建设项目单价承包和专业分包模式。2020 年，提出新开工铁路建设项目将全面推行单价承包模式，积极借鉴浩吉铁路、成兰铁路等铁路建设项目的实施经验，加强建立相关管理制度和合同文本；在总结既有铁路建设项目试点经验的基础上，制定完善施工专业分包管理制度，规范专业分包管理，加强分包单位资质审查，依法全面推行专业分包，进一步促进铁路建设管理模式的改革创新。

4. 全面提升铁路工程监督管理能力水平，为推动铁路建设高质量发展提供新保障

2020 年 6 月，国家铁路局召开铁路工程监管工作视频会议，强调面对铁路工程监管工作新形势新任务，要更加紧密地团结在以习近平同志为核心的党中央周围，坚持以政治建设为统领，坚持以人民为中心发展思想，贯彻落实新发展理念，做好“六稳”工作、落实“六保”任务，推进铁路工程监管体系和能力现代化，紧扣全面建成小康社会目标任务，服务大局，依法履职，加快推进交通强国铁路建设，推动铁路建设高质量发展。

会议要求要强化责任担当意识，坚持守土有责、守土担责、守土尽责，全面提升铁路工程监督管理能力水平，加强川藏铁路工程监管，完善铁路工程监管制度体系，防范化解质量安全风险隐患，促进铁路建设市场公平竞争，创新铁路工

程监管方式方法，坚持用党的创新理论武装头脑指导实践，扎实做好铁路工程监管各项工作。

铁路工程监督管理能力的提升和监督管理体系的完善，将为铁路工程的发展建设提供新保障新支撑。

（本章供稿：钟明琳、何燕）

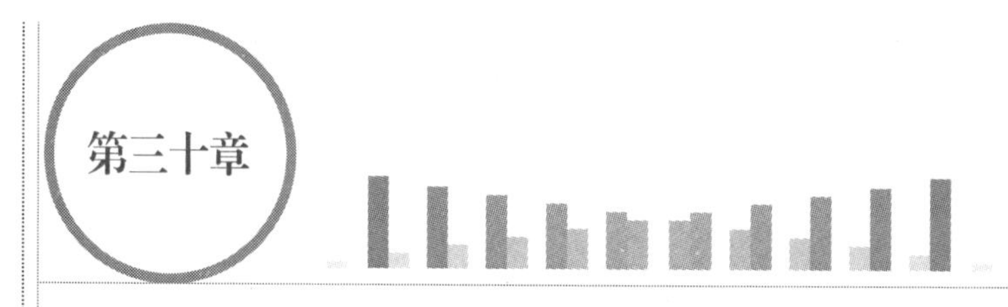

可再生能源发电工程造价咨询发展报告

第一节　发展现状

一、基本情况

1. 企业总体情况

2019年，注册在水电行业的造价咨询企业共有15家，均为甲级资质企业。其中，全国工程造价咨询企业信用评价AAA级企业共9家。

从资质类型来看，专营工程造价咨询的企业2家，具有多种资质的企业13家。具有多种资质的企业中，同时具有工程监理资质的企业10家，同时具有工程咨询资质的企业9家，同时具有工程设计资质的企业11家。可见，水电行业造价咨询属于企业多元化发展的一个业务板块。

2. 从业人员总体情况

2019年期末从业人员1289人，其中正式聘用人员953人，占比为73.93%，临时工作人员336人，占比为26.07%。

正式聘用人员中，一级注册造价工程师498人，二级注册造价工程师11人，其他注册执业人员185人，占比分别为52.26%、1.15%、19.41%。

正式聘用人员中，高级职称人员385人，中级职称人员443人，初级职称人员145人，占比分别为40.40%、46.48%、15.22%。

综合来看，水电行业造价咨询从业人员整体素质较高。

3. 营业收入总体情况

2019 年，水电行业工程造价咨询企业总营业收入约 3783521.12 万元，其中工程造价咨询业务收入 37964.73 万元。

按业务范围划分，工程造价咨询业务收入中超过 1000 万元的业务领域包括：水电工程 15342.89 万元、水利工程 5130.15 万元、市政工程 4008.01 万元、新能源工程 3997.94 万元、公路工程 2017.73 万元、房屋建造工程 1875.06 万元。其中，水电业务营业收入占总营业收入的 40.41%，为主营业务。

按业务阶段划分，前期决策阶段咨询 11426.52 万元，实施阶段咨询 14020.81 万元，结（决）算阶段咨询 4861.81 万元，全过程工程造价咨询 5879.15 万元，工程造价经济纠纷的鉴定和仲裁咨询 1338.74 万元，其他 437.70 万元。工程实施阶段及前期决策阶段咨询业务收入相对较高。

4. 企业盈利总体情况

2019 年，水电行业工程造价咨询企业实现利润总额 191497.83 万元，上缴所得税合计 19508.84 万元。

二、行业计价依据与标准规范管理

通过水电工程设计概算编制规定、费用构成及概（估）算费用标准、分标概算编制规定、招标设计概算编制规定、调整概算编制规定、竣工决算专项验收规程、竣工决算报告编制规定、水电工程安全监测、环境保护、水土保持等专项投资细则、陆（海）上风电场工程及光伏发电工程设计概算编制规定、费用标准和配套概算定额等一系列定额标准制修订工作，目前已经基本建立可再生能源发电工程定额标准体系框架和内容，相关成果在统一造价标准、规范各项工作、促进项目建设方面发挥了重要作用。

1. 修订水电工程定额标准

《水电工程设计概算编制规定（2013 年版）》《水电工程费用构成及概（估）算费用标准（2013 年版）》《水电建筑工程预算定额（2004 年版）》《水电建筑工程概

算定额（2007 年版）》《水电设备安装工程预算定额（2003 年版）》《水电设备安装工程概算定额（2003 年版）》《水电工程施工机械台时费定额（2004 年版）》等 7 项定额标准是水电工程现行最主要的计价依据，在水电工程建设过程中发挥了重要作用。但各项定额标准发布至今已接近或超过 10 年。为适应国家政策法规调整、工程造价管理改革、行业技术标准更新以及推进工程计价标准国际化等新形势和新要求，更好地服务和规范水电工程计价行为及造价管理工作，满足工程建设各方对定额标准的使用需求，维护公平公正的市场环境和建设各方合法权益，促进水电行业持续健康发展，2017 年起，水电水利规划设计总院（可再生能源定额站）对水电工程现行 7 项定额标准开展了修订工作，并于 2017 年 6～7 月面向行业广泛征求意见和建议，期间共收到 10 余家单位提交的各类意见和建议 300 多条。

征求意见工作完成后，可再生能源定额站对已征集意见和建议进行了全面、认真的梳理，并对修订工作进行了统筹考虑和全面策划。2018 年 4 月，可再生能源定额站在北京组织召开了修订工作启动会议，讨论并确定了修订工作的主要原则和重点内容、修订工作组织架构、工作组织方式等。

此后，在可再生能源定额站统一协调下，在各工作组的牵头组织下，各编制组按照修订大纲的要求，积极开展修订工作，目前编制规定及费用标准工作组已完成 2 项标准及人工预算单价计算标准等 4 项专题初稿，水电工程勘察设计费计算标准已形成送审稿。建筑工程定额工作组已提出预算定额初步成果，安装工程定额工作组已形成预算定额修订初步成果，施工机械台时费工作组已形成修订成果征求意见稿，并完成修订成果征求意见工作。

2. 增值税体系的水电、风电、光伏发电工程计价依据

2019 年 4 月，根据《关于深化增值税改革有关政策的公告》（财政部、税务总局、海关总署公告 2019 年第 39 号）精神，可再生能源定额站发布了《关于调整水电工程、风电场工程及光伏发电工程计价依据中建筑安装工程增值税税率及相关系数的通知》（可再生定额〔2019〕14 号），将建筑安装工程增值税税率调整为 9%；以费率形式（%）表示的水电工程设备安装工程定额，其人工费费率不做调整，材料费费率调整系数修改为 1.04，机械使用费费率调整系数修改为 1.06，装置性材料费费率调整系数修改为 1.11；施工机械台时费、船舶机械艘

（台）班费定额一类费用中的基本折旧费调整系数修改为1.13，设备修理费调整系数修改为1.09；海上风电场工程租赁设备艘（台）班费调整系数修改为1.13。

三、行业服务

可再生能源定额站在工程造价综合管理方面开展了一系列工作，包括水电系统全国注册造价工程师的注册、继续教育培训和水电行业甲级造价咨询企业资质管理和信用评价工作；组织召开了行业定额和造价管理工作研讨会，以"营改增"对水电工程造价影响为主题内容组织开展了一次学术交流研讨会。自开办以来共成功举办82期水电工程造价培训班，2019年又增办了新能源工程造价培训班，源源不断地为可再生能源发电工程行业造价管理输送了新鲜血液；完成《水利水电工程造价》组稿、审核和发行，并开展水利水电工程造价优秀论文评选工作。

上述工作的开展一方面有效促进了行业间技术交流，同时调动了广大造价工作者和相关单位工作热情，为提升专业水平和成果质量起到了积极作用。

1. 造价咨询企业管理

受住房和城乡建设部委托，可再生能源定额站负责水电行业15家甲级工程造价咨询企业资质管理工作，其中包括：

（1）资质延续注册工作以及企业名称、注册资金、注册地址、法人代表、技术负责人等变更申请材料的初审工作并上报住房和城乡建设部。

（2）每年年初完成上一年水电系统甲级工程造价咨询企业咨询统计报表的初审、统计填报、总结等工作并上报住房和城乡建设部。

（3）2016～2019年，组织水电行业甲级造价咨询企业参加全国工程造价信用评价并负责初审工作，共9家企业获得由中国建设工程造价管理协会颁发的AAA级信用证书。信用评价工作的开展，有利于推进工程造价咨询行业信用体系建设，完善行业自律机制，提高行业社会公信力，促进行业健康发展。

2. 注册造价工程师管理

受住房和城乡建设部委托，可再生能源定额站负责可再生能源行业全国注册造价师资质管理工作，其中包括办理初始注册、延续注册、转入、单位变更和重要信息变更等手续。同时配合中国建设工程造价管理协会开展注册造价工程师继续教育工作。

3. 造价专业培训

（1）全国水电工程造价培训班以为行业做贡献、努力培养更多综合型水电造价人才为目标，从1979年举办至今，已经走过了40年的历程。培训班受到全国各相关单位的广泛关注和重视，近年来平均每年约500名造价专业人员参加培训。

（2）2019年首次在湖北省宜昌市开办了新能源工程造价培训班，来自全国各单位的116名学员对新能源工程造价相关知识进行系统的学习。

4. 学术交流与研讨

（1）学术期刊

《水利水电工程造价》是水利水电工程造价专业人员总结和交流工作经验、提高专业技术水平的重要平台。为了激发了水利水电工程造价从业人员的创作热情，鼓励从业人员积极撰写论文，不断总结工作经验，提升理论和实践工作水平，2013～2019年每年举办水利水电工程造价优秀论文评选活动，对获奖人员进行了表彰。

（2）研讨交流

举办可再生能源发电行业“营改增”学术研讨会等研讨交流活动，得到了行业各单位以及广大造价工作者的热烈响应，同时也为各单位搭建了一个良好的沟通平台，促进了各单位工程造价专业人员的交流与合作。

5. 行业间交流与合作

2019年3月，可再生能源定额站在北京组织召开行业定额和造价管理工作研讨会，可再生能源定额站及各分站负责人参加了会议，还邀请了全国电力、水利、交通、铁路、石油、石化等16个行业的工程定额和造价管理机构的代表参加会议。经过会议研讨，大家一致认为，面对新形势，定额和造价管理机构要坚定信念，充分认识定额标准在行业管理中的重要作用，同时要在改革过程中紧密围绕中心，服务大局，履行好职能，切实为政府、行业和市场做好服务。在今后工作中，各行业定额和造价管理机构加强沟通联系，相互取长补短，推动造价行业健康发展。

6. 评先评优

为提高可再生能源发电工程造价成果质量和服务水平，促进可再生能源发电工程造价专业持续发展，2018 年开展了可再生能源发电工程造价优秀成果评选活动。经专家评审，共评出工程造价优秀成果奖 41 项，其中一等奖 6 项、二等奖 16 项、三等奖 19 项。于 2019 年 11 月在昆明召开的专委会年度学术研讨会上，对获奖成果进行了表彰，颁发了可再生能源发电工程造价优秀成果奖证书。

第二节　发展环境

一、政策环境

1. 综合类政策

2019 年 3 月，国家发展改革委、住房和城乡建设部联合发布《关于推进全过程工程咨询服务发展的指导意见》（发改投资规〔2019〕515 号）。意见指出，应充分认识推进全过程工程咨询服务发展的意义，以投资决策综合性咨询促进投资决策科学化，以全过程咨询推动完善工程建设组织模式，鼓励多种形式的全过程工程咨询服务市场化发展，优化全过程工程咨询服务市场环境，强化保障措施。

2. 水电类政策

2019 年 3 月，国家发展改革委、能源局、财政部、人力资源社会保障部、自然资源部、宗教局联合发布了《关于做好水电开发利益共享工作的指导意见》（发改能源规〔2019〕439 号），提出坚持水电开发促进地方经济社会发展和移民脱贫致富方针，充分发挥水电资源优势，进一步强化生态环境保护，加强体制机制创新，完善水电开发征地补偿安置政策、推进库区经济社会发展、健全收益分配制度、发挥流域水电综合效益，建立健全移民、地方、企业共享水电开发利益的长效机制，构筑水电开发共建、共享、共赢的新局面。主要从完善移民补偿补助、尊重当地民风民俗和宗教文化、提升移民村镇宜居品质、创新库区工程建设体制机制、拓宽移民资产收益渠道、推进库区产业发展升级、强化能力建设和就业促进工作、加快库区能源产业扶持政策落地 8 个方面进行了规定。

3. 新能源类政策

（1）为促进风电产业高质量发展，统筹协调推进平价上网和低价上网有关工作，提高市场竞争力，2019 年 1 月，国家发展改革委、国家能源局印发了《国家发展改革委国家能源局关于积极推进风电、光伏发电无补贴平价上网有关工作的通知》（发改能源〔2019〕19 号），从优化投资环境、保障优先发电与收购、鼓励绿证交易、落实接网、促进市场化交易等方面完善了无补贴平价上网项目开发的相关政策，为无补贴风电项目发展提供了有利的条件。

（2）为组织好风电、光伏发电无补贴平价上网项目建设，确保有关支持政策落实到位，2019 年 4 月，国家能源局发布了《关于推进风电、光伏发电无补贴平价上网项目建设的工作方案》。方案明确了优先建设平价上网项目，严格落实平价上网项目的电力送出和消纳条件，在开展平价上网项目论证和确定 2019 年度第一批平价上网项目名单之前，各地区暂不组织需国家补贴的风电、光伏发电项目的竞争配置工作。要求具备建设风电、光伏发电平价上网项目条件的地区，有关省（区、市）发展改革委应于 4 月 25 日前报送 2019 度第一批风电、光伏发电平价上网项目名单（2018 年度有关地区报送的分布式市场化交易中的项目经复核后将列入第一批）。

（3）2019 年 5 月，国家发展改革委办公厅、国家能源局综合司印发了《国家发展改革委办公厅　国家能源局综合司关于公布 2019 年第一批风电、光伏发电平价上网项目的通知》（发改办能源〔2019〕594 号），通知公布了 2019 年第一批风电、光伏发电平价上网项目清单，总装机容量 2076 万 kW。

（4）2019 年 5 月，国家发展改革委印发了《国家发展改革委关于完善风电上网电价政策的通知》（发改价格〔2019〕882 号），将风电上网标杆电价改为指导电价，规定了 2019 年、2020 年的风电指导电价，并明确了各类风电、光伏项目获得国家补贴的并网时间节点要求。

（5）为促进风电、光伏发电技术进步和成本降低，实现高质量发展，2019 年 5 月，国家能源局印发了《国家能源局关于 2019 年风电、光伏发电项目建设有关事项的通知》(国能发新能〔2019〕49号)，对做好2019年风电、光伏发电项目建设提出了要求，包括积极推进平价上网项目建设、严格规范补贴项目竞争配置、全面落实电力送出消纳条件、优化建设投资营商环境，同时发布了2019年风电、光伏项目建设工作方案。

(6)2019年4月，国家发改委发布《关于完善光伏发电上网电价机制有关问题的通知》，提出完善集中式光伏发电上网电价形成机制、适当降低新增分布式光伏发电补贴标准。

(7)为进一步引导光伏发电企业理性投资，推动建设运营环境不断优化，促进产业持续健康发展，2020年3月，国家能源局发布《2019年度光伏发电市场环境监测评价结果》，2019年光伏发电市场环境监测评价结果为：西藏为红色区域；天津、河北、四川、云南、陕西Ⅱ类资源区、甘肃Ⅰ类资源区、青海、宁夏、新疆为橙色区域；其他地区为绿色区域。监测评价结果为2020年的光伏开发布局提供了指导方向。

(8)2019年8月，十三届全国人大常委会第十二次会议表决通过了《中华人民共和国资源税法》。资源税法明确将试点征收水资源税。其中规定：国务院根据国民经济和社会发展需要，依照本法的原则，对地热开发利用取用地表水或者地下水的单位和个人试点征收水资源税。征收水资源税的，停止征收水资源费。

二、市场环境

截至2019年底，中国各类电源装机容量201066万kW，相比2018年增加11099万kW，增长5.8%。中国主要可再生能源发电装机容量79367万kW，占全部电力装机容量的39.5%，可再生能源装机占比不断提高；相较2018年可再生能源装机容量增长8.9%，增速略有放缓。其中：水电装机容量35640万kW(含抽水蓄能装机容量3029万kW)，风电装机容量21005万kW，太阳能发电装机容量20468万kW，生物质发电装机容量2254万kW。

2019年，中国各类电源全口径总发电量73253亿kW·h，相比2018年增加3313亿kW·h，增长4.7%，发电量持续增加，增速有所放缓。中国可再生能源发电量20430亿kW·h，占全部发电量的27.9%，相比2018年发电量增加1760亿kW·h，同比增长9.4%。其中：水电发电量13019亿kW·h，风电发电量4057

亿 kW·h，太阳能发电量 2243 亿 kW·h，生物质发电量 1111 亿 kW·h。

风电、太阳能发电等新能源发展迅速。截至 2019 年底，风电、太阳能发电和生物质发电等新能源累计发电装机容量达 43727 万 kW，在可再生能源发电装机中占比为 55.1%；2019 年新能源发电量 7411 亿 kW·h，比 2018 年增加 16.9%。在可再生能源发电量中，水电占比从 2011 年的 87.2% 下降到 2019 年的 63.7%；新能源发展迅速，发电占比从 12.8% 显著提升到 36.3%。

可再生能源装机及发电量稳步增长。2016 ～ 2019 年，可再生能源电力装机的年均增长率约为 12.1%，发电量年均增长率达到 10.1%，可再生能源整体稳步发展。从装机增量来看，2019 年可再生能源新增装机在总新增装机容量中占比约 58.5%，领先化石能源新增装机；但 2018 年和 2019 年可再生能源新增装机占比均出现下降，表明近两年火电新增装机发展速度相对较快，新增装机占比提升。从发电量增量来看，在火电发电增速放缓、清洁能源消纳问题改善等多方面因素影响下，2019 年可再生能源发电增量在总新增发电量中占比约 53%，新增发电量占比较 2018 年明显回升。

（本章供稿：郭建欣、周小溪）

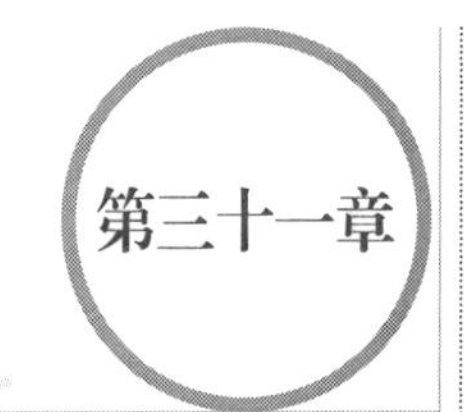

中石油工程造价咨询发展报告

第一节　发展现状

中国石油天然气集团有限公司（简称“中国石油”）根据战略发展需要，为强化石油工程造价管理工作，有效控制建设投资和合理确定工程造价，2007 年，中国石油通过业务整合和机构重组，研究设立“中国石油工程造价管理中心”，明确作为中国石油工程造价管理的技术支持机构和行业管理部门，行政隶属于中国石油规划总院，业务受中国石油规划计划部指导。

一、主要职责

（1）贯彻执行国家有关工程定额和造价管理的方针、政策及规定。

（2）石油工程计价依据的编制、解释及管理，包括预算定额、概算指标、其他费用规定和工程量清单计价规则等。

（3）对中国石油总部、各专业公司及地区公司的造价业务提供指导和技术支持，包括支持总部进行限上项目的估概算审查和投资控制等。

（4）石油工程设备材料价格及信息化管理，包括主要设备材料价格信息跟踪、测算及发布，造价管理平台开发、概预算编审软件、清单编制软件开发管理等。

（5）专业人员培训、咨询单位资质管理，包括造价队伍建设、造价业务培训、造价师注册管理和继续教育、期刊编辑发行等。

二、组织机构

根据中国石油工程造价管理中心的职责及业务发展需要，以理顺业务、规范管理，提高课题研究成果质量和工作成效为目的，按工作内容及业务范围分为计价依据管理部、价格与信息管理部、技术与质量管理部、培训与综合管理部四个业务部门，各部门负责本部门业务范围工作，部门之间积极配合、相互支持，确保各项工作顺利运行。同时，中国石油工程造价管理中心拥有一支造价业务精、专业技能强的高素质团队，为石油工程造价管理工作开展提供根本保障。

三、课题研究工作

中国石油工程造价管理中心根据石油工程造价管理工作的需要，每年年初制定年度工作计划，内容涉及技术支持服务、计价依据编制与管理、价格及信息化工作、培训与资质管理等造价管理的各个方面，以工程造价专项研究课题的形式报中国石油规划计划部批准实施，每年完成的课题数量均在 30 多项。此外，中国石油工程造价管理中心还要承担中国石油总部、各专业公司、地区公司等临时委托的，应急性、突发性的技术支持服务、定额编制、专题研究、造价咨询、投资审查等工作，以及对工程造价业务领域的热点、难点及焦点问题进行专题研究。

石油工程造价课题研究过程和成果质量，严格按照 ISO 9001 质量管理体系进行控制，秉承“成果一流、技术先进、管理科学、服务周到”的质量方针，追求造价研究课题成果的高质量、创新性和适用性，每年研究课题接受体系内审、外部质量审核、管理评审等活动，为课题研究过程受控和质量保证保驾护航。

四、政策执行及行业管理

贯彻执行国家有关工程定额和造价管理的方针、政策，加强与住房和城乡建设部标准定额司、定额所，中国建设工程造价管理协会等行业主管部门的联系，把握国家有关工程造价管理政策和计价改革形势的发展。承担住房和城乡建设部、中国建设工程造价管理协会委托的预算定额编制、造价工程师考试与继续教育、资质管理、资质升级审查及信用评价等工作，对计价依据改革、定额管理办法、资质管理办法等征求意见及时研究，提出建议措施。保持与中石化、中海油、铁路、电力等其他行业造价主管部门的沟通，实现信息互通、资源共享。

发挥石油行业管理职责，促使各单位从计价依据、体系建设、动态管理、价格管理、专业培训等方面的协调和统一，指导全行业工程造价管理工作有序开展，对现行计价依据使用中存在的困惑，以及定额、取费标准等问题进行答疑解惑，规范和指导石油工程计价行为。

第二节　工作情况

中国石油工程造价管理中心致力于服务石油建设项目，以合理确定工程造价和有效控制项目投资为核心任务，在项目决策、价值提升、合同管理、投资确定、费用控制、工程审计等各方面为石油工程建设事业做出重要贡献，在不断实践探索中造价管理水平得到有效提升，各项工作取得较好成绩。

一、健全组织机构体系

积极响应国家推进工程造价管理机构体制改革号召，满足中国石油基本建设投资管理业务需求，在组织管理层面自上而下、建立健全了工程造价管理机构体系，中国石油总部、专业公司及地区公司三个管理层级均设有专门的造价管理部门，形成了总部规划计划部、造价管理中心和各地区公司造价部门构成的三级造价业务组织机构体系，保障了国家造价方针政策的贯彻执行和中国石油工程造价管理业务的有序开展。现有 70 多个地区公司设立了独立或相对独立的造价管理部门，其余也均设立了工程造价管理岗位专门负责。

二、完善计价依据体系

在国家相关政策、法规和建设行政主管部门规范、规定下，构建了一套完整、齐备的石油工程计价依据体系，包括编制办法规范类、工程计价定额类、设备材料价格类、投资参考指标类和工程造价信息类等五大类三十多项计价依据，基本形成了从工程建设到维修养护全过程的计价依据体系，多年以来，坚持实施石油工程计价依据的动态管理，全力做好各类办法、定额、指标等执行和调研分析，及时进行合理、必要的调整和完善，保证和提高计价依据的科学性、合理性和时效性。

三、构建清单计价体系

为了适应国家工程造价管理市场化改革的战略方向，满足石油建设工程精细化管理的需要，根据石油工程特点，研究建立了以工程量清单计价规则为核心、专业工程工程量计算规则为配套、典型工程工程量清单模板为补充的工程量清单计价体系。在石油建设项目中全面推行工程量清单计价，促进石油工程计价与市场经济接轨、与国际计价方式接轨，既有利于建设单位控制投资，又能够规范工程建设领域招投标，促进施工企业公平竞争，不断提高技术和管理水平。

四、推进建设信息化体系

近年来，利用信息化、大数据和云平台等先进技术手段，中国石油投资开发建设造价管理平台、概预算编制与审查软件、工程量清单编制软件、定额及指标编制软件等一系列信息化项目，逐渐实现了可研投资估算和设计概算文件的编制、线上审查和数据流转等功能，初步设计概算与工程量清单之间的自动转换功能，造价指标的自动生成及编制功能，石油工程设备材料价格信息自动处理与数据库动态管理等，石油工程造价管理信息化建设及应用，大大提升了对工程造价数据的有效管控，促进了石油工程造价管理水平的提升。

五、打造专业人才队伍

每年举办两期建筑和安装造价专业培训班，开展注册造价师继续教育和造价热点难点问题研讨等，努力提升造价专业人员业务素质，加强造价专业人才队伍建设，打造了一支包括建设单位、管理与咨询企业、供应商、工程承包单位、设计单位等项目参与各方构成的，素质过硬、技术精湛的石油工程造价专业人员队伍。目前，全行业现有在岗持证石油造价专业人员 8818 人（其中一级注册造价师 871 人，造价员 7947 人）。

六、承担全统定额编制任务

历年来，承担住房和城乡建设部、中国建设工程造价管理协会委托的《全国统一安装工程基础定额》《通用安装工程消耗量定额》《建设项目投资估算编审规程》《建设项目设计概算编审规程》《建筑安装工程费用项目组成》等计价依据的编制；造价工程师考试培训教材编制及造价工程师继续教育；资质管理、资质升级审查及信用评价等工作，对计价依据改革、定额管理办法、资质管理办法等征求意见及时研究，提出建议措施。

第三节　发展环境

一、发展环境

石油工程造价管理面临外部环境和内在环境两大因素影响。其中：

外部环境因素：住房和城乡建设部进一步推进工程造价管理市场化改革，发挥市场机制在工程造价确定中起决定性作用，经济进入新常态，中国石油积极推动高质量发展转型，提出“建设世界一流综合性国际能源公司”的战略目标，为石油工程造价管理发展提供新的机遇和挑战。

内在环境因素：石油工程造价管理从计价依据、组织机构、专业人员等各方面建立了相对完整的体系，但是，依然存在如海洋工程计价依据缺乏、海外项目造价管理经验不足，各地区公司之间工程造价管理水平不够均衡等，这些方面都需要不断改进和完善，进一步提升石油工程造价管理整体工作水平。

二、改革方向

深刻认识和理解当前石油工程造价管理所面临的内外环境，推动石油工程造价管理科学、健康、可持续发展，更好地服务于中国石油战略目标的实现及高质量发展转型，石油工程造价管理工作要与时俱进，开阔眼界和视野，融入创新思维和先进方法，树立建设项目全寿命周期费用控制理念，借鉴国际发达国家主流工程造价管理模式，转变和革新工作重点及方向，以促进和引领石油行业造价管理发展。

1. 石油建设项目由控制工程造价向全寿命周期费用控制转变

石油建设项目不能仅控制建设投资，要统筹考虑，从项目前期研究费用、建设费用、经营费用及维护更新费用等全寿命周期费用进行对比，优选最佳方案，提升石油建设项目整体投资收益。

2. 工程造价确定由事后“算账”向事前控制转变

传统工程造价管理注重工程预结算工作，通过识图、计算工程量、套用定额、取费过程计算工程费用，属于事后“算账”和控制，而往往控制投资最有效是在可行性研究、初步设计、招投标等前期阶段，石油建设项目要引导和重视前期投资控制。

3. 石油工程计价由定额模式向工程量清单模式转变

工程量清单计价是住房和城乡建设部大力推广的、国际通行的先进计价模式，中国石油响应工程造价管理市场化改革，在石油建设项目中全面推行工程量清单计价，促进工程造价更加准确、计价过程更加透明、工程管理更加精细、投资控制更加有效。

4. 工程造价业务向技术与造价相结合转变

要扭转控制项目投资仅靠造价人员的认识，树立优化设计是投资控制核心的理念，通过技术和造价结合有效控制投资，发挥设计优化，避免宽梁胖柱、功能过剩、标准过高等问题，从根本上控制投资。

5. 工程造价手段向信息化、大数据先进技术转变

随着技术进步和发展，信息化、大数据、云计算技术日新月异，石油工程造价管理利用新技术手段，通过石油造价管理平台、概预算编审软件、工程量清单编制软件等开发和建设，逐步实现包括自动投资对标、定额指标编制、投资实时监控等，利用信息化手段创新石油工程造价管理，提高工作质量和效率。

（本章供稿：付小军、李木盛）

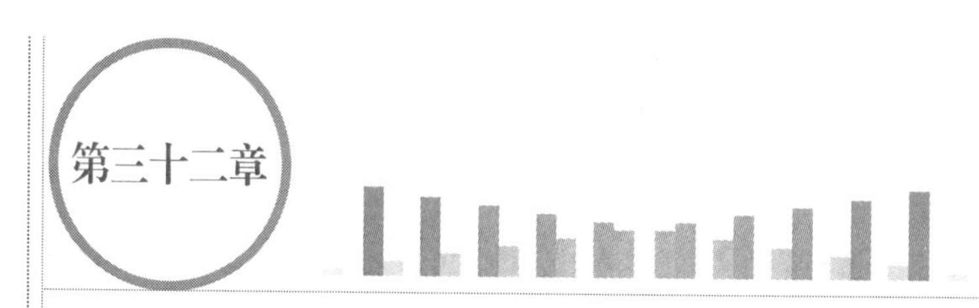

中石化工程造价咨询发展报告

第一节　发展现状

一、工程造价咨询行业情况

中国建设工程造价管理协会石油化工工作委员会设立在中国石油化工集团有限公司（以下简称“中国石化”）工程部，负责管理的甲级工程造价咨询企业共有20家，其中专营工程造价咨询的企业4家，具有多种资质的企业16家；国有企业8家，民营企业12家；2019年营业收入21367.89万元。一级造价工程师768人，工程造价从业人员12800余人，其中石油工程概预算专业人员3200余人，石油化工预算专业人员8000余人，石油化工概算专业人员约1600人。

中国石化从事工程造价管理的主体是国有工程公司、项目管理公司、工程造价咨询公司及各生产企业的工程造价专业人员，他们承担着中国石化新建、改扩建、检修、维护维修工程项目全生命周期的工程造价管理工作。

石油化工行业中民营咨询公司是中国石化工程造价管理工作的重要补充，在工程造价管理的现场过程控制、工程结算审查、工程结算审计等业务领域内发挥了重要的作用。这部分专业人员包括中国石化改革过程中企业整体改制进入社会的人员、从中国石化辞职进入社会的人员、社会原有和新进入人员。

石油化工行业工程造价咨询服务市场在成长中不断完善、提升，工程造价咨询业务基本通过招投标市场公开发包，中国石化招投标基本是按照合理价中标，咨询费用水平较为适中。在能源化工领域工程造价咨询招标中，大部分是低价中标的发包方式，咨询费较低，甚至是低于成本投标，严重影响了工程造价咨询企业的服务水平和发展的动力。

二、工程造价管理机构

中国石化工程部负责中石化工程造价业务的统一管理，下设石油工程造价管理中心、工程定额管理站、设计概预算技术中心站三个专业管理机构，分别负责中国石化石油工程、石油化工和煤化工等工程造价业务的管理。

专业管理机构负责制定专业资格管理实施细则并组织实施，主要包括组织专业人员技术培训、专业人员证书管理、专业人员技术等级管理等。各石化企业工程造价业务主管部门负责本单位工程造价专业人员的日常管理和工程造价业务工作的开展。

三、2019 版石油化工行业工程计价体系改革

为了适应中国石化工程建设发展，满足工程造价计价依据改革工作的需要，中国石化决定对《石油化工安装工程概算指标》《石油化工工程建设费用定额》《石油化工安装工程主材费》《石油化工安装工程预算定额》《石油化工安装工程费用定额》等计价文件进行修订，对原石油化工行业工程计价体系进行改革。工程计价体系改革工作经历了工料机含量修订完善、人工工日含量及定额人工单价改革到位两大工作阶段，秉承了客观、公正、科学的修订原则，遵循了“量真价实、贴近市场”的改革思路。经水平测算分析，计价体系总体水平达到了“平均先进”，工料机消耗量和价格等结构问题得到基本解决。

中国石化将进一步加强计价体系建设，按照“量真价实、贴近市场”改革思路，持续推进计价依据的改革，建立计价基本要素基础研究工作，开展设备材料价格预测研究，建立高效的费用预测及动态调整机制，使传统计价体系经历改革焕发出新的活力。

四、工程企业工程造价业务开展情况

中国石化工程企业主要为中国石化系统内外大中型石油化工项目提供服务，

工程造价业务主要包括工程可行性研究投资估算、总体设计（基础设计）概算、招投标工程量清单编制、招标标底或招标限价编制、投标报价、费用控制、工程结算、工程审计、竣工决算、工程经济评价等工程造价文件的编制、校对、审核、审定；工程造价计价依据的编制、校对、审核；工程造价咨询和工程造价纠纷调解等。

中国石化各工程企业（包括5家工程公司和5家施工企业）实施各类项目前期咨询、工程设计、工程总承包、施工、设备制造等业务，包括中科广东炼化一体化项目、福建古雷炼化一体化项目、中石化宁波镇海基地项目、海南乙烯项目、巴陵己内酰胺项目、浙江石化二期工程等项目。

五、信息化建设

1. 信息化建设内容

中国石化工程造价信息化建设工作主要包括：

（1）工程造价各专业管理机构的网站建设。

（2）各企业工程建设管理平台中的工程造价管理板块。

（3）石油化工工程计价体系应用系统。

（4）正在建设阶段的中国石化工程造价数据库等信息化建设项目。

中国石化工程造价信息化建设正在走科技立项开发的工作路径，以中国石化工程造价管理的大数据、云平台等新技术开发为目标，不断打造和提升中国石化工程造价信息化建设，最终实现工程造价人的奋斗目标。

2. 中国石化工程造价数据库建设工作

中国石化工程造价数据管理的现状是集团所属企业积累了较为庞大的工程造价数据，但这些数据相对零散、分散、欠缺完整性和统一性，对工程造价数据的查询费时、费力。数据积累和共享困难，没有系统的数据库，数据更多地积累在参与项目的责任人手里，一些重要的指标、经验都以隐性知识的形式被部分员工所拥有，无法精确、完整、高效地共享给企业管理层和业务人员应用。对历史工程造价数据的利用效率很低，不能满足信息化时代的发展需求。大量数据的价值没有被开发利用，企业对于工程造价管理大部分处于招投标、预算和结算阶段，更多的精力仍然放在传统的算量和计价上面。不能高效地对工程造价进行管理，同时也局限了项目管理水平的提高，没有充分发挥出工程造价管理对提升企业核心竞争力应有的作用。

中国石化所属各企业之间存在数据共享壁垒，总部层面需要一个为控制投资、科学决策做支撑的有力数据“抓手”。工程造价数据库的建设能充分利用和挖掘历史数据价值，对建设项目海量造价数据进行有效的数字化积累，通过现代信息化管理和分析，从而达到准确、高效控制投资的目的。同时有利于中国石化所属企业提高工程造价管理能力，增强企业核心竞争力。

中国石化工程计价体系经过近些年不断地深化改革，努力朝着“量真、价实”的目标稳步前进，但计价体系的动态调整仍然在一定程度上落后于市场。建立工程造价数据库能够为中国石化工程计价依据的编制、修订、动态调整提供充实、可靠的数据基础。经过不断的数据积累，更多的应用来自市场的数据、指标管控造价，以工程造价数据库为依托对接融合数字化交付、物联网智慧工地等系统，逐步建立定额动态管理系统，更进一步实现“量真、价实”。

通过建设中国石化工程造价数据库来实现中国石化工程造价数据标准化存储积累、便捷化查询调用、层级化数据共享、简便化数据维护、多维度统计分析，成为能够有效积累中国石化工程造价数据的云平台。

研究分析，中国石化工程造价数据库作用如下：

（1）为投资估算提供翔实、准确的历史数据。

（2）为基础设计概算编制及概算批复提供便利的历史数据参考。

（3）为施工图预算编制和项目成本核算提供翔实的相同或类似项目的工程量、价格等数据。

（4）确定 EPC、EP+C、E+PC、E+P+C 等合同模式招标控制价的参考依据。

（5）招标工程量清单编制及控制价确定的参考依据。

（6）设备、材料采购费用控制的参考依据。

（7）工程项目结算费用审核的参考依据。

（8）为工程计价依据编制、修订、动态调整提供翔实项目数据基础等。

目前，中国石化工程造价数据库建设工作处于案例开发工作阶段，正开展工程造价数据采集及数据库建设，完成数据编码体系及数据关联的建设，造价数据库及应用软件开发等工作。下一阶段将完成工程造价数据云平台建设，在中国石化重点工程项目推广工程造价数据库建设，实现中国石化新建项目的全覆盖，达到支撑建设项目估算、概算、预算及全过程工程造价管理数据收集、管理、应用的目的。

六、人才队伍建设

目前，中国石化各企业工程造价管理工作由专业造价工程师组织、协调，具体业务开展主要是以社会上的工程造价咨询企业作为人力资源依托。近几年，中国石化各企业新增工程造价人才资源都是通过大学生招聘。为了人才的培养，中国石化每年举办多期培训班，人才队伍建设的培训工作包括全行业和各企业两个层次。

1. 全行业组织的业务培训

中国石化组织的工程造价专业人员培训覆盖我国能源化工领域的国企、民企、合资、独资等造价人员。培训内容总体分为预算专业知识、概算专业知识、项目管理知识等，培训内容覆盖能源化工领域全过程工程造价管理的理论和实践知识，其中预算专业2019年培训人员1791名，概算专业2019年培训人员472名。

2. 各企业组织的业务培训

能源化工领域的各企业除积极参加中国石化组织的人才培训外，还积极开展本企业工程造价专业人员的实际业务技能培训。中国石化工程造价管理业务部门也积极支持企业的业务培训，挤出时间为企业培训选派师资，近几年为多家能源化工领域的企业多次选派专家，支持企业的人才队伍建设。

第二节　发展环境

工程造价咨询行业的发展环境首要是各行业的投资环境，石化工程造价咨询行业的发展主要依赖于能源化工领域的投资环境，能源化工领域包括炼油、石油化工、煤化工、天然气化工等，投资来源包括国内、国外的中央、地方、民营、

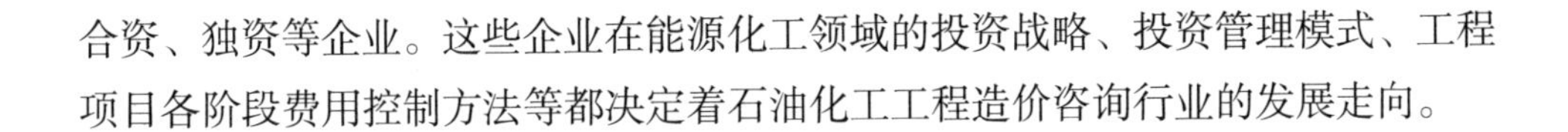
合资、独资等企业。这些企业在能源化工领域的投资战略、投资管理模式、工程项目各阶段费用控制方法等都决定着石油化工工程造价咨询行业的发展走向。

一、服务于中国石化重点工程建设投资控制的造价咨询

石油化工工程造价咨询企业基本在项目实施环节和造价审计环节发挥重要作用，工程造价咨询行业的竞争是比较激烈的，工程造价咨询费用较低。目前，中国石化重点工程项目已基本不再采用低价中标的方式，以保证工程造价审定的公正、合理性。但在能源化工领域工程造价咨询业务中，以低价中标的方式仍然大量存在，这种招标模式必然影响工程造价咨询企业的可持续健康发展。

二、服务于工程项目全生命周期中修理费管理的造价咨询

石油化工企业在生产运行中的设备管理工作方面，不仅要保证各石化企业生产的“安全、稳定、长周期、满负荷、优质”运行，同时，还要有效控制石油化工行业生产运行成本，只有做好这两方面的工作，才能实现中国石化提出的“降本增效、提高效益，实现公司利润最大化和股东回报最大化”的目标。

关于石油化工企业修理费中检修工程费的管理，由于生产企业工程造价专业人员普遍缺少，所以管理上基本是以框架服务招标、项目服务招标的方式发包给能源化工领域的各工程造价咨询公司。虽然这些项目都偏小，但项目服务常年都存在，项目服务方式固定，因此该领域工程造价咨询服务的竞争同样激烈。

三、服务于工程结算和竣工决算的审计造价咨询

石油化工工程造价咨询行业在工程结算审计、竣工决算审计、项目在建跟踪审计等审计业务中，为规范投资行为，防范投资风险，保证建设资金合理、合法使用，提高投资效益发挥着重要的作用。

工程造价审计咨询服务是一项政策性强、业务水平高的工作，为了能在这一领域开展业务，各工程造价咨询企业就必须不断提高员工自身素质和业务能力水平。开展工作的业务人员要严格按照国家审计法规、审计工作规定、审计工作办

法、审计业务规范等开展工作，为石油化工行业工程结算把好关。

四、服务于石化行业的造价咨询

石化行业投资主体主要包括央属国企、地方国企、外企、民企等，在这些投资领域里，工程造价咨询业务从可研报告至竣工决算以及修理费管理，覆盖工程项目全生命周期。工程造价咨询服务基本全部通过招投标方式发包，而且大部分是以低价中标，竞争非常激烈，能源化工领域的工程造价咨询服务市场已经是一个充分竞争的市场。

近几年，随着我国经济的快速发展，大量地方国有企业和民营企业的资金投入能源化工领域。虽然地方国有企业和民营企业的工程造价咨询服务费都偏低，但他们在能源化工领域的大量投资扩大了工程造价咨询服务市场，为能源化工领域工程造价咨询行业的发展增加了新的驱动力。

随着我国能源化工领域投资市场的对外开放，国外大型能源化工公司开始在我国以合资或独资的方式投资能源化工领域。如：福建一体化项目、中沙项目、中科项目、巴斯夫湛江项目、埃克森美孚惠州项目等，这些合资或独资项目投资大、技术先进，在开展工程造价咨询服务项目招标时，大部分以相对合理价中标的方式发包，工程造价咨询服务费比较适中，是能源化工领域工程造价咨询服务比较活跃和发展看好的市场。

（本章供稿：潘昌栋、蒋炜、周家祥、李燕辉）

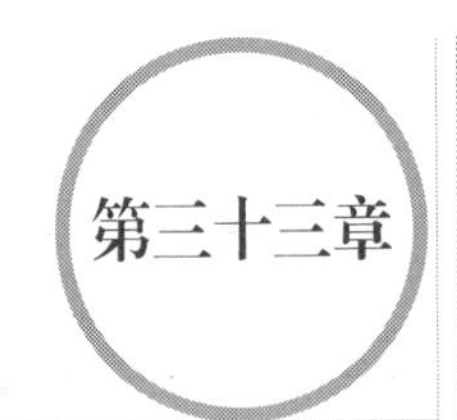

核工业工程造价咨询发展报告

第一节　发展现状

核工业专业委员会是中国建设工程造价管理协会下属的专业委员会之一，主要职责是对中国核工业内部造价工程师注册、变更管理、核工业造价咨询企业的资质管理、核工程定额标准的编制与管理及承担国家能源局、科工局等国家部委的有关核工程造价的咨询服务任务。目前核工业内注册造价工程师370余人，从事核工程造价人员1500余名，主要是分布在中核集团有限公司、中广核集团有限公司、国家电力投资集团有限公司等下设的科研院所、工程公司、咨询公司等部门。

核工程造价主要是针对核电厂、核军工、核铀矿开采、核燃料工程的投资决策，工程设计、工程施工，工程运行阶段对核设施的造价管理与控制。

由于核工业所涉及的工作性质与其他相关行业不尽一致，人才的素质要求相对较高。注册造价工程师具有高级职称的人员占据绝大份额，约为73%，中级职称的为19%，其余为8%，人员资质和学历远远高于其他相关行业。造价工程师注册人数逐年提升，2019年造价工程师注册人数比2018年增加21名。

目前核工程专业委员会下辖5家甲级造价咨询企业。工程造价业务收入情况如表2-33-1所示。

核工业工作委员会在国家能源局、国家科工局等有关部门的指导下，在2019年发布了《核电厂建设工程预算定额》NB/T 20358.1—2018～NB/T 20358.13—2018、《核电厂建设工程核岛建筑安装工程费用定额》NB/T 20355—2018、《核电厂建设工程常规岛建筑安装工程费用定额》NB/T 20356—2018、《核

2019 年核工业咨询企业收入情况汇总表 表 2-33-1

序号	咨询单位名称	工程造价咨询业务收入（万元）	环比增长率（%）	其他业务收入（万元）	环比增长率（%）
1	北京金光工程咨询有限责任公司	1029.79	9	252.99	5
2	中国核电工程有限公司	7800.00	20		
3	上海核工程研究设计院有限公司	6500.00	8		
4	中核第四研究设计院工程有限公司	4300.00	15	0	
5	中核新能核工业工程有限公司	4061.00	9		
6	合计	23690.79		252.99	

电厂建设工程机械台班费用定额》NB/T 20357—2018 共 25 项核电厂建设计价标准，对《核电厂建设工程工程量清单计价规范》NB/T 20259.1—2014～NB/T 20259.6—2014 进行了修订，完成了标准报批稿的审查，计划在 2020 年颁布发行。

核工业工作委员会遵照中国建设工程造价管理协会的有关文件精神，积极展开了年度教育培训工作，2019 年 7 月在江苏省宜兴市举办了第二批《核电厂建设工程预算定额——安装部分》宣贯培训。同年 12 月在北京举办了核工业造价工程师函授继续教育培训。培训的内容均根据目前施工现场的实际工程案例为主要切入点，针对核电工程的特殊性进行了解读，收到了良好的效果。

第二节 发展环境

一、政策因素

2017 年 3 月，李克强总理在全国两会上作政府工作报告时指出要“扎实有效去产能”，要求煤电行业 2017 年淘汰、停建、缓建煤电产能 5000 万 kW 以上。国家能源局《2018 年能源工作指导意见》中对核电发展具体指导方针转变为“稳妥推进核电发展”，提出了应在充分论证评估的基础上，开工建设一批沿海地区先进三代压水堆核电项目。同时国资委积极推动核电领域的重组，通过强强联合进一步提高产业链的技术能力和协同能力以保证核电的安全性。核电安全和技术将得到进一步提升，核能源建设项目将逐步得到恢复。2019 年 7 月 26 日，中国核能电力股份有限公司发布公告称，截至2019年6月底，中国核电旗下福建漳州核电项目已获得核准，该项目将建设两台我国自主知识产权的“华龙一号”核电机组。山东荣成、福建漳州和广东太平岭核电项目目前均已核准开工，标志着自2015年12月以来核电项目“零审批”正式结束。作为稳基建的重要抓手，2019～2020年国内核电建设进度加快是大概率事件，未来几年我国核电建设或将进一步迎来加速时代。

二、经济因素

影响核电工程建设经济因素有建设规模、标准化程度、建设方式、建造周期等。随着我国自主知识产权的“华龙一号”第三代核电机组的成功落地，核电制造装备国产化率日益提升，逐步降低核电工程的建造成本，使核电在能源领域中更具有竞争力；创造众多的就业机会，对地方经济的拉动产生巨大效能。

三、市场因素

根据“十三五”能源规划，到2020年我国将实现5800万kW投运、3000万kW在建的目标，根据中国电力企业联合会最新数据显示，目前我国核电装机量为4591万kW，尚有1200万kW的缺口；核电在建工程在建规模约为1800万kW，距离目标尚有3000万kW的较大缺口。核电能源建设潜力巨大。

我国在积极推动“一带一路”发展规划建设，核电作为成熟、经济、安全和清洁能源，越来越受到“一带一路”沿线国家的青睐，预计到2030年前，“一带一路”沿线国家将新增200余台，中国力争在沿线国家建造30台海外机组，直接撬动3万亿元产值的国际市场。

（本章供稿：黄骏、直鹏程）

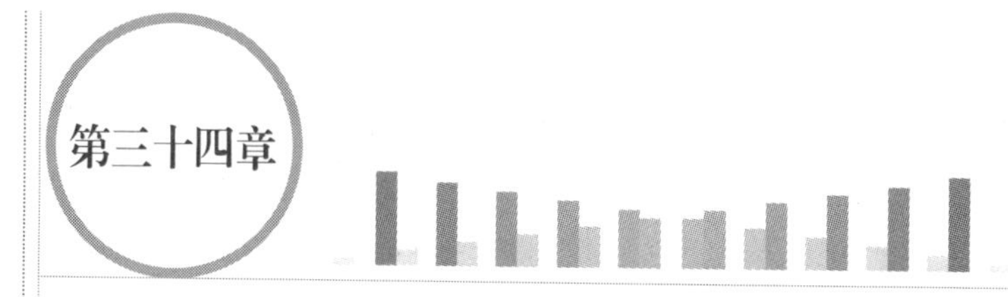

电力工程造价咨询发展报告

第一节　发展现状

针对2019年度调研的150家电力行业造价咨询企业数据，从电力造价咨询企业发展概况、企业经营现状以及从业人员结构现状三个方面展示并分析2019年电力造价咨询企业发展与经营情况。其中企业发展概况主要包含区域分布结构、企业类型结构、企业规模结构以及市场集中度四个维度的内容；企业经营现状主要从总体经营情况和业务分类收入两个维度进行分析；从业人员结构现状主要包含学历结构、年龄结构和资质结构三个维度的内容。

一、造价咨询企业发展概况

1. 区域分布结构

电力造价咨询企业中，华北地区、华东地区、华南地区、华中地区、西北地区、西南地区、东北地区的电力造价咨询企业数量占比分别为29.8%、28.3%、7.8%、9.6%、6.7%、10.2%、7.6%。

2. 企业类型结构

（1）注册类型结构

截至2019年底，150家电力造价咨询企业注册登记类型中有限责任公司31家，国有独资或国有控股公司49家，合伙制企业21家，股份制企业34家。国有企业中华北地区的企业数量最多，共计14家；股份制企业中华东地区的企业数量最多，共计 11 家；有限责任公司中华北地区的企业数量最多，共计 10 家；合伙制企业（私营）中华北地区的企业数量最多，共计 8 家；而其他企业类型中华北地区和华东地区的企业数量最多，各有 4 家。

（2）经营业务性质结构

截至 2019 年底，150 家企业中专营电力工程造价咨询业务的企业共计 47 家，占比 31.50%；兼营电力工程造价咨询业务的企业共计 103 家，占比 68.50%。此外，华北地区拥有专营电力造价咨询企业数量最多，共计 16 家；华东地区具有多种资质的兼营电力造价咨询业务企业数量最多，共计 31 家。

（3）企业资质结构

截至 2019 年底，电力造价咨询企业中获得工程造价咨询甲级资质的企业共计 76 家，占比 50.5%；获得工程造价咨询乙级资质的企业共计 72 家，占比 48.3%。

（4）企业信用等级结构

西北地区电力造价咨询企业获得 AAA 级信用等级评价的数量所占比重最高，达到 60.0%，而东北地区电力造价咨询企业获得 AAA 信用等级评价的数量占比相对较低，仅为 9.1%，其余地区电力造价咨询企业获得信用等级评价的数量占比均在 10%～35% 之间。

3. 企业规模结构

（1）注册资金

截至 2019 年底，全国电力造价咨询企业注册资本金总计 136 亿元，较去年增长 21.4%，主要原因是全国电力造价咨询企业数量增加，且新增企业中包含大型咨询企业、设计院等具有多种资质的兼营企业数量较多。

（2）企业规模

我国电力造价咨询企业分布较为分散，经济发展水平、城市化程度、政府的财力、居民的消费水平、企业的经营管理能力都影响着电力造价咨询企业的规模，造成企业规模差异性较大。按照划分标准，电力造价咨询行业中大型企业占比 17.6%，中型企业占比 29.4%，小型企业占比最大，为 47.1%，微型企业占比最小，为 5.9%。由此可见，大多数电力造价咨询企业规模较小。一方面，这与造价咨询行业整体发展水平有关；另一方面，也体现出电力造价行业仍有很大的发展空间。

4. 市场集中度

本部分将针对企业电力造价咨询业务收入情况对电力造价咨询行业进行市场集中度分析。2019 年，排名位于前四的电力造价咨询企业业务收入占全国总电力造价企业收入比例为 22.8%，即 CR_4=22.8%。同时，排名位于前 8 的电力造价咨询企业业务收入占全国总电力造价企业收入比例为 30.5%，即 CR_8=30.5%。由此可见电力造价咨询行业属于低集中竞争型行业，加上行业中小微企业较多，咨询业务较为分散，行业技术标准均较为透明，市场依存度小等行业特点，更加剧了行业竞争。

二、造价咨询企业经营状况

1. 总体营业情况分析

（1）企业电力造价咨询业务营业收入

截至 2019 年底，电力造价咨询企业实现电力造价咨询业务营业收入 76.4 亿元，营业收入出现一定程度的增加，同比增长 3.7%。按区域分布，华北地区、华东地区、华南地区、华中地区、西北地区、西南地区、东北地区的电力造价咨询企业数量占比分别为 24.6%、26.8%、13.7%、8.1%、13.2%、9.3%、4.3%。

（2）行业利润

截至 2019 年底，电力造价咨询企业利润总额总计 6.95 亿元，企业总利润率为 9.1%。其中，电力造价咨询企业利润总额和利润率总体呈现下降趋势。一方面与电力建设投资形势密不可分；另一方面也在于电力造价咨询市场的进一步开发，导致行业竞争进一步加剧。

2. 业务分类收入分析

（1）按阶段类型分类

2019 年，电力造价咨询企业的营业收入为 76.4 亿元，按照业务类型分类，投资估算造价咨询收入、设计概算造价咨询收入、施工图预算造价咨询收入、工程量清单与招标控制价造价咨询收入、工程结算造价咨询收入、施工阶段全过程造价咨询收入、工程造价经济纠纷鉴定收入、电力造价咨询其他业务收入占比分别为 5.0%、12.2%、18.4%、9.3%、29.3%、6.3%、13.8%、1.2%、4.6%。其中，工程结算造价咨询业务是主要收入来源。

（2）按专业类型分类

2019 年电力造价咨询业务收入按照专业类型分类，电源工程中火电专业收入占比 35.4%，较去年降低 2.7 个百分点；水电专业收入占比 19.1%，较去年提高 2.8 个百分点；新能源电源（核电、风电、太阳能发电）工程收入占比为 39.1%，较去年提高 8 个百分点。供给侧结构性改革的不断推进，清洁能源得到进一步的发展和利用。

电网工程收入中，直流工程收入占比 5.6%，1000kV 交流电网工程收入占比 13.5%，110 ～ 750kV 交流电网工程专业收入占比 48.5%，35kV 及以下配电网工程交流工程专业收入占比 16.1%，其他工程（技改、检修、城市充电站等）专业收入占比 16.2%。

（3）境外业务收入

2019 年电力造价咨询业务收入中，境外工程咨询业务收入为 678.2 万元，占比 0.24%。随着“一带一路”建设以及中国国际化步伐加快，我国电力行业的发展也逐步走出国门，迈向国际，境外业务及收入也随之增加。

三、造价咨询企业从业人员结构

1. 学历结构

2019 年，电力工程造价咨询行业拥有博士、硕士、本科学历的人员分别为 210 人、6347 人、16852 人，年均增长率分别为 3.4%、4.0%、7.7%。电力造价咨询行业本科学历人才的比例大幅增加，一方面说明我国人口平均教育水平的提高；另一方面从业人员素质的不断提升体现了电力造价咨询行业整体技术水平的提高。

2. 年龄结构

2019 年，电力造价咨询行业中 20～30 岁的从业人员 8759 人，30～40 岁人员 7683 人，40～50 岁人员 7149 人，50～60 岁人员 2385 人，其他年龄人员

548 人。与往年相比，20～30 岁人员增幅较大，50 岁以上人员数量有所减少，中青年化趋势愈发明显。

3. 资质结构

（1）执业注册情况

2019 年，电力造价咨询行业注册造价工程师数量共计 1667 人，总体呈现稳定增长趋势；一级建造师共计 360 人，注册造价咨询师共计 687 人，拥有其他注册执业资格人员数量共计 1293 人。电力造价咨询行业中其他专业注册执业资格人员数量的不断攀升一定程度上反映出行业内企业业务范围的不断拓展和延伸。

（2）技术职称结构

2019 年，电力造价咨询行业从业人员中拥有高级技术职称的人员占比 22.9%；中级技术职称人员占比 34.0%；拥有初级技术职称的人员占比 16.6%，无技术职称人员占比 26.5%。

（3）专业结构

2019 年，电力造价咨询行业专业人员中电气人员数量占比 26.4%；线路专业人数占比 20.6%；建筑、机务、配电网专业人员占比分别为 13.9%、16.5%、16.7%；其他专业（技改、检修、城市充电站等）人员占比 5.9%。

第二节　发展环境

一、监管环境

2019 年，电力行业造价管理持续提高企业资质与个人职业资格管理效能。

企业资质管理方面，履行对造价咨询企业的管理服务职责。2019 年根据政府相关授权，积极履行对行业内造价咨询企业的资质与行业自律管理服务。开展行业内甲级造价咨询企业的续期、变更和换证等服务工作；完成对行业内造价咨询企业年度数据统计分析、审核和报送工作。在 2019 年中国建设工程造价管理协会组织的咨询企业信用评价活动中，电力工程造价与定额管理总站负责组织电力行业内归口管理的甲级造价咨询企业参加中国建设工程造价管理协会组织的信用等级评价活动，电力行业申报的9家咨询单位经中国电力企业联合会初审并提报推荐后，通过了中国建设工程造价管理协会组织的专家终评，均获得工程造价咨询企业信用评价AAA等级。

个人执业资格管理方面，践行对造价专业人员资格的管理服务职责。2019年依据相关授权，中国电力企业联合会为在电力行业内从业的造价专业人员提供初始注册、变更、延续、注销，以及继续教育等服务工作。本着强化服务意识、提高服务效率、提升服务质量的原则，2019年度共向住房和城乡建设部上报符合条件的207名注册造价工程师相关材料，为近700名行业内注册造价工程师制发证书，并圆满完成配合住房和城乡建设部开展的对行业内注册造价师违规“挂证”等行为的核查工作。同时完成2019年度注册造价工程师初始、变更、延续注册等管理工作，电力归口管理注册造价工程师已达1080人（有效人员）。

二、技术环境

2019年电力行业造价管理持续推进服务企业、服务行业、服务政府、服务社会，以提供科学计价依据和有效控制造价的方法、技术和手段为目标，不断强化对企业成本管控的服务能力、不断提升对行业规划引领的支持能力、不断加强对政府宏观调控的支撑能力、不断增强对全社会关注专业问题的解析能力。2019年电力行业造价管理探索创新与引领服务动态有关动态如下：

1. 立足业务需求，引领计价依据体系创新

随着新业态、新模式、新技术、新工艺、新材料、新设备不断涌现，定额的编制与费用计算方法必须及时跟进和调整。为此，2019年在电力行业造价管理领域陆续开展了“施工工法框架下的定额与费用体系研究”“与市场接轨的电力工程定额人工费编制方法研究”“电力工程定额材料消耗量编制方法研究”“电力工程定额机械消耗量编制方法研究”“新时代中国特色计价依据体系规划研究”等课题。为贯彻“四个革命，一个合作”安全能源新战略，在电力行业造价领域理顺电力工程产品价格体系，引导行业完成市场形成价格机制的转换，推动电力体制改革深化，2019年启动了《电力工程大数据定额与费用编制方法研究》课题。

另外，随着“云大物移智”等数字信息技术的不断发展，以及总承包、全过程工程咨询等一系列有关政策的相继出台，2019年电力行业造价管理积极引导企业开展有针对性、适应自身技术和管理特点的补充定额和费用计算标准研究，主要包括三维数字化、智慧工地、电力监控系统网络安全态势感知系统等与信息化和数字化相关的费用计算标准研究，如“适应‘三区三州’的高海拔、高落差电网工程计价方法研究”“特高压柔性直流工程补充定额研究”等。同时指导和协助企业开展工程造价标准化、精益化管理类课题研究，主要包括“综合单价模式下的施工图预算编制方法研究”“总承包模式下的电网工程造价管理方法研究”“基于全过程工程咨询模式下的电力工程造价管理研究”“电力工程造价与三维设计的适应性研究”等课题。

2. 规范管理制度，强化造价管理服务职能

电力工程造价与定额管理总站在2019年度积极建立和完善定额与造价管理相关制度，进一步强化专业组织架构及人员配置。其中定额与造价管理制度建立和完善方面，根据上级主管部门的要求，及时修订《电力工程定额与造价实施管理办法》，从体系发展规划与建设、计价依据编制与修订等方面明确了各级定额站的管理职责、编制流程和成果质量要求。同时，还制定了《电力工程计价依据解释管理办法》，从计价依据的适用范围、解释原则、管理流程等方面，进一步规范和明确计价依据解释答疑工作。此外，还要求各级定额站同步健全和完善相关管理制度和办法。

专业组织架构及其人员配置强化方面，2019年定额总站以国家事业单位改革、协会脱钩改制为契机，积极向政府主管部门和行业管理部门建言献策，努力与各大电力企业沟通协调，宣介工程造价管理工作的重要性，助力和推进了各级电力定额组织管理机构建设与专业人员的足额配置。

3. 务实交流合作，推动行业内外发展共赢

2019年12月23日，在北京组织召开全国电力工程造价与定额管理工作会议。行业内设计、施工和造价咨询企业、有关高校及研究机构的领导和代表180余人参加会议。此次会议是电力行业工程造价与定额管理系统认真贯彻落实党和国家的大政方针，深刻分析当前电力行业改革发展所面临的新形势，全面总结和创新推进全国电力工程造价与定额管理工作的重要会议，对扎实推进电力工程造价和定额管理工作，进一步提升工作水平具有重要意义。

国际交流合作方面，2019年，针对电力行业有国际认证需求的专业人士组织开展了英国皇家特许测量师学会（RICS）资深人士入会培训，并向国际成本工程师协会（AACE）推荐有意愿加入该国际组织的专业人员，为各电力企业储备国际化人才提供帮助；组织电力咨询企业参加RICS年度大奖评选，并获得专业咨询服务团队优秀奖；开展AACE咨询体系技术标准互译工作，为更好地熟悉和了解国外项目管理、成本管理和风险管控等提供平台和资源。此外，积极开展国外电力工程造价管理与计价方法研究，形成《美国电力工程造价管理研究》《英国电力工程造价管理研究》《俄罗斯电力工程造价管理研究》《"一带一路"典型国家电力工程计价体系研究》等一批研究成果和论著，为电力企业参与国际工程竞争提供参考。并以电力工程项目建设、投资、技术"走出去"为发展契机，启动了针对不同投资方式、不同发承包模式下电力工程计价方法与技术的研究，以及电力企业国外投资的合约管理、风险评估和效益评价等方法研究，为国内电力企业投资国外项目提供有效助力和支持。

4. 人才培养与技能管理

随着我国电力工程的不断发展，工程造价专业人才在数量需求、能力标准、培养模式等方面都在一定程度上显露出问题。新的能源技术和施工工艺使造价专业人员技术素质面临挑战，技术创新与应用为我国电力工程造价从业人员拓展业务范围提供了广阔空间，同时也对知识储备提出了更高的要求。2019年度，电力造价从业人才培养与技能管理开展情况如下：

（1）发布《电力造价从业人员培训与考核规范》

2019年11月21日，中国电力企业联合会发布《电力工程造价从业人员培训与考核规范》，规定了电力工程造价从业人员培训与考核的对象、专业能力及要求、培训内容、考核标准、证书颁发及有效期，对电力工程造价从业人员培训与考核做出具体规范要求。规范的制定和应用将有利于规范电力造价从业人员执业行为，提高业务素质，有效推进电力造价专业人才制度建设和机制创新，同时有效、平稳推进职业资格改革，解决取消造价员资格后的电力造价人才队伍培养问题。

（2）开展电力造价从业人员岗位技能实操系列培训

2019 年，中电联针对电力工程造价管理过程中的实际操作要点，先后组织热力设备安装工程、电气设备安装工程、通信工程、建筑工程、输电线路工程、20kV 及以下配电网工程、电网检修工程等 7 个专业技能实操培训 16 期，总计 1200 名来自全国的工程建设管理、设计、施工、造价咨询等单位学员参加培训。同时，根据电力施工进一步市场化带来的新需求，在造价人员培训课程设置中加大合同法律纠纷等课程比重，举办了 3 期电力造价项目管理培训班。来自全国各地的电网公司、电力行业基建单位以及全国造价咨询企业的 600 余名技术骨干人员参加了培训。另外，为满足造价人员方便、快捷、高效学习的需求，2019 年中电联首次尝试开展网络培训，并组织相关专家录制了电力建设工程定额和造价系列培训课程，共计 32 个电力企业组织员工进行在线培训，培训效果逐步显现。

（本章供稿：董士波、周慧）

第三十五章

林草工程造价咨询发展报告

第一节　发展现状

一、基本情况

1. 林业和草原建设工程造价管理机构

为规范林业建设工程有序发展，提高林业建设工程质量监督和造价管理水平，1995 年，根据原林业部下发《林业部办公厅关于成立林业部工程质量监督和造价管理总站的通知》（厅人字〔1995〕36 号）精神，在林业部林产工业规划设计院内部设立了林业部工程质量监督和造价管理总站（以下简称“造价站”）。

造价站是从事林业行业建设工程质量监督和造价管理的机构，其业务工作由林业部计财司归口管理。1998 年，根据第九届全国人大一次会议国务院机构改革方案，林业部改为国务院直属机构国家林业局，造价站相应更名为国家林业局工程质量监督和造价管理总站。

2018 年，根据第十三届全国人大一次会议国务院机构改革方案，国家林业局改名为国家林业和草原局，造价站随之更名为国家林业和草原局工程质量监督和造价管理总站。

2. 从业企业和人员总体情况

（1）按照造价咨询企业申报和年检途径的统计口径，目前林业和草原行业有 1 家甲级工程造价咨询企业。

（2）按照造价咨询企业申报和年检途径的统计口径，2019 年末，林业和草原行业从事工程造价专业人员 56 人，其中含造价师 12 人、造价员 22 人。

二、相关政策法规主要成果和工作业绩

多年来，造价站完成了国家林业和草原局规财司及行业主管部门下达的多项林业和草原相关政策法规、专业标准规范的制定和修订工作，主要成果和工作业绩如下：

1. 相关政策法规主要成果

（1）政策法规类

①编制并出版《林业工程建设管理法律法规与规章汇编》。

②参与编制《林业建设工程招投标管理办法》。

③参与编制《林业工程建设项目后评价管理暂行办法》。

④参与编制《林业建设项目竣工验收办法（试行）》。

⑤参与编制《林业建设项目经济评价方法与参数》。

（2）标准规范类

①编制并出版《全国重点林业省工程造价估算指标》。

②参与编制《枇杷丰产栽培技术规程》。

③参与编制《建设工程工程量清单计价规范》GB 50500—2008。

（3）造价信息类

①每年编制并印刷《林业建设工程造价信息》2 册（上半年、下半年各 1 册），为林业建设工程的决策、实施、评价提供大量的基础信息。

②每年编制《林业和草原基本建设项目工程造价审查投资估算指标》，指导项目审查、规范对政策的统一理解、统一价格估算尺度，从而保证对各类项目审查结果的科学严肃性和客观公正性。

（4）参与修订类

①《林业和草原固定资产投资建设项目管理办法》。

②《林业和草原政府投资项目可行性研究报告编制规定》。

③《林业和草原政府投资项目初步设计编制规定》。

④《林业和草原政府投资项目可行性研究报告审查规定》。

⑤《林业和草原政府投资项目初步设计审查规定》。

⑥《林业和草原政府投资项目竣工验收实施细则》。

⑦《全国森林和草原火灾风险普查实施方案》。

⑧《森林可燃物标准地调查技术规程》。

⑨《森林可燃物大样地调查技术规程》。

⑩《森林和草原野外火源调查技术规程》。

2. 主要工作业绩

随着国家对林业生态环境的日渐重视及对林业和草原基本建设资金投入的加大，造价站每年审查的项目在数量、项目类型以及项目评审专家队伍建设等各方面，都得到了快速发展。近几年，造价站每年审查的项目数量，从最初的十几个发展到如今400余个；项目类型从单一的土建工程项目，拓展到涵盖森林和草原防火、自然保护区建设、林业科技、湿地、林木种苗、林（草）业有害生物防控、重点国有林区公益性基础设施建设、国家公园（含虎豹公园）等多个领域；参与项目审查专家的专业方向由原来的10余个发展到现在的近60个。

造价站自成立以来，主要取得以下工作业绩：

（1）完成林业和草原各类基本建设工程项目审查工作共计5000余个，审查项目投资总额累计约1200亿元，按照国家、行业有关规定和建设标准，核减项目中不合理、不必要建设投资累计约50亿元，为国家节约了大量宝贵资金。

（2）参与项目竣工验收和后评价工作200余项，对已建成项目给出客观公正评价结论的同时，了解、收集到项目实施建设的相关数据，为国家加强对林业和草原基本建设工程的投资管理提供了参考依据。

（3）组织林业重大建设项目和直属单位及森工非经营性基础设施建设项目的前期评审论证工作数十项。

（4）建立了林业和草原建设工程专家数据库，专家库现有专家500余人，涉及50余个专业，为林业和草原建设项目提供了更加完善的技术支撑和保障。

（5）作为林业和草原专业委员会，完成中国建设工程造价管理协会委托的各项工作。

第二节　发展环境

一、我国林业发展历程和定位

1. 林业发展历程

2012年，党的十八大首次把“美丽中国”作为生态文明建设的宏伟目标，把生态文明建设摆上了中国特色社会主义五位一体总体布局的战略位置。2017年，党的十九大提出，加快生态文明体制改革，建设美丽中国。这是党中央在中国特色社会主义进入新时代做出的重大部署，吹响了新时代生态文明建设号角。多年来，习近平总书记针对生态文明建设发表一系列重要讲话，做出一系列重要批示指示，提出一系列新理念新思想新战略，深刻阐述了社会主义生态文明建设的重大意义、重要理念和重大方略。截至2020年3月，我国森林覆盖率已经提高到22.96%。

2. 林业的定位

纵观我国林业发展历程，林业行业在我国经济建设中的工作重心和定位发生了翻天覆地的变化，在木材大生产阶段，林业定位为国民经济重要的基础产业；在改革开放阶段，林业既是重要的基础产业，又是重要的公益事业；在生态建设阶段，林业定位为我国生态、产业、文化体系建设的主体，林业和草原行业肩负着建设和保护森林生态系统、保护和恢复湿地生态系统、治理和改善荒漠生态系统及维护生物多样性、弘扬生态文明的重要职责。

二、行业结构分析

1. 社会环境

随着我国对生态环境建设的重视，国家无论从政策上还是资金上皆给予林业和草原建设极大的倾斜和支持，林业和草原建设迎来有史以来最好的发展时期。与此同时，伴随着大批生态建设项目的立项建设，各类工程项目造价审查工作量不断增加，业务范围和工作内容不断拓展。近几年，先后增加了中央财政林业和草原转移支付资金绩效评价工作、中央财政林业和草原转移支付项目储备库入库评审工作、中央预算内投资基建资金项目动态监管和绩效评价工作、林业生态保护恢复资金绩效评价工作。可以说，在生态文明建设的大环境下，林业和草原工程造价管理行业将会得到快速发展。

2. 技术发展分析

林业和草原工程造价行业与其他行业不同，它具有更鲜明的社会职责属性和行业特征，绝大部分的工程建设项目都会体现出社会、经济和生态“三大效益”特点。从技术层面上讲，涉及行业多、专业广的专业知识和技术，从业人员涵盖了林业、草业、生态、经济、地理、水文、气象、航空、通信、卫星遥感、建筑类、管理类等近 60 个专业。造价站经过 20 多年的发展，专家队伍建设采取行业内与行业外相结合的运行模式，广泛吸收、补充不同行业及相关专业专家参与到林业和草原行业工程建设当中，目前专家库人员已经达到 500 余人，为行业工程建设顺利开展提供了技术支撑和保障。

（本章供稿：杨晓春、李荣汉）

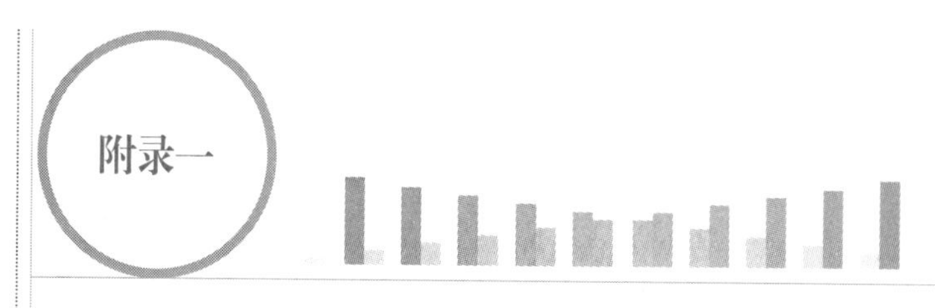

2019 年度行业大事记

1 月 4 日，河北省住房和城乡建设厅、河北省发展和改革委员会联合发布新版建设工程概算定额，自 2019 年 3 月 1 日正式施行。该概算定额实施 13 年之久，于 2017 年 7 月启动修编工作 ，是政府对国有投融资建设项目实施管理的重要依据，也是编制概算、优选设计方案的依据，对加强政府对工程造价的宏观调控、有效提高投资效益具有重要意义。

1 月 12 日～13 日，为配合做好《浙江省建设工程计价依据》(2018 版）在全省的贯彻实施工作，使广大造价从业人员正确理解 2018 版计价依据内容，更好地掌握和使用新版计价依据，浙江省建设工程造价管理协会面向广大会员单位，在杭州举办了《浙江省建设工程计价依据》(2018 版）宣贯培训班，来自全省造价咨询、设计、施工及院校等单位的 200 余人参加宣贯培训班。

1 月 18 日，中国建设工程造价管理协会负责人联席会议在北京召开。会议报告了协会2018年工作情况，并结合当前存在的问题，提出了2019年工作建议。

1 月 20 日，为更好地发挥工程造价咨询服务在解决建设领域经济纠纷的作用，帮助会员企业及时学习《最高人民法院关于审理建设工程施工合同纠纷案件适用法律若干问题的解释（二）》的新要求，中国建设工程造价管理协会在北京举办专题培训班。此次培训提高了工程造价从业人员解决造价咨询业务中具体法律问题的能力，同时搭建了造价行业与司法部门互动的平台。来自全国各地的造价管理机构、行业协会、工程造价咨询企业相关人员近 400 人参加了会议。

2 月 28 日，为帮助市场主体和专业人员准确理解、应用 2018 年《北京市建设工程工期定额》和 2018 年《北京市房屋修缮工程工期定额》，落实《关于执行 2018 年〈北京市建设工程工期定额〉和 2018 年〈北京市房屋修缮工程工期定额〉

的通知》(京建发〔2019〕4 号)，北京市住房和城乡建设委员会组织召开了新颁发的工期定额及配套管理文件的宣贯会。

2 月 28 日，为进一步贯彻落实住房和城乡建设部《2016—2020 年建筑业信息化发展纲要》有关精神，推进甘肃省造价行业信息化建设快速发展，在甘肃省建设工程造价管理总站指导下，由甘肃省建设工程造价管理协会举办的“工程造价大数据应用及数字化造价管理高层交流会”在兰州顺利召开。

3 月 1 日，住房和城乡建设部、人力资源社会保障部印发《建筑工人实名制管理办法(试行)》，办法适用于房屋建筑和市政基础设施工程。该办法明确：实施建筑工人实名制管理所需费用可列入安全文明施工费和管理费。

3 月 5 日，中国建设工程造价管理协会组织召开“新形势下企业财务管理和税务筹划”研讨会，针对会员单位反映税制变革及社保征收方式等政策变化给企业经营管理带来的诸多新挑战，通过研讨会的方式促进企业正确理解、积极应对财税新政。会议围绕企业财务管理、税务筹划以及行业发展等主题展开广泛研讨。

3 月 12 日，为积极响应党中央关于支持长三角地区一体化发展的国家战略号召，助力长三角一体化高质量发展，长三角造价管理一体化联席会议在上海召开。会议研究讨论了《关于长三角区域三省一市造价管理机构建筑安装人工价格综合指数测算与发布工作的实施方案》《长三角区域三省一市建筑安装人工价格综合指数测算方案与表现形式》等内容。

3 月 15 日，国家发展改革委、住房和城乡建设部联合印发《关于推进全过程工程咨询服务发展的指导意见》(发改投资规〔2019〕515 号)，在房屋建筑和市政基础设施领域推进全过程工程咨询服务发展，提升固定资产投资决策科学化水平，进一步完善工程建设组织模式，推动行业高质量发展。

3 月 26 日，按照《财政部　税务总局　海关总署关于深化增值税改革有关政策的公告》(财政部　税务总局　海关总署公告 2019 年第 39 号)规定，住房和城乡建设部将《住房和城乡建设部办公厅关于调整建设工程计价依据增值税税率的通知》(建办标〔2018〕20 号)规定的工程造价计价依据中增值税税率由 10% 调整为 9%。

4 月 2 日，按照《关于印发 2018 年工程造价计价依据编制计划和工程造价管理工作计划的通知》，住房和城乡建设部标准定额司组织编制了《绿色建筑经济指标（征求意见稿）》，发送至全国有关单位征求意见。

4月8日，陕西省住房和城乡建设厅开展工程造价数据监测工作，通过对工程造价数据的采集、存储、共享、开放和利用，运用现代科技创新监管方式，变人工监管为智能监管、事后监管为实时监管、粗放监督为精准监督，为宏观决策和微观管理提供有力的数据支持。

4月10日，湖北省《市政工程消耗量定额》局部修订工作启动会在武汉召开。会议通过了定额修订工作组织方案，并围绕修订工作方案、征求意见的反馈、各省新编市政定额情况及经验做法进行了广泛交流及讨论。会议还确定了本次定额局部修订范围、修订原则、修订工作关键问题和重点、《市政工程消耗量定额》各册及与其他专业定额水平的协调办法等。特别是对人工消耗量进一步贴近市场给出了具体的参考方案。

4月11日，住房和城乡建设部标准定额司在湖北省召开工程造价市场化改革调研座谈会。湖北省部分企业就自身在工程造价管理市场化、国际化、信息化等方面的工作现状做了详细的介绍，肯定了工程造价市场化改革的优点，同时也提出了实施过程中遇到的问题及相关的改进建议。其中比较突出的问题有，合同中的无限风险条款、压价招标中的最高限价、多层重复审计以及部分市场价格信息不全面及时等。

4月26日，按照《推进京津冀工程计价体系一体化实施方案》（以下简称《实施方案》）总体部署，为加快完成《〈京津冀建设工程计价依据——预算消耗量定额〉城市地下综合管廊工程》（以下简称《管廊定额》）的颁发准备工作，京津冀三地造价管理机构组织召开了京津冀管廊定额编制工作会，三地造价管理机构领导及相关专业人员参加了本次会议。会议研讨解决了《管廊定额》在计费管理方面的差异性问题，确定了配套《管廊定额》使用的造价信息发布内容及方式等，并根据《实施方案》初步梳理确定了2019年度造价信息组、计价标准组、管理政策组的主要工作。

5月21日，为全面贯彻落实党中央关于多元化纠纷解决机制改革的总体部署，中国建设工程造价管理协会纠纷调解中心与中卫仲裁委员会签署了《关于推进建设工程造价纠纷调解与仲裁对接的战略合作协议》，双方将在业务交流、案件对接、技术支持、仲裁员和调解员的互聘等方面开展全方位深度合作，积极探索适合我国国情的工程造价纠纷调解与仲裁对接的模式，专业、快捷、高效地化解矛盾纠纷，推进行业自治，促进社会和谐。

5 月 22 日，《住房和城乡建设部办公厅批复北京市住房和城乡建设委员会工程造价管理市场化改革试点方案的申请》（建办标函〔2019〕324 号），北京市此次工程造价管理市场化改革主要以市场化、信息化、法治化和国际化为导向，坚持规范建筑市场秩序、保障工程质量安全、提高政府投资效益原则，深化工程造价管理供给侧结构性改革，减少政府对市场形成造价的微观干预，完善“企业自主报价，竞争形成价格”机制，更好地发挥政府在宏观管理、公共服务和市场监管方面的作用。通过改革试点，提高工程造价咨询企业和从业人员市场化和国际化咨询服务能力，促进工程造价行业持续健康发展。

5 月 28 日，2019 中国国际大数据产业博览会“数字造价·引领未来——建设工程数字经济论坛”在贵阳国际生态会议中心成功举办。本次论坛经中国国际大数据产业博览会执委会授权，由中国建设工程造价管理协会、贵州省住房和城乡建设厅联合承办，是“数字造价”首次亮相于国家级博览会。论坛以“数字造价·引领未来”为主题，通过聚合“政产学研用”行业要素，探讨建设工程数字经济发展方向，促进建设工程造价行业数字化优化升级，为来宾呈现了一场以“建筑业工程经济数字化发展趋势”为主题的思想盛宴。

5 月 30 日，北京市建设工程造价管理处组织的《房屋建筑与装饰工程消耗量定额》TY01—31—2015 局部修订启动会在北京召开。会议讨论通过了局部修订工作大纲，明确了参编单位及参编人员，并围绕修订方法、修订内容、进度安排、各章节修订要点和征求意见的反馈进行了广泛交流及讨论。会议一致认为，本次局部修订需要解决的主要问题是调整人工消耗量，使其贴近市场实际，并应着重补充满足“四新”需要的项目，服务建筑业高质量发展和绿色发展。

6 月初，应国际工程造价促进协会（AACE）邀请，中国建设工程造价管理协会率代表团赴美国参加“全寿命期工程造价管理”调研活动。此次国际调研行程紧凑、内容丰富，主要参加了“美国全面成本管理体系（TCM）”“美国政府工程全过程咨询及信息化平台”“美国全过程工程咨询服务内容”等交流培训和业务探讨活动。此外，代表团还应邀访问洛杉矶交通局等业务相关单位，深入了解美国公共交通基础设施项目管理的做法和经验。

6 月 4 日～5 日，由上海市建设工程咨询行业协会与四川省造价工程师协会共同发起，主题为“基石与本源——造价咨询专业发展探索”的沪川工程咨询第二届高峰论坛在上海举办，旨在深入研究探索建设工程全过程咨询专业发展，推动工程造价行业高质量发展。

6月15日～16日，由福建省建设工程造价管理协会主办的“筑梦19·携手同行——广联达福建数字造价嘉年华”圆满举办。该交流会旨在响应2019中国国际大数据产业博览会“数字造价·引领未来——建设工程数字经济论坛”峰会的精神，推进造价领域数字化进程，推动福建省建设工程造价行业信息化水平。

6月16日～19日，国际工程造价促进协会（AACE）在美国路易斯安那州新奥尔良市召开2019年度全球峰会。本届峰会主旨为“专业发展、全球视角、建立联系、体现价值、获得灵感”。所涉及主要内容包括项目管理、建筑信息模型（BIM）、索赔和争议解决、策划和进度计划、成本和进度控制、概预算、赢得值管理、决策和风险管理、成本工程技能和知识、全面成本管理（TCM）、专业发展、软件演示等。

6月25日，为贯彻落实住房和城乡建设重点工作任务，推进工程造价管理改革，住房和城乡建设部开展2020年度工程造价管理改革研究项目及相关工作建议征集工作。征集范围包括建设工程造价标准体系相关的管理性标准和技术性标准项目、投资估算概算编制项目、工程造价指数指标项目、政府投资项目工程造价大数据应用、统一工程造价管理基本制度等方面。

7月4日，为推进京津冀计价体系一体化工作，构建工程造价跨区域协同管理模式，研究确定京津冀计价定额统一的编制规则和实施管理办法，北京建设工程造价管理处组织召开了《京津冀建设工程定额管理办法》（以下简称《管理办法》）和《京津冀建设工程定额编制规则》（以下简称《编制规则》）专家研讨会。会议就《管理办法》和《编制规则》的编制思路、内容及原则等进行了整体介绍，与会专家就具体内容进行了深入讨论，并结合自身的工作经验和地区发展需求提出了修改意见和建议。

7月29日，为充分发挥工程造价咨询在全过程工程咨询中的重要作用，明确工程造价咨询在全过程工程咨询服务合同中可提供的服务内容、服务范围以及相应的责任、义务等，中国建设工程造价管理协会在北京召开《建设项目全过程工程咨询服务合同（示范文本）》专题讨论会。

8月1日，为探讨工程造价行业信息化发展方向，研究协会在推动行业信息化发展中的作用和工作思路，中国建设工程造价管理协会在北京召开信息委员会工作会议。会议的主要任务是做好工程造价信息化发展研究，探索新时代信息服务模式，研究政府管理机构、协会和企业各自的职责。

8 月 13 日，为贯彻落实国务院、住房和城乡建设部关于社会信用体系建设的工作部署，推进工程造价咨询行业信用体系建设，促进行业健康发展，全国工程造价咨询企业信用评价工作会议在北京召开。此次会议进一步指导和规范了工程造价咨询企业信用评价工作，推进了工程造价咨询行业信用体系建设，为下一步开展信用评价工作奠定了基础。

8 月 20 日，为进一步完善工程建设组织模式，提升工程建设质量和效益，推进工程建设全过程咨询服务健康发展，内蒙古自治区工程建设协会组织相关企业与行业内专家，参考其他省、市、自治区关于工程建设全过程咨询服务的相关政策文件，经市场调研、分析论证，结合自治区实际情况，制定了《内蒙古自治区工程建设全过程咨询服务导则（试行）》《内蒙古自治区工程建设全过程咨询服务合同（试行）》。

8 月 23 日～27 日，作为 PAQS 会员国代表，中国建设工程造价管理协会接受邀请，率代表团赴马来西亚参加第二十三届 PAQS 理事会及其国际专业峰会。本届专业峰会的主题为“新兴科技所体现的人类智慧”。本次专业峰会交流的专业论文主要分为四个方面：一是有关引领行业未来发展的论文；二是与工程造价相关的新兴技术类论文；三是以人类智慧为主题的论文；四是与工程造价可持续性发展相关联的论文。

9 月 29 日，为确保新的计价依据编制任务如期完成，按照《天津市 2020 计价依据编制方案》要求，天津市建设工程造价管理总站组织召开天津市 2020 计价依据编制第七次工作会议，造价总站和市政、园林、人防、房屋修缮定额站主要领导及相关专业人员参加会议。会议对预算基价管理费、文明施工费等各项费用的计算方法及取定原则进行了技术交底，对预算基价编制过程中存在的共性问题进行了分析总结，并就下一阶段工作进行了部署安排。

10 月 17 日，以信息化培育新动能，用新动能推动新发展，以新发展创造新辉煌的长三角区域“数字造价·数字建筑”高峰论坛在浙江杭州隆重举办，吹响建筑行业数字化号角。

10 月 31 日，随着我国“一带一路”倡议的顺利推进，为国内建筑业“引进来”和“走出去”带来了新的契机。根据《国务院办公厅关于促进建筑业持续健康发展的意见》(国办发〔2017〕19 号)和《建筑业发展“十三五”规划》中大力培育具有国际水平的工程咨询企业的总体要求，中国建设工程造价管理协会拟组织出版《国际工程项目造价管理案例集》，并在全国范围开展国际工程项目造价管理案例征集活动。

11 月 8 日，中国建设工程造价管理协会新技术委员会工作会议在成都市召开。会议主要回顾了新技术委员会 2019 年的主要工作，同时对 2020 年的研究重点和工作思路广开言路，各位专家委员根据自身实际，纷纷为新技术委员会的工作建言献策。会议同时开展了《BIM 技术应用对工程造价咨询企业转型升级的支撑和影响研究》课题的中期审查。

11 月 20 日～23 日，为提高工程造价专业人士的综合素质和技术水平，结合广东省工作实际，中国建设工程造价管理协会联合广东省工程造价协会组织举办 2019 年度广东省造价专业人士培训班，围绕建设工程造价纠纷调解的实践与展望、工程造价咨询企业开展全过程工程咨询业务路径探讨、工程造价相关的法律知识和案例分析、EPC 项目的全过程工程咨询、《政府投资条例》解读、港珠澳大桥主体工程招标、合同创新管理实践、工程造价咨询业务发展趋势等问题展开培训。

12 月 1 日，为贯彻落实《国务院办公厅关于全面治理拖欠农民工工资问题的意见》(国办发〔2016〕1 号)等相关条文规定，结合建筑工人实名制落实情况，陕西省住房和城乡建设厅将落实实名制管理费用列入安全文明施工措施费(不可竞争费)中计取。建筑、安装、装饰工程安全文明施工措施费由原来的 3.8% 调整为 4%；市政、园林绿化工程安全文明施工措施费由原来的 3% 调整为 3.2%。

12 月 5 日，为响应振兴东北的号召，引导和推动黑龙江省工程造价行业发展，加强专业人才队伍建设，改善造价人员知识结构以及提升综合业务服务能力，适应市场化、法治化发展趋势的需要，中国建设工程造价管理协会与黑龙江省建设工程造价管理协会共同举办工程造价业务骨干培训班。

12 月 5 日～6 日，为推进工程造价市场化改革工作，丰富建筑市场造价公共服务产品种类，为市场决策和造价控制提供可参考的依据，北京市建设工程造价管理处针对所编制的《幕墙专业工程、消防专业工程造价指标》分别组织召开了幕墙专业工程造价指标专家研讨会和消防专业工程造价指标专家研讨会。与会专家结合自身的工作经验和对市场的了解情况，从指标水平是否合理、内容涵盖是否全面、编制说明是否清晰适用等方面进行了深入的探讨和交流，并提出具体可行的修改意见和建议。

12 月 26 日，湖北省《市政工程消耗量定额（送审稿）》内部审查会在武汉召开。在听取修编工作和征求意见落实情况的详细汇报后，专家组对征求意见逐句逐条进行了审查，对定额的水平、数据的来源、编制方法的采用等内容进行了审查，充分肯定了编制组一年来卓有成效的工作，原则上同意提交送审。

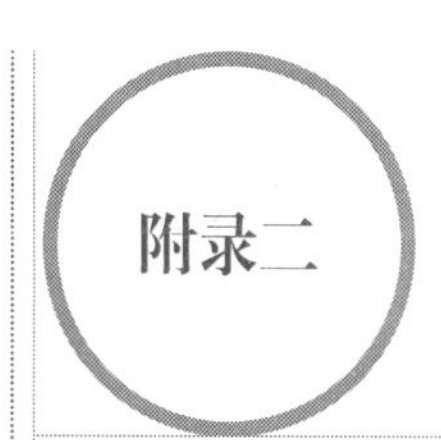

2019年度工程造价咨询企业造价咨询收入百名排序

排名	企业名称	省市	资质等级
1	建银工程咨询有限责任公司	北京市	甲级
2	青矩工程顾问有限公司	北京市	甲级
3	中竞发工程管理咨询有限公司	北京市	甲级
4	信永中和（北京）国际工程管理咨询有限公司	北京市	甲级
5	万邦工程管理咨询有限公司	浙江省	甲级
6	中大信（北京）工程造价咨询有限公司	北京市	甲级
7	上海东方投资监理有限公司	上海市	甲级
8	立信国际工程咨询有限公司	上海市	甲级
9	北京泛华国金工程咨询有限公司	北京市	甲级
10	天健工程咨询有限公司	北京市	甲级
11	上海申元工程投资咨询有限公司	上海市	甲级
12	华昆工程管理咨询有限公司	云南省	甲级
13	四川开元工程项目管理咨询有限公司	四川省	甲级
14	中联国际工程管理有限公司	北京市	甲级
15	浙江科佳工程咨询有限公司	浙江省	甲级
16	中瑞华建工程项目管理（北京）有限公司	北京市	甲级
17	上海沪港建设咨询有限公司	上海市	甲级
18	北京恒诚信工程咨询有限公司	电力	甲级
19	建经投资咨询有限公司	浙江省	甲级
20	北京东方华太工程咨询有限公司	北京市	甲级
21	北京中天恒达工程咨询有限责任公司	北京市	甲级

续表

排名	企业名称	省市	资质等级
22	上海第一测量师事务所有限公司	上海市	甲级
23	建成工程咨询股份有限公司	广东省	甲级
24	四川华信工程造价咨询事务所有限责任公司	四川省	甲级
25	北京建智达工程管理股份有限公司	北京市	甲级
26	深圳市中建达工程项目管理有限公司	广东省	甲级
27	北京华审金建工程造价咨询有限公司	北京市	甲级
28	广州市新誉工程咨询有限公司	广东省	甲级
29	友谊国际工程咨询有限公司	湖南省	甲级
30	北京思泰工程咨询有限公司	北京市	甲级
31	华诚博远工程咨询有限公司	北京市	甲级
32	上海正弘建设工程顾问有限公司	上海市	甲级
33	华联世纪工程咨询股份有限公司	广东省	甲级
34	浙江科信联合工程项目管理咨询有限公司	浙江省	甲级
35	正中国际工程咨询有限公司	江苏省	甲级
36	北京中建华工程咨询有限公司	北京市	甲级
37	北京中瑞岳华工程管理咨询有限公司	北京市	甲级
38	中诚工程建设管理（苏州）股份有限公司	江苏省	甲级
39	中兴铂码工程咨询有限公司	北京市	甲级
40	苏世建设管理集团有限公司	江苏省	甲级
41	云南汇恒高路工程项目管理有限公司	云南省	甲级
42	上海中世建设咨询有限公司	上海市	甲级
43	中正信造价咨询有限公司	山东省	甲级
44	北京兴中海建工程造价咨询有限公司	北京市	甲级
45	陕西鸿英工程造价咨询有限公司	陕西省	甲级
46	上海大华工程造价咨询有限公司	上海市	甲级
47	中冠工程管理咨询有限公司	浙江省	甲级
48	云南云岭工程造价咨询有限公司	云南省	甲级
49	万隆建设工程咨询集团有限公司	上海市	甲级
50	山东德勤招标评估造价咨询有限公司	山东省	甲级
51	上海财瑞建设管理有限公司	上海市	甲级
52	北京中兴恒工程咨询有限公司	北京市	甲级

续表

排名	企业名称	省市	资质等级
53	中国建筑西南设计研究院有限公司	四川省	甲级
54	华春建设工程项目管理有限责任公司	陕西省	甲级
55	北京中昌工程咨询有限公司	北京市	甲级
56	希格玛工程管理咨询股份有限公司	陕西省	甲级
57	江苏苏亚金诚工程管理咨询有限公司	江苏省	甲级
58	永明项目管理有限公司	陕西省	甲级
59	中审华国际工程咨询（北京）有限公司	北京市	甲级
60	浙江天平投资咨询有限公司	浙江省	甲级
61	捷宏润安工程顾问有限公司	江苏省	甲级
62	杭州市建设工程管理有限公司	浙江省	甲级
63	广州市建鋐建筑技术咨询有限公司	广东省	甲级
64	四川省名扬建设工程管理有限公司	四川省	甲级
65	中国建设银行股份有限公司天津市分行	天津市	甲级
66	四川正信建设工程造价事务所有限公司	四川省	甲级
67	华审（北京）工程造价咨询有限公司	北京市	甲级
68	北京华建联造价工程师事务所有限公司	北京市	甲级
69	中国建设银行股份有限公司广东省分行	广东省	甲级
70	中审世纪工程造价咨询（北京）有限公司	北京市	甲级
71	亿诚建设项目管理有限公司	陕西省	甲级
72	德威工程管理咨询有限公司	浙江省	甲级
73	北京凯谛思工程咨询有限公司	北京市	甲级
74	北京筑标建设工程咨询有限公司	北京市	甲级
75	中博信工程项目管理（北京）有限公司	北京市	甲级
76	中国寰球工程有限公司	化工委	甲级
77	成都冠达工程顾问集团有限公司	四川省	甲级
78	北京求实工程管理有限公司	北京市	甲级
79	四川华通建设工程造价管理有限责任公司	四川省	甲级
80	中汇工程咨询有限公司	浙江省	甲级
81	四川建科工程建设管理有限公司	四川省	甲级
82	中德华建（北京）国际工程技术有限公司	北京市	甲级
83	瀚景项目管理有限公司	山东省	甲级

续表

排名	企业名称	省市	资质等级
84	中道明华建设工程项目咨询有限责任公司	四川省	甲级
85	四川同兴达建设咨询有限公司	四川省	甲级
86	浙江华夏工程管理有限公司	浙江省	甲级
87	江苏仁禾中衡工程咨询房地产估价有限公司	江苏省	甲级
88	江苏富华工程造价咨询有限公司	江苏省	甲级
89	深圳市华阳国际工程造价咨询有限公司	广东省	甲级
90	中磊工程造价咨询有限责任公司	北京市	甲级
91	北京中证天通工程造价咨询有限公司	北京市	甲级
92	中量工程咨询有限公司	广东省	甲级
93	永道工程咨询有限公司	广东省	甲级
94	中冶京诚工程技术有限公司	冶金	甲级
95	正衡工程项目管理有限公司	陕西省	甲级
96	世润德工程项目管理有限公司	山东省	甲级
97	广州菲达建筑咨询有限公司	广东省	甲级
98	江苏兴光项目管理有限公司	江苏省	甲级
99	北京金马威工程咨询有限公司	北京市	甲级
100	江苏天宏华信工程投资管理咨询有限公司	江苏省	甲级